# 烟 草 遥 感

郭 婷 主编

中国农业出版社

北 京

# 内　容　简　介

　　本书基于作者多年从事农业遥感科研项目成果完成的学术著作。全书分8章，主要内容包括遥感在烟草及其他作物生产中的应用、烟草生长指标变化及影响机制、烟草光谱响应特征变化规律、烟叶氮与烟碱含量光谱遥感监测、烟叶磷钾含量与SPAD光谱遥感监测、不同成熟度处理烟草化学指标光谱遥感监测、不同部位成熟度烟草化学指标光谱遥感监测模型以及烟草种植与主要生长指标无人机遥感监测。

　　本书可作为与烟草学及农业遥感有关的高等院校本科生及研究生的辅助教材，也可作为智慧农业、农业资源管理等专业，特别是现代烟草学科师生的教学科研参考书。

# 编　委　会

**主　　编**　郭　婷

**副 主 编**　李武进　谭昌伟　李宏光　张　赛
　　　　　　李　文　洪青青

**编写人员**（按姓氏拼音排序）

　　　　　　崔国贤　郭　婷　洪青青　李　斌
　　　　　　李宏光　李　文　李武进　李晓燕
　　　　　　刘　健　谭昌伟　吴楚杰　夏常钧
　　　　　　阳正林　余金龙　张慧玲　张　赛
　　　　　　张正华

**主编单位**　湖南省烟草公司郴州市公司

# 前　言

　　养分状况、成熟度等烟草生长信息是烟草种植生产管理的重要依据，会直接影响烟叶的品质和产量。当前我国烟叶监管方式仍侧重于传统调查方法，不仅耗时费力，更易受人为因素影响产生误差，难以对烟草生长和田间管理进行实时监测，迫切需要信息技术作为支撑。

　　遥感技术覆盖面积大、获取信息速度快、周期短、实时性强、受地面条件限制小，与人工常规的地面调查与统计相比具有费用低、效率高等优点。光谱遥感技术本身带有大量的变量信息及其衍生变量，在烟草生长监测领域得到了一定的发展和应用，尤其在烟叶光谱特征研究、养分诊断、长势监测等方面进展显著，为烟叶生产、经营管理、信息服务提供了新的手段和途径，有利于提高烟草养分利用效率、烟叶品质和产量、降低烟田生态环境面源污染等，为田间烟叶养分和成熟度信息快速获取进而适时采收和科学调制提供了可操作的工具，从而显著提升烟叶行业的经济、社会、生态效益，为推动智慧烟草的快速发展奠定了科学基础。

　　本书由湖南省烟草公司郴州市公司著作出版项目（郴烟 F126202257）资助完成，由湖南省烟草公司郴州市公司牵头、扬州大学参编。该书以烟草生长监测应用为主线，主要介绍遥感的科学基础、方法、模型和应用。全书共分 8 章：第一章介绍遥感在烟草与其他作物生产中的应用；第二章介绍烟草生长指标变化及影响机制；第三章介绍烟草光谱响应特征变化规律；第四章介绍烟叶氮与烟碱含量光谱遥感监测；第五章介绍烟叶磷钾含量与 SPAD 光谱遥感监测；第六章介绍不同成熟度处理烟草化学指标光谱遥感监测；第七章介绍不同部位成熟度烟草化学指标光谱遥感监测模型；

第八章介绍烟草种植与主要生长指标无人机遥感监测。

本书在编写过程中，顾晨、季姝、阳韵琴、卢芷欣、邓瑞婷、史长蓉、钱景、任天宇、朱月等进行了大量资料收集与整理工作，同时作者参考借鉴了一些有关的著作、教材、论文或资料，在此一并表示由衷的谢意。限于作者水平有限，书中难免存在疏漏之处，恳请读者多提宝贵意见。

郭 婷

2022 年 3 月

# 目 录

前言

# 第一章　遥感在烟草与其他作物生产中的应用

## 第一节　遥感的科学基础

### 一、遥感的概念

遥感是指从远处探测、感知物体或事物的技术，即不直接接触物体本身，从远处通过仪器（传感器）探测和接收来自目标物体的信息（如电场、磁场、电磁波、地震波等信息），经过信息的传输及其处理分析，识别物体的属性及其分布等特征的技术。遥感是以航空摄影技术为基础，在 20 世纪 60 年代初发展起来的一门新兴技术。开始为航空遥感，自 1972 年美国发射了第一颗陆地卫星后，标志着航天遥感时代的开始。经过几十年的发展，遥感技术发展迅速，目前遥感技术已广泛应用于资源环境、水文、地质地理、林业、农业、气象、环境保护以及军事等诸多领域，成为一门实用的、先进的空间探测技术。

遥感过程是指遥感信息的获取、传输、处理，以及分析判读和应用的全过程。它包括遥感信息源（或地物）的物理性质、分布及其运动状态，环境背景以及电磁波光谱特性，大气的干扰和大气窗口，传感器的分辨能力、性能和信噪比，图像处理及识别，以及人们的视觉生理和心理及其专业素质等。因此，遥感过程不但涉及遥感本身的技术过程和地物景观与现象的自然发展演变过程，还涉及人们的认识过程。这一复杂过程当前主要是通过地物波谱测试与研究、数理统计分析、模式识别、模拟试验、地学分析等方法来完成。

遥感技术系统是实现遥感目的的方法论、设备和技术的总称，现已成为一个从地面到高空的多维、多层次的立体化观测系统。遥感技术系统是一个从地面到空中直至空间，从信息收集、存储、传输、处理到分析判读、应用的技术体系。它主要包括以下四部分：

### 1. 遥感试验

其主要工作是对地物电磁辐射特性（光谱特性）以及信息的获取、传输及其处理分析等技术手段的试验研究。遥感试验是整个遥感技术系统的基础，遥感探测前需要遥感试验提供地物的光谱特性，以便选择传感器的类型和工作波段；遥感探测中以及处理时，又需要遥感试验提供各种校正所需的有关信息和数据。遥感试验也可为判读应用提供基础，遥感试验在整个遥感过程中起着承上启下的重要作用。

**2. 遥感信息获取**

遥感信息获取是遥感技术系统的中心工作。遥感工作平台以及传感器是确保遥感信息获取的物质保证。遥感平台是指装载传感器进行遥感探测的运载工具，如飞机、人造地球卫星、宇宙飞船等。按其飞行高度的不同可分为近地（面）平台、航空平台和航天平台。这三种平台各有不同的特点和用途，根据需要可单独使用，也可配合启用，组成多层次立体观测系统。传感器是指收集和记录地物电磁辐射（反射或发射）能量信息的装置，如航空摄影机、多光谱扫描仪等。它是信息获取的核心部件，在遥感平台上装载传感器，按照确定的飞行路线飞行或运转进行探测，即可获得所需的遥感信息。

**3. 遥感信息处理**

遥感信息处理是指通过各种技术手段对遥感探测所获得的信息进行的各种处理。例如，为了消除探测中的各种干扰和影响，使其信息更准确可靠而进行的各种校正（辐射校正、几何校正等）处理；为了使所获遥感图像更清晰，以便于识别和判读，提取信息而进行的各种增强处理等。为了确保遥感信息应用时的质量和精度，以及为了充分发挥遥感信息的应用潜力，遥感信息处理是必不可少的。

**4. 遥感信息应用**

遥感信息应用则应根据专业目标的需要，选择适宜的遥感信息及其工作方法，以取得较好的社会效益和经济效益。遥感技术系统是一个完整的统一体，它是建立在空间技术、电子技术、计算机技术，以及生物学、地学等现代科学技术的基础上，是完成遥感过程的有力保证。

## 二、遥感的类型

遥感经过几十年的迅速发展，成为一门实用的、先进的空间探测技术。根据分类方式的不同，遥感有多种分类：

**1. 按遥感平台的高度分类**

按遥感平台的高度不同大体可分为航天遥感、航空遥感和地面遥感。

航天遥感又称卫星遥感（satellite remote sensing），泛指利用各种太空飞行器为平台的遥感技术系统，以地球人造卫星为主体，包括载人飞船、航天飞机和太空站。

航空遥感又称机载遥感（aerial remote sensing），指利用各种飞机、飞艇、气球等中低空平台作为传感器运载工具在空中进行的遥感技术系统，是由航空摄影侦察发展而来的一种多功能综合性探测技术。

地面遥感又称近地遥感（ground remote sensing），主要指以高塔、车、船为平台的遥感技术系统，地物波谱仪或传感器安装在这些地面平台上，可进行各种地物波谱测量。

**2. 按电磁波光谱段分类**

按电磁波光谱段不同可分为可见光或反射红外遥感、热红外遥感、微波遥感三种类型。

可见光或反射红外遥感，主要指利用可见光（$0.4\sim0.7~\mu m$）和近红外（$0.7\sim2.5~\mu m$）波段的遥感技术的统称，前者是人眼可见的波段，后者是反射红外波段，人眼虽不能直接看见，但其信息能被特殊遥感器所接收。它们的共同特点是，其辐射源是太阳，在这两个波段上只反映地物对太阳辐射的反射，根据地物反射率的差异，可以获得有关目标物的信息，它们都可以通过摄影方式和扫描方式成像。

热红外遥感指通过红外敏感元件探测物体的热辐射能量，显示目标的辐射温度或热场图像的遥感技术的统称。遥感中波段指 $8\sim14~\mu m$ 波段范围。地物在常温（约 300 K）下热辐射的绝大部分能量位于此波段，在此波段地物的热辐射能量大于太阳的反射能量。热红外遥感具有昼夜工作的能力。

微波遥感是指利用波长 $1\sim1\,000$ cm 电磁波遥感的统称。通过接收地面物体发射的微波辐射能量或接收遥感仪器本身发出的电磁波束的回波信号，对物体进行探测、识别和分析。微波遥感的特点是对云层、地表植被、松散沙层和干燥冰雪具有一定的穿透能力，又能夜以继日地全天候工作。

**3. 按研究对象分类**

按研究对象不同可分为资源遥感与环境遥感两大类。

资源遥感指以地球资源作为调查研究对象的遥感方法和实践，调查自然资源状况和监测再生资源的动态变化，是遥感技术应用的主要领域之一。利用遥感信息勘测地球资源，成本低、速度快，有利于克服自然界恶劣环境的限制，减少勘测投资的盲目性。

环境遥感是利用各种遥感技术对自然与社会环境的动态变化进行监测或做出评价与预报的统称。由于人口的增长与资源的开发、利用，自然与社会环境随时都在发生变化，利用遥感多时相、周期短的特点，可以迅速为环境监测、评价和预报提供可靠依据。

**4. 按空间尺度分类**

按空间尺度不同可分为全球遥感、区域遥感和城市遥感。

全球遥感指全面系统地研究全球性资源与环境问题的遥感的统称。

区域遥感指以区域资源开发和环境保护为目的的遥感信息工程，它通常按行政区划（国家、省区等）和自然区划（如流域）或经济区划进行划分。

城市遥感指以城市环境、生态作为主要调查研究对象的遥感工程。

## 三、遥感的应用原理

任何物体都具有吸收和反射不同波长电磁波的特性，具体地说，它们都具有不同的吸收、反射、辐射光谱的性能。在同一光谱区各种物体反映的情况不同，同一物体对不同光谱的反映也有明显差别。即使是同一物体，在不同的时间和地点，由于太阳光照射角度不同，它们反射和吸收的光谱也各不相同，这是物体的基本特性。人眼正是利用这一特性，在可见光范围内识别各种物体的，遥感技术也是基于同样的原理，利用搭载在各种遥感平台（地面、气球、飞机、卫星等）上的传感器接收电磁波，根据地面上物体的波谱反射和辐射特性，识别地物的类型和状态，遥感的介质以电磁波为主，并通过电磁波来传递信息，通常是使用绿光、红光和红外光三种光谱波段进行探测，并对物体做出判断。

## 四、农业遥感的监测基础

不同作物对电磁波的反射、吸收、透射和发射特性不同，这些特性通常称为作物光谱特征。遥感技术是依据作物电磁波光谱特征进行目标探测的。通过不同作物反射的光谱特征差异信息可以识别不同作物，运用遥感手段根据生物学原理可以采集并分析作物的光谱特征，通过遥感传感器记录作物表面信息，获取与取样点相对应的波段值，构建出可用并适宜的遥感植被指数，通过对数据的分析运算后获得一定生物学意义的遥感变量，进行作物类型的判断、监测作物苗情参数等农业应用。

光谱特征，即物质在电磁波相互作用下，由于电子跃迁，原子、分子振动与转动等复杂作用，会在某些特定的波长位置形成反映物质成分和结构信息的光谱吸收和反射特征。一般情况下，植被在 350～2 500 nm 范围内各主要波段具有如下典型反射光谱特征（图 1-1）：

（1）350～490 nm 波段 由于 400～450 nm 波段为叶绿素强吸收带，425～490 nm 波段为类胡萝卜素强吸收带，380 nm 波长附近还有大气弱吸收带，故 350～490 nm 波段的平均反射率很低，一般不超过 10%，反射光谱曲线的形状也很平缓。

（2）490～600 nm 波段 由于 550 nm 波长附近是叶绿素强反射峰区，故植被在此波段反射光谱曲线具有波峰的形态和中等的反射率数值（8%～28%）。

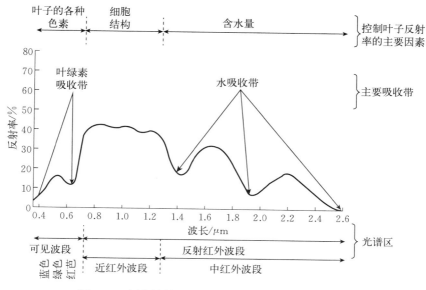

图 1-1　绿色植被的主要光谱特征（孙家柄，1997）

（3）600～700 nm 波段　650～700 nm 波段是叶绿素强吸收带，610～660 nm 波段是藻胆素中藻蓝蛋白主要吸收带，故植被在 600～700 nm 波段反射光谱曲线具有波谷的形态和很低的反射率数值（除处于落叶期的植物群落外，通常不超过 10%）。

（4）700～750 nm 波段　植被的反射光谱曲线在此波段急剧上升，具有陡而近于直线的形态。其斜率与植物单位面积叶绿素（a+b）的含量有关，但含量超过 4～5 mg/cm² 后则趋于稳定。

（5）750～1 300 nm 波段　植被在此波段具有强烈反射的特性，故具有高反射率的数值。此波段室内测定的平均反射率多在 35%～78%，而野外测试的则多在 25%～65%。由于 760 nm、850 nm、910 nm、960 nm 和 1 120 nm 等波长点附近有水或氧的窄吸收带，因此，750～1 300 nm 波段的植被反射光谱曲线还具有波状起伏的特点。

（6）1 300～1 600 nm 波段　1 360～1 470 nm 波段是水和二氧化碳的强吸收带，植被在此波段的反射光谱曲线具有波谷的形态和较低的反射率值（多在 12%～18%）。

（7）1 600～1 830 nm 波段　与植物及其所含水分的波谱特性有关，植被在此波段的反射光谱曲线具有波峰的形态和较高的反射率数值（多在 20%～39%）。

（8）1 830～2 080 nm 波段　此谱段是植物所含水分和二氧化碳的强吸收带，故植被在此谱段的反射光谱曲线具有波谷的形态和很低的反射率数值（多在 6%～10%）。

（9）2 080～2 350 nm 波段　与植物及其所含水分的波谱特性有关，植被在此波段的反射光谱曲线具有波峰的形态和中等的反射率数值（多在 10%～23%）。

（10）2 350～2 500 nm 波段　此谱段是植物所含水分和二氧化碳强吸收带，故植被在此波段的反射光谱曲线具有波谷的形态和较低的反射率数值（多在 8%～12%）。

在应用方法上，遥感所取得的成绩主要表现在如下 5 个方面（刘良云，2002）。

第一，出现了许多的双通道（或多通道）光谱指数（表 1-1），并成功应用于叶绿素、氮、植株含水量、叶面积指数等生物物理参量和光合作用等生态功能参量，植被指数没有一个统一的值，其研究结果经常不一致，这是由于大气、遥感器定标、遥感器观测条件、太阳照明几何、土壤湿度和颜色及亮度等变化都会对植被指数产生影响和制约。而且由于每一应用环境都有自己的特点，而每一植被指数都有它对绿色植被的特定表达方式，因此，在实际应用中，选择哪一种植被指数也要根据具体应用环境而定。

表 1-1　主要植被指数一览表

| 名称 | 简写 | 公式 | 作者及年代 |
|---|---|---|---|
| 比值植被指数 | RVI | $R/NIR$ | Pearson 等（1972） |
| 转换型植被指数 | TVI | $\sqrt{NDVI+0.5}$ | Rouse 等（1974） |
| 绿度植被指数 | GVI | $(-0.283MSS4-0.66MSS5+0.577MSS6+0.388MSS7)$ | Kauth 等（1976） |
| 土壤亮度指数 | SBI | $(-0.283MSS4-0.66MSS5+0.577MSS6+0.388MSS7)$ | Kauth 等（1976） |
| 黄度植被指数 | YVI | $(-0.283MSS4-0.66MSS5+0.577MSS6+0.388MSS7)$ | Kauth 等（1976） |
| 土壤背景线指数 | SBL | $(MSS7-2.4MSS5)$ | Richardson 等（1977） |
| 差值植被指数 | DVI | $(2.4MSS7-MSS5)$ | Richardson 等（1977） |
| Misra 土壤亮度指数 | MSBI | $(0.406MSS4+0.60MSS5+0.645MSS6+0.213MSS7)$ | Misra 等（1977） |

（续）

| 名称 | 简写 | 公式 | 作者及年代 |
|---|---|---|---|
| Misra绿度植被指数 | MGVI | $(-0.386MSS4-0.53MSS5+$ $0.535MSS6+0.532MSS7)$ | Misra 等（1977） |
| Misra黄度植被指数 | MYVI | $(0.723MSS4-0.597MSS5+$ $0.206MSS6-0.278MSS7)$ | Misra 等（1977） |
| 典范植被指数 | MNSI | $(0.404MSS4-0.039MSS5-$ $0.505MSS6+0.762MSS7)$ | Misra 等（1977） |
| 垂直植被指数 | PVI | $\sqrt{(\rho_{soil}-\rho_{veg})_R^2+(\rho_{soil}-\rho_{veg})_{NIR}^2}$ | Richardson 等（1977） |
| 农业植被指数 | AVI | $(2.0MSS7-MSS5)$ | Ashbor 等（1978） |
| 裸土植被指数 | GRABS | $(GVI-0.09178SBI+5.58959)$ | Hay 等（1978） |
| 多时植被指数 | MTVI | $[NDVI（date2）-NDVI（date1）]$ | Yazdan 等（1981） |
| 绿度土壤植被指数 | GVSB | $GVI/SBI$ | Badhwa 等（1981） |
| 调整土壤亮度植被指数 | ASBI | $(2.0YVI)$ | Jackso 等（1983） |
| 调整绿度植被指数 | AGVI | $GVI-(1+0.018GVI)YVI-NSI/2$ | Jackso 等（1983） |
| 归一化差异绿度指数 | NDGI | $(G-R)/(G+R)$ | Chamad 等（1991） |
| 红色植被指数 | RI | $(R-G)/(R+G)$ | Escadafal 等（1991） |
| 归一化差异指数 | NDI | $(NIR-MIR)/(NIR+MIR)$ | McNair 等（1993） |
| 归一化差异植被指数 | NDVI | $(NIR-R)/(NIR+R)$ | Rouse 等（1974） |
| 垂直植被指数 | PVI | $(NIR-aR-b)/\sqrt{a^2+1}$ | Jackso 等（1980） |
| 土壤调整植被指数 | SAVI | $[(NIR-R)/(NIR+R+L)](1+L)$ | Huete 等（1988） |
| 转换型土壤调整指数 | TSAVI | $[a（NIR-aR-B)]/(R+aNIR-ab)$ | Baret 等（1989） |
| 改进转换型土壤调整植被指数 | TSAVI | $[a（NIR-aR-B)]/$ $[R+aNIR-ab+X（1+a^2)]$ | Baret 等（1989） |
| 大气阻抗植被指数 | ARVI | $(NIR-RB)/(NIR+RB)$ | Kanfma 等（1992） |
| 全球环境监测指数 | GEMI | $\eta（1-0.25\eta)-(R-0.125)/(1-R)$; $\eta=[2（NIR^2-R^2)+1.5NIR+0.5R]/$ $(NIR+R+0.5)$ | Pinty 等（1992） |

（续）

| 名称 | 简写 | 公式 | 作者及年代 |
|------|------|------|-----------|
| 转换型土壤大气阻抗植被指数 | TSARVI | $a_{rb}$（$NIR-a_{rb}RB-b_{rb}$）/ $[RB+a_{rb}NIR-a_{rb}b_{rb}+X$（$1+a_{rb}^2$）] | Bannar 等（1994） |
| 修改型土壤调整植被指数 | MSAVI | $[2NIR+1-\sqrt{2（2NIR+1）-8（NIR-R）}]/2$ | Qi 等（1994） |
| 角度植被指数 | AVI | $\tan^{-1}\{[（\lambda_3-\lambda_2）/\lambda_2]（NIR-R）^{-1}\}+$ $\tan^{-1}\{[（\lambda_2-\lambda_1）/\lambda_2]（G-R）^{-1}\}$ | Plumme 等（1994） |
| 导数植被指数 | DVI | $\int_{\lambda_1}^{\lambda_2}\dfrac{d\rho}{d\lambda}d\lambda$ | Demetriades 等（1990） |
| 生理反射植被指数 | PRI | （$R_{ref}-R_{531}$）/（$R_{ref}+R_{531}$） | Gamom 等（1992） |

第二，导数光谱方法在生化组分的光谱遥感反演中也得到了很好的利用。表 1-2 列出了针对叶绿素和氮含量的常用导数光谱特征。

第三，利用光谱吸收特征也能够很好地反演作物生化组分，并且得到了最广泛的应用。

第四，利用特征光谱位置可以反演生化组分，特别是叶绿素和氮含量。得到广泛使用的红边位置（植被的导数光谱在 700 nm 附近的最大值位置的波长值）与叶绿素、氮、叶面积指数的统计相关模型。且红边光谱位置与叶绿素、氮含量间关系显著。

第五，逐步回归分析方法得到了广泛的应用，建立了许多基于多个波段的光谱反射率或导数光谱的统计回归模型。

**表 1-2 典型的导数光谱特征**

| 描述 | 参考文献 |
|------|---------|
| 红边处一阶微分值 | Demetriades - Shaw 等，1990 |
| 绿波段一阶微分最小值 | Peñuelas 等，1994 |
| 绿波段一阶微分最大值 | Peñuelas 等，1994 |
| 绿波段和红边处归一化差值指数 | Peñuelas 等，1994 |
| 红边处二阶微分值 | Demetriades - Shaw 等，1990 |
| 绿波段二阶微分最大值 | Demetriades - Shaw 等，1990 |
| 754 nm 处一阶微分值与 704 nm 处一阶微分值的比值 | Datt，1999 |
| 712 nm 处二阶微分值与 688 nm 处一阶微分值的比值 | Datt，1999 |
| 2 160 nm 处一阶微分值 | Johnson 等，1996 |

## 五、作物遥感分类与识别

作物遥感分类与识别是农情遥感监测的重要内容，是提取作物种植面积、长势、产量、品质、灾害等监测的基础。利用作物生长与多源遥感之间的光谱特征、纹理特征、物候特征以及农学机理解析等信息，可以快速、高效、大范围地监测作物种植面积与空间分布。

**1. 基于光谱特征信息的作物遥感分类方法**

目前多光谱和光谱遥感是用来识别作物类型的主要遥感数据源。多光谱遥感作物分类是大面积作物分类的主要方法，根据采用的遥感影像的时相数可分为基于单时相、多时相和长时间序列遥感数据的作物分类。其中，基于单时相遥感的作物分类中常用的方法有传统的人机交互判别，如人工数字化；基于植被指数的阈值法、半自动或全自动的土地覆盖类型分类，如最大似然法、决策树、神经网络、面向对象的分类等。人机交互方法在大范围内应用性较差，自动、半自动土地覆盖分类容易受其不同类型在空间上的光谱差异、地物光谱的时间动态、作物与非作物间的光谱相似性等多方面因素的影响。基于多时相和长时间序列遥感的作物分类是综合利用遥感图像包含的波谱、空间和时间上的信息，针对作物不同生长发育阶段的光谱特性与其他地物间的差异，结合阈值法、变化向量分析等方法实现作物的分类与识别。

光谱数据能记录地物间更细微的光谱差异，能够更准确地实现作物的详细分类与信息提取，光谱角分类和决策树分层分类是目前最常用的基于高光谱的作物分类方法，光谱角分类对太阳辐照度、地形和反照率等因素不敏感，可以有效地减弱这些因素的影响。

**2. 基于地块分类的作物种植面积监测方法**

针对基于像元的作物分类所面临的光谱变异与光谱混合的问题，采取以地块为基本单位的分类方式来提高作物分类的精度。地块分类法通常将遥感影像与数字化地块边界矢量数据联合处理，该方法利用了像元空间上下文信息，可克服由田块内部的光谱变异所引起的错分问题，同时边界矢量数据又使得影像图斑对象与地面实际地块相对应，能对地块的位置、形状进行十分准确的表达，因而地块分类法能有效地排除地块内部光谱变异和地块交界光谱混合的影响。顾晓鹤等（2010）针对纯地块区域和混合地块区域分别进行分解方法研究，能充分发挥特征向量维数较多的优势，有效地避免了像元分类中的"椒盐"现象。

**3. 基于对地抽样的作物种植面积监测**

抽样技术与遥感技术相结合形成的对地抽样调查技术，遥感为抽样调查提供详细的抽样框和分层信息，提高抽样调查效率。抽样技术为遥感提供充分的地面数据和验证依据。欧盟 MARS（Monitoring Agriculture with Remote Sensing）计划以 CLC（corine land cover）数据为基础进行土地利用调查，并以分层系统抽样方法选择遥感影像，降低调查成本。美国国家农业统计局（National Agricultural Statistics Service，NASS）通过将空间统计抽样方法与遥感监测技术相结合，对全美主要作物面积进行多样框抽样调查，提高了全美农情信息获取的速度。遥感与抽样相结合的测量方法能够准确地获取区域作物总量面积。Maxwell 等（2004）在玉米区域总量确定的前提下，将整个区域划分为 "highly likely corn" "likely corn" 和 "unlikely corn" 进行玉米种植面积空间分布的分配。张锦水等（2010）在对地抽样的基础上研究了区域总量控制下的冬小麦种植面积空间分布优化方法。吴炳方等（2000）在农作物区划基础上构建面积抽样框架和产量抽样框架，获取区划单元内农作物种植面积，提高了作物面积和产量调查效率（赵春江，2014）。

# 第二节　遥感的发展历程

## 一、遥感的发展背景

任何一门科学和技术的形成与发展，总是和时代的发展和要求相一致，不可能超越时代，遥感技术当然也不例外。它的形成是与传感技术、宇航技术、通信技术以及电子计算机技术的发展相联系，与军事侦察、环境监测、资源开发利用和全球变化的需要相适应的。20 世纪 50 年代以来，随着科学技术的发展，在普通照相机和飞机的基础上，一些新的信息探测系统相继出现。人类观测电磁辐射的能力从可见光扩展到了紫外线区域、红外线区域、微波等；对目标物信息的收集方式从摄影到非摄影；资料由相片到数据（非图像）；平台由汽车、飞机发展到卫星、火箭；应用研究从军事、测绘领域扩展到了农、林、水、气象、地质、地理、环境和工程等部门。这就需要引进一个新的术语，以便概括这种信息探测系统及其过程。1960 年美国学者伊芙琳·普鲁特（Evelyn L. Pruitt）提出"遥感"这一科学术语，1962 年在美国密西根大学召开的国际环境科学遥感讨论会上，这一名词被正式通过，从此就标志着遥感这门新学科的形成。

## 二、遥感在农业上的发展历程

遥感技术在农业领域中的应用是较为活跃的，尤其在作物长势监测、品质监测预报、产量估算、种植面积提取以及灾害监测与损失评估等方面表现出强大的功能。利用遥感技术定量提取作物信息，其过程是通过搭载在卫星遥感平台上的传感器实时获取地表作物信息，依据农学机理与原理，运用 3S 技术，采用相关算法，将传感器获取的作物信息经过一系列的处理和运算，以实现大面积、快速、无损地作物长势定量监测和品质定量监测预报以及产量定量估算。

自 1972 年美国发射了第一颗陆地资源卫星（landsat）以后，卫星遥感就开始应用到农业领域。埃及农业资源监控系统（ALIS）由埃及农业和土地部下属的水土研究所（Soil and Water Research Institute，SWRI）和法国 SPOT IMAGE 公司于 1991 年开始研制的。"七五"期间，江苏省农业科学院承担了江苏省里下河地区的水稻估产试验。浙江大学农业遥感与信息技术研究所对水稻遥感信息提取开展了较系统的研究。"八五"期间，浙江大学农业遥感与信息技术研究所研究浙江省水稻遥感信息提取，同时参与"太湖平原水稻遥感估产"专题研究，解决了水稻遥感信息提取的关键技术，取得了一系列成果。"九五"期间，由中国科学院主持的国家卫星应用技术重点项目——主要农作物卫星遥感估产系统研究，研制卫星遥感水稻估产系统。"十五"期间，在国家高技术研究发展计划（863 计划）重点项目"我国典型地物标准波谱知识数据库"的支持下，已对农作物波谱数据及其配套参数的测量标准和质量控制体系进行了研究，并取得了一定的研究成果。"十一五"期间，由北京师范大学主持的"国家粮食主产区粮食作物种植面积遥感测量与估产业务系统"项目，探讨遥感提取作物种植面积的方法。2008 年由国家农业信息化工程技术研究中心牵头组织实施的农业部公益性行业科研专项"主要农作物调优栽培信息化技术"，其中"中弱筋小麦调优栽培信息化技术"课题由扬州大学牵头实施，研究将现代信息技术与作物栽培措施进行集成组装，形成基于现代信息技术的作物调优栽培技术体系。

1974—1977 年，美国农业部（USDA）、国家海洋大气管理局（NOAA）、宇航局（NASA）联合制定了利用遥感技术开展"大面积作物调查实验"计划（LACIE），实现了对世界小麦主产区的种植面积、单产和总产量的估算，其精度在 90% 以上，我国农业定量遥感技术的应用始于 20 世纪 70 年代末，根据当时全国农业资源区划工作的要求（周清波，2004），在科技部、财政部、农业部等大力支持下，农业部门的遥感技术应用工作经历了"六五""七五""八五"期间的设备引进、人才培训、技术攻关、实验研究和生产服务，"九五"期间的实用化，运行服务系统的建立，到"十五""十一五"期间的技术推广应用，已在作物实时动态监测、作物产量估算、农业资源调查、农业灾害监测及损失评估等方面得到极为广泛的定量化应用。

## 三、遥感的发展趋势

在光谱域上，随着热红外成像、机载多极化合成孔径雷达和高分辨力表层穿透雷达和星载合成孔径雷达技术的日益成熟，遥感波谱域从最早的可见光向近红外、短波红外、热红外、微波方向发展，波谱域的扩展将进一步适应各种物质反射、辐射波谱的特征峰值波长的宽域分布。在时间分辨率上，大、中、小卫星相互协同，高、中、低轨道相结合，在时间分辨率上从几小时到 18 d 不等，形成一个不同时间分辨率互补的系列。在空间分辨率上，随着高空间分辨力新型传感器的应用，遥感图像空间分辨率从 1 km、500 m、250 m、80 m、30 m、20 m、10 m、5 m 发展到 1 m，军事侦察卫星传感器可达到 15 cm 或者更高的分辨率。空间分辨率的提高，有利于分类精度的提高，但也增加了计算机分类的难度。在光谱分辨率上，高光谱遥感的发展使得遥感波段宽度从早期的 0.4 $\mu$m（黑白摄影）、0.1 $\mu$m（多光谱扫描）到 5 nm（成像光谱仪），遥感器波段宽度窄化，针对性更强，可以突出特定地物反射峰值波长的微小差异；同时，成像光谱仪等的应用，提高了地物光谱分辨力，有利于区别各类物质在不同波段的光谱响应特性。在测量方向上，机载三维成像仪和干涉合成孔径雷达的发展和应用，将地面目标由二维测量为主发展到三维测量。随着各种高效遥感图像处理方法和算法将被用来解决海量遥感数据的处理、矫正、融合和遥感信息可视化。遥感分析技术从定性转变成定量，定量遥感成为遥感应用发展的热点。

# 第三节　烟草遥感的研究意义

目前，美国、日本及欧洲的国家和地区已有多颗应用于农业遥感的卫星和星座在轨组网应用或计划发射。由于农业遥感观测指标繁多、复杂性高，加之农作物生长变化较快，因此，对遥感卫星观测的时效性以及多载荷数据融合、联合反演要求较高。国外农业领域遥感卫星发展主要有以下特点：①形成了星座或体系进行联合观测。观测要素多，为了保证关联性，均形成星座进行组网运行，强调同时相观测，星座中各卫星的降交点地方时相差不大。②具有较高的观测时间分辨率。单星具有较大的观测幅宽。如 Landsat、哨兵 2 等卫星的观测幅宽均在 100 km 以上，保证快速重复覆盖观测。此外，像 Rapideye、Urthecast 卫星进行多星组网，进一步提升了观测时间分辨。③卫星传感器设计充分考虑农业的要求，手段逐渐丰富，增加了荧光、高光谱、超光谱等监测新手段，谱段均包含红边或短波红外波段，适合农业目标监测与遥感指标反演。

我国目前还没有真正意义上的农业专用遥感卫星。目前，我国的陆地资源卫星系列、测绘卫星系统、高分卫星系列以及环境减灾小卫星星座部分兼顾了农业遥感观测业务，初步满足农情监测、农作物分类、估产以及农业灾害监测等方面的部分应用需求。在有效载荷以及高品质卫星平台研制方面，我国已经开展了大量技术攻关，已经具备较强的研制基础。在光学相机方面，已经实现了长线阵大规模探测器研制，突破了大视场光学系统和干涉成像光谱分光技术等多项关键基础。在 SAR 载荷研制方面，已经实现了大型相控阵天线等关键技术，相关载荷已经实现了在轨稳定运行。这些前期的技术攻关和积累已为我国农业遥感卫星研制打下了良好基础。在全面分析我国当前及未来农业遥感应用的需求和业务特点的基础上，动态化遥感、智能化与自动化传感器将是遥感发展的必然趋势。

烟叶种植生产过程常受到不同气象灾害与病害的影响，气象灾害主要包括水旱灾、风灾和雹灾，病害主要包括花叶病、野火病和靶斑病，这些灾害发生后将会给烟草生产带来重大损失，同时也给烟草生产安全带来巨大威胁。灾害发生后烟草受灾类型、发生区域、发生面积以及产量损失等信息的空间表达显得非常重要。

灾害监测主要包括：一是烟草气象灾害发生面积与分布，即实现烟草受灾面积的精准提取以及及时掌握哪里受灾和受灾类型是什么等；二是烟草病害发生面积与分布，即实现烟草病害类型、发生面积、发生区域以及发生程度的准确监测；三是烟草产量精准预测以及受灾区域灾后产量水平的评估问题。及时掌握烟草种植受灾信息能够反映烟叶生产在空间范围内生产资源的状况，是了解烟叶种植生长及其生产特征的重要信息，更是进行烟叶种植灾后农业管理措施优化的重要依据。当前实际生产中存在种植面积、受灾种植区域、产量和灾后产量评估及空间分布底数不清的现象，极大地影响了烟叶工业需求、烟叶品质、农田资源利用等诸多方面。烟叶种植面积以及受灾区域种植面积及产量精准监测和灾后产量预报是当前烟草产业迫切需要解决的重要问题之一。卫星遥感技术具有快速、及时、大范围以及无破坏等监测优势，能够准确获取区域尺度下的烟草种植和受灾信息，使免费或低价遥感数据的空间、时间、光谱分辨率和数据质量不断提高，使数据获取能力不断增强，能够满足烟草遥感快速精准的监测需求，而传统的灾害监测技术存在监测实时性差的缺陷。因此，开展烟草主要气象灾害与病害卫星遥感测报及灾后估产技术研究是非常有必要的，致力于提升灾害监测技术的实时性，为烟草灾害治理提供精准的数据支撑。

烟叶种植生育期遥感监测技术研究能够及时快速监测不同烟区烟叶种植生长进程，帮助烟叶部门准确掌握不同区域烟叶所处生育时期，为移栽后监测种植面积与分布提供实用化技术基础，帮助评价种植布局优化效果，为后期开发烟叶种植遥感监测系统生育期监测功能模块提供模型，作为关键生育期和生育期长短遥感监测的依据。后期将该研究技术集成到烟叶种植遥感监测系统中，服务于生育期监测功能模块，项目完成后，仅需要在该系统生育期监测功能模块中输入遥感影像数据，生成省级、市县级和镇乡级烟叶关键生育期和生育期长短遥感监测结果。生育期不同，NDVI 或 EVI 随时间变化的响应规律不同，利用 HJ - CCD、Sentinel - 2A、高分和 DEM 不同时序遥感空间数据，分析 NDVI 或 EVI 变化向量，研究多时相 NDVI 变化的大小、方向与关键生育期及生育期长短的潜在关系，构建基于多时相 NDVI 或 EVI 变化向量分析的烟叶种植关键生育期以及生育期长短遥感监测模型，变化向量的大小代表监测期内某像元 NDVI 的变化强度（即变化幅度），变化向量的方向代表监测期内该像元 NDVI 等植被指数的变化过程（即变化速率），为实现烟叶关键生育期以及生育期长短遥感监测提供判定依据。利用野外实测样本确定关键生育期和生育期长短的判断阈值，并对种植生育期遥感监测结果进行误差矩阵分析，以实现关键生育期和生育期长短的有效监测，进而能够确定全省稻作烟区烟叶种植生育期，生成稻作烟区烟叶种植生育期空间分布图，构建针对不同生态区的烟叶种植生育期遥感监测技术模式，为及时快速掌握不同烟区种植生长进程提供实用化技术。烟叶种植面积与分布遥感监测技术研究能够在移栽后快速监测不同烟区烟叶种植面积与分布，帮助省级、市县级和镇乡级烟叶部门及时、高效、准确核实种植面积与种植区域，以及核准烟农合同种植面积，监测良田有无种烟，及时提供良田有种烟的区域（田块）和无种烟的区域（田块），有利于调整优化区域布局，为着力打造百亩片、千亩村、万担乡*提供实用化技术支撑，同时为后期开发烟叶种植遥感监测系统种植面积和空间分布监测功能模块提供技术数据。后期将该研究技术集成到烟叶种植遥感监测系统中，服务于种植面积和空间分布两个监测功能模块，项目完成后，仅需要在该系统种植面积与分布监测功能模块中输入遥感影像数据，生成省级、市县级和镇乡级烟叶种植面积与分布遥感监测结果。基于省级、市县级和镇乡级地理边界矢量数据，利用遥感数据进行分层整群抽样，建立抽样外推模型，随机从各层抽取所需数量的烟叶生产县，以 HJ - CCD、Sentinel - 2A、高分和 DEM 遥感影像覆盖，采用人机交互方式获取烟叶种植面积及其年际变化，结合烟叶移栽期遥感监测方法，于烟叶移栽后实现省级、市县级和镇乡级烟叶种植面积监测，可帮助烟叶部门核实大田种植面积，以及核准烟农合同种植面积。以 HJ - CCD、

---

* 亩和担为非法定计量单位，1 亩＝1/15 hm²，1 担＝50 kg。下同。——编者注

Sentinel－2A、高分和 DEM 为遥感数据源，通过对不同地物的 NDVI 时序特征分析，采用分层方法区分烟叶种植区与其他区，然后利用 BP 神经网络法对烟叶和其他地物进行监督分类，从而得到省级、市县级和镇乡级烟叶种植的空间分布，生成移栽后不同行政级别烟草种植分布遥感图和种植面积统计报表，可帮助烟叶部门及时准确掌握大田种植区域，能够监测良田有无种烟，及时提供良田有种烟的区域或田块和无种烟的区域或田块。

基于 GIS 技术的稻作烟区种植布局优化技术研究，可快速完成省级、市县级和镇乡级不同烟区种植布局的综合评价，分析当前种植布局可能存在的问题，提供满足烟草管理部门需求的多种类可选择的优化方案（包括关注栽培条件、种植习惯、基础设施配套、市场需求等多目标需求中的单一目标需求、组合目标需求和全目标需求的优化方案），为各级烟草部门的决策提供科学依据和数据支持，并可针对核心烟区、重点烟区、零散过渡型烟田（包括优化后闲置基础良田利用）等不同烟区的具体需求，提出不同的优化布局方案。后期可将该研究技术集成到烟叶种植遥感监测系统中，服务于种植布局优化功能模块，项目完成后，基于种植面积和空间分布两个监测功能模块的数据支持，实现省级、市县级和镇乡级烟田种植布局的综合评价，生成省级、市县级和镇乡级不同目标需求的优化方案。

因此，基于卫星遥感信息，并融合人工智能、烟草栽培、气象等知识，实现烟草气象灾害与病害类型、发生面积、发生区域和灾后产量精准测报，最终建立烟草主要灾害遥感智能测报技术，有利于解决烟草受灾信息和灾后产量损失底数不清的问题，同时对烟草生产管理优化等方面具有十分重要的意义。

# 第四节　遥感技术在烟草生长监测上的应用

农业定量遥感技术是集空间信息技术、计算机技术、数据库、网络技术于一体，通过地理信息系统技术和全球定位系统技术的支持，在作物参量遥感反演、作物遥感分类与识别、农田养分遥感与变量施肥决策、作物产量与品质预测等方面进行全方位的数据管理，是目前一种较有效的对地观测技术和信息获取手段。20 多年来，遥感技术在农业生产上的应用越来越广泛，并取得了一系列研究成果。目前已广泛用于作物生长动态监测、作物产量估算、作物品质预报等方面。

## 一、遥感技术在烟草长势与种植面积监测方面的应用

及时、准确地判断作物生长动态，可以在作物生长初期就对作物产量信息

进行预判，并在整个作物生长期内通过近实时监测，为作物产量估算提供参考，随着农业遥感技术的发展，作物生长的遥感监测方法也在逐渐改进。作物生长监测关键参数较多，且作物类型不同其监测参数也不同，国内外学者在作物生长遥感监测中对众多关键参数开展了一系列研究。刘芸等（2021）利用高分六号卫星资料，采用面向对象分类方法提取成熟期烤烟种植信息，并利用无人机影像进行验证，总体达到很好水平，为相关部门决策提供合理依据。夏炎等（2021）采用超像素分割方法，并使用无人机影像对烟株进行精细提取，总体精度达到80%以上，实现了无人机对烟株的自动化提取，为后期估产提供有效参考。梁雪映等（2020）以粤北始兴县烟田示范片为研究区，基于无人机多光谱遥感，利用6个时相的烟叶样本实测氮含量与其光谱特征参数（NRI、光谱夹角参数），分别构建了旺长期和成熟期的烟草氮含量反演模型，验证后精度较为理想。张阳等（2020）利用 Sentinel－2A 数据对烤烟种植面积进行遥感监测，并对 2019 年 6 月湖南省茶陵县烤烟、林木、灌木草地、道路及水体的光谱特征和植被指数进行了分析，采用决策树分类方法提取烤烟种植区域并绘制种植烟区的地域图，研究结果表明总体精度可满足烤烟生产管理的实际需求。李熙全等（2019）提出基于多尺度卫星遥感、无人机遥感、基于厘米级精密定位的地面烟田核查以及地理信息数据平台的烟田数字化方法。通过多元遥感数据融合方法的应用，解决了广域烟田分布数据获取难、单一依靠卫星遥感识别烟田准确率低的问题，提高了烟田监测的广域覆盖能力。

郭婷（2019）认为光谱遥感能快速无损获取植被冠层信息，是实时监测作物长势的重要技术。针对生产中存在的主要问题设置了不同钾处理和成熟度处理，利用美国 ASD FIELDSPEC 2500 型野外便携式光谱仪从单叶和冠层两个尺度获取光谱数据，筛选烟草生理生化指标特征光谱参数，建立品质指标监测模型，并对模型进行评价，为烟草叶片生理生化指标定量遥感提供理论依据和应用基础。研究结果表明，冠层近红外高反射区可用来监测大田烟株钾营养状况。不同钾处理间光谱反射曲线因品种、生育期不同而有差异，在近红外高原区（750～1 350 nm）三个生育期光谱反射曲线总体规律为适量钾处理烟草光谱反射曲线大于高施钾量的烟草光谱反射曲线也大于低施钾量的光谱反射曲线，而过量钾处理之间以及低量钾处理之间烟草光谱反射曲线无明显差异，利用近红外高原区可监测大田烟株适钾、高钾和低钾状况。冠层光谱反射率与不同钾处理烟草氮磷钾含量的相关性强，不同时期特征光谱波段随着施钾量的增加出现不同程度的红移现象。烟草氮磷钾含量监测模型精度敏感生育期为打顶期，分处理模型精度高，且一阶微分特征波段建立的模型监测效果最好。在品种、部位以及成熟度处理对光谱曲线的影响中，不同成熟度处理对烟草单叶光谱反射曲线的影响最大。烟叶光谱特征表现为欠熟、尚熟处理的中部叶>上部叶>下部叶，成熟、过熟处理中表现为上部叶>中部叶>下部叶。480～670 nm和750～1 350 nm 对于不同成熟度的烟叶有较好的"区分效应"，品种间不同成熟度处理影响较敏感的指标为烟碱和钾含量。

刘光亮等（2019）基于地理信息系统（GIS）方法建立南平烟区烟叶生产大数据管理信息系统，系统结构采用 C/S 模式，由基础设施层、技术支持层、数据支撑层、业务应用层和用户层 5 个层次组成，实现对南平烟区烟叶生产过程中产生的多源、多格式数据的存储、管理及分析，能够为南平烟区现代烟草农业发展提供精准化的数据支持和平台基础。尤其是系统提供了大数据与烟叶生产实际需求相结合的烟田精准养分管理模型框架，2016 年预测产量与实际产量偏差为 15.64 kg/hm²，模型模拟效果较好。系统实现了 GIS 基础功能、空间数据管理、数据处理与分析等功能，是南平烟草农业数据中心的基础数据管理平台，为南平烟区烟叶生产的现代化发展以及未来面向"互联网＋"的应用服务扩展提供了基础平台支持。贾方方（2017）利用光谱遥感能够实现 LAI的快速无损监测。为建立烟草 LAI 估算的最佳光谱指数及监测模型，通过设置不同种植密度处理，将田间观测和光谱遥感技术结合，提取和分析了 10 个植被指数，并用二次多项式模型、对数模型、逐步回归模型（SMLR）和 BP神经网络对烟草 LAI 进行估算。结果表明，NDVI、RVI、MCARI、GM1、GNDVI2 和 PSSRb 等植被指数同烟草 LAI 均达到极显著正相关，相关系数均大于 0.80。经检验，4 个模型的均方根误差 RMSE 分别为 0.69、0.87、0.62和 0.44。表明 SMLR 和 BP 神经网络 LAI 都取得了较为理想的结果，其中 BP神经网络的精度最高、误差最小，更适合对烟草 LAI 进行反演，为实现不同种植密度水平下烟草 LAI 的精确监测提供技术支持和地域参考。

陈浩等（2017）认为叶面积指数（LAI）是表征烟草生长健康状态的重要指标之一，获取准确的 LAI 数据是监测烟草生长走势的重要步骤。利用野外实测得到烟草生长期内的光谱数据，并计算每个生长期的归一化植被指数（NDVI），依据 NDVI 获得 LAI 测量数据。通过积温数据和实测 LAI 数据构建了符合烟草 LAI 变化规律的 LOGISTIC 模型。并以 LAI 为研究变量，利用集合卡尔曼滤波数据同化技术融合 NDVI 数据计算得到的 LAI 和简化LOGSITIC 模型拟合得到的 LAI 两种不同的数据信息，获取实验区烟草生长期时间序列上的连续 LAI 数据。最后，通过进一步对比发现数据同化方法拟合效果最优。

烟草长势信息是烟草生产管理的重要依据，全面了解遥感技术在烟草长势监测及估产中的应用进展，为利用遥感技术支撑科学化、精细化烟田管理提供科学参考。在对相关文献分析和归纳的基础上，从地面光谱、无人机遥感、卫星遥感 3 种尺度对目前遥感技术在烟草长势监测的应用进行系统总结，结合多源、多平台遥感数据，对烟草的参数进行定量研究，并利用同化技术对大尺度上烟草生长过程进行动态监测来探索烟草的最佳采收期是未来研究的重点。

## 二、遥感技术在烟草估产方面的应用

在烟草种植过程中，需对种植面积及种烟量进行准确统计，以便于后期估算产量以及按计划收购。目前，烟叶生产管理部门通常在烟苗移植初期，采用人工清点的方式对田间烟株数进行统计，这种方法费时、费力、工作效率低，还容易出现错误。为了降低人工劳动强度，提高工作效率及数据准确性，应将信息技术与传统农业技术结合起来。

夏炎等（2021）采用超像素分割方法，并使用无人机影像对烟株进行精细提取，总体精度达到 80% 以上，实现了无人机对烟株的自动化提取，为后期估产提供有效参考。王帅等（2021）基于无人机采集的成熟期烟草冠层多光谱影像数据构建非线性回归估产模型，最优植被指数组合为改进简单植被指数—绿色归一化植被指数（MSR - GNDVI），为小尺度烟草估产提供有力依据。付静（2019）提出了一种基于无人机图像的山区烟株数统计方法，对烟株图像的采集装置和采集方法进行研究，分析了天气、相机误差以及地形起伏等因素对航拍图像造成的影响。对采集图像进行了裁剪、畸变校正、灰度化以及平滑等相关预处理，为后期烟株图像实时识别研究做了准备。利用无人机采集到的山区苗期烟株图像作为研究对象，提出了一种基于 SIFT 算法的快速拼接方法，该方法有效地减少了匹配特征点数量，在对无人机采集的烟株图像进行全景拼接时比传统的 SIFT 算法快 49.8%，有效地节约了图像拼接时间，显著地提高了图像拼接效率。对光照强度敏感性与 RGB 颜色空间、HSI 颜色空间中各颜色分量之间的关系进行了分析，为颜色分割时颜色空间的选择提供了依据。在后期烟株图像识别时，针对烟株与杂草误判现象，提出一种适用度较高的田间杂草识别方法。最后基于 MATLAB 的 GUI 平台，编写开发了烟株图像自动统计软件，结果表明，该技术能显著提高清点速度和识别的准确率。符勇等（2014）提出利用 SAR 遥感技术，对烟草叶片进行反演并计算叶面积指数，其次对烟草生长适宜性进行评价。结合烟草的叶面积指数、适宜性等参数建立适用于喀斯特山区的烟草估产模型。

## 三、遥感技术在烟草其他方面的应用

目前，我国在作物病虫害监测预报方面主要还是依靠植保人员的田间调查、田间取样等方式。这些传统方法虽然真实性和可靠性较高，但耗时、费力，且存在代表性、时效性差和主观性强等弊端，已难以适应目前大范围的病虫害实时监测和预报的需求。遥感技术是目前唯一能够在大范围内快速获取空间连续地表信息的手段，其在作物估产、品质预报和病虫害监测等多个方面有着不同程度的研究和应用。这些应用在很大程度上改变了传统的作业和管理模式，极大地推动着农业朝优质、高效、生态、安全和现代化、信息化的方向发展。目前，随着精密制造技术和测控技术的发展，各类机载、星载的遥感数据源不断增多，为各级用户提供了多种时间、空间和光谱分辨率的遥感信息。而这些技术和数据的涌现为作物病虫害监测提供了宝贵的契机，使得有可能更为准确、快速地了解作物病虫害发生发展的状况（张竞成，袁琳，王纪华，等，2012）。

刘勇昌等（2021）利用 ASD 非成像光谱仪获取了烟草 TMV 和 PVY 病害不同严重程度的光谱数据，优化了烟草叶片光谱数据的测量方法，建立了烟草花叶病和马铃薯 Y 病毒的判别模型并可以区分其严重程度。王艳霜等（2020）认为运用卫星遥感大数据和无人机低空遥感技术进行灾害评估、受灾面积精确认定等工作为农业保险的核保核赔提供基础。目前，此项技术急需引入烟草种植保险的核保核赔中。徐冬云等（2016）利用染病植株冠层光谱数据，优选病情指示变量，利用偏最小二乘法建立病害程度监测模型，并进一步将模型应用于资源 3 号卫星遥感数据，建立烟草花叶病病害等级分布图，发现比值植被指数（RVI）、差值植被指数（DVI）、再归一化植被指数（RDVI）、变换植被指数（TVI）、土壤可调植被指数（SAVI）作为烟草花叶病病情的指示因子，能有效监测花叶病的严重程度。

此外，遥感还可运用在作物分类中，董秀春等（2012）利用分辨率为 5 m 的 RapidEye 影像，以云南省石林县部分休耕田块为研究区，使用 Softmax 浅层机器学习分类器对研究区内绿肥作物、水稻、玉米及烟草等 4 种典型作物进行遥感识别与空间信息提取，并以极大似然分类法为参照，通过地面样方数据验证该方法的精度。结果表明基于 Softmax 的浅层机器学习分类器提高了分类精度。胡九超等（2015）单时相和多时相的 Terra SAR‐X 数据应用于烟草的识别，并采用最大似然法进行分类，发现多时相的 Terra SAR‐X 数据在高原山区的烟草识别应用中更具优势。

# 第五节　遥感技术在其他作物生长监测上的应用

## 一、遥感技术在作物生长动态监测方面的应用

在作物理化参量监测方面，国内外研究者进行了大量理论和方法上的研

究。张仁华等（1997）建立了作物叶绿素含量遥感模型，并被用来估算和监测植被氮素养分动态。易秋香等（2007）研究表明不同品种玉米的叶绿素含量与原始光谱在 713 nm 处具有最大相关系数（$r = 0.815$），以蓝边面积变量（SDb）为自变量所构建的指数模型对叶绿素含量估算较好。Curran 等（1990）研究表明，红边位置对冠层叶绿素含量敏感。Tarpley 等（2000）研究结果表明，用红边位置与短波近红外波段的比值预测的精确度和准确度都比较高。Wessman 等（1988）使用森林光谱的一阶、二阶导数对树冠化学成分进行研究，并确定其与生物量以及导数光谱数据相关最密切的波段组合。Bonham‐Cater 等（1988）提出了"红边"，并认为红边参数与叶绿素等色素间存在紧密关系。王秀珍等（2002）和黄文江等（2003）分析了红边参数与农学组分间的关系，均得到较好的结果。Miller 等提出和完善了一种用 4 个简单参数描述的倒高斯反射模型在 670～800 nm 光谱范围内拟合植被反射光谱"红边"的方法。Paul 等对鲜叶生化成分与反射光谱的相关性进行了研究，并给出预测模型。Shibayama 等（1989）发现在近红外和中红外波段的反射率及其一阶导数可以用来探测早期水稻冠层的水分胁迫作用。Malthus 等（1993）用地物光谱仪研究大豆受蚕豆斑点葡萄孢感染后的反射光谱，发现其一阶导数反射率比原始的反射率要高，可用来监测病虫害的感染发生情况。王人潮等（1993）指出诊断水稻叶片氮素营养的敏感波段为 760～900 nm、630～660 nm和 530～560 nm，并将光谱分析方法估测鲜叶含氮量的精度提高到 85％以上。Kokaly（1999）研究发现 2 054 nm 和 2 172 nm 这两个波段与氮含量高度相关。

以往的研究中，从遥感图像光谱信息中提取的作物形态指标较多。遥感由于其观测范围较广可以方便地获取小麦种群指标，如新鲜生物量等。小麦地上鲜生物量是指小麦在光合作用过程中，茎、叶、穗等光合作用产物被同化后所积累的新鲜有机质总量。小麦地上鲜生物量重是评价作物生长能力的重要指标，直接反映作物健康状况（赵春江等，2014；谭昌伟等，2005；Helmisaari et al.，2002；陈仲新等，2019）。传统的田间人工采样法和基于现代科学技术的区域尺度估计已逐渐难以适应新的监测需求。目前大量研究比较了不同的地上鲜生物量测量方法（Harmoney et al.，1997；Martin et al.，2005；Whitbeck et al.，2006；Radloff et al.，2007），大部分研究表明现代信息技术的整合已成为一个新的研究方向，许多包含农艺指标如地上鲜生物量或氮浓度的作物模型已经被开发出来（谭海珍等，2008；Todd et al.，1998；Mutanga et al.，2004；Gnyp et al.，2014）。相关学者分别建立了水稻、小麦、棉花和玉米地上鲜生物量的光谱估计模型（Casanova et al.，1998；Hansen et al.，2003；Bai et al.，2007；Perbandt et al.，2010）。Pittman 等（2016）分析了作物生物量与冠层反射率光谱的关系，并根据生长周期进行处理，选择最优特征波段或光谱特征指标组合作为变量，建立了春小麦生物的光谱估计模型。基于机载光谱成像仪和地球资源卫星 TM/ETM 多时相遥感数据，Liu 等（2010）发现在 Monteith 辐射效率模型下，地上鲜生物量与光合活性辐射呈线性相关。高时空分辨率遥感数据为作物生长评估提供了新的机遇（Claverie et al.，2012）。Gnyp 等（2014）利用已有的光谱植被指数或新的光谱植被指数，基于不同的小麦条件和 Hyperion 图像，建立了多尺度地上鲜生物量模型。Munoz 等（2010）研究表明利用局部随机分层非线性模型和残差方差函数来构建模型是可行的。上述大多数研究都提供了经验证据，表明作物地上鲜生物量与遥感变量或植被指数之间存在功能关系。然而，这些研究多集中在光谱数据、单一遥感变量或植被指数上，利用从卫星图像中提取的成对遥感植被指数对地上鲜生物量进行定量评价的报道较少。受植被类型、强背景信号、冠层结构和空间异质性的影响，不同生态系统类型间的关系存在差异。此外，现有的基于遥感的地上鲜生物量产品缺乏足够的地面验证，而地面验证对于确定此类产品的不确定性和准确性至关重要，因此它们可以用于指导作物生产实践（Tan et al.，2017）。

Sakamoto 等（2005）利用经小波和傅里叶变换两种滤波方式后的 MODIS NDVI 时间序列数据，比较研究遥感识别冬小麦物候期的方法。Dunn 等（2011）通过 NDVI 数据对北美山区的植被物候进行研究，发现海拔和纬度是影响山地植被生育期的主要因素。Walker 等（2014）认为 NDVI 数据能很好地反映旱地植被生育期变化在不同海拔对降水的响应。Piao 等（2011）、Zhang 等（2013）通过遥感 NDVI 数据发现气候变暖使得中国青藏高原地区的植被返青期提前，生育期延长。谭昌伟等（2015）利用 HJ - CCD 遥感数据实现江苏省冬小麦返青期、拔节期、孕穗期以及开花期等关键生育期的遥感监测，并实现关键生育期的空间量化表达，监测结果与实际状况具有较好的一致性。孙华生等（2009）利用 MODIS - EVI 数据实现水稻关键生育期的遥感监测。孔令寅等（2012）利用 MODIS EVI 数据成功监测冬小麦关键发育期。权文婷等（2015）采用 SPOT - VGT S10 产品数据，通过 S - G 滤波技术重构 NDVI 时间序列，实现冬小麦的返青期和抽穗期遥感监测。近年来，许多学者运用不同的遥感方式以及多源遥感数据对作物生育期进行定量分析，取得了很好的研究成果（Feng et al.，2015；Gitelson et al.，2012；Kelly et al.，2013；Pittman et al.，2016；Gnyp et al.，2014；Liu et al.，2010；Mahajan et al.，2014）。上述研究结果表明，中分辨率时序 NDVI 或 EVI 遥感植被指数能够有效监测作物生育期。

谭昌伟等（2015）利用构建 HJ‐CCD 遥感影像准确提取了江苏省冬小麦种植面积与分布，并实现孕穗期关键苗情参数遥感监测，为大田生产提供了一种快速、便捷、费用低廉的大面积作物监测方法，可支持农业研究者、涉农部门领导和种植管理者获取及时有效的农情信息。张海东等（2019）基于分蘖期与齐穗期两景 16 m 分辨率的 GF‐1 WFV 数据，成功监测水稻种植分布，并深入探究了水稻面积提取精度及空间重合度影响因素。罗明等（2019）提出一种基于少量样本投射的阈值快速确定的方法，实现大范围作物种植分布的快速识别，该方法能够快速分单元确定模型的阈值。杨小唤等（2004）通过 NDVI 时序变化规律从 MODIS 数据中提取了冬小麦、春玉米、夏玉米、大豆等作物种植面积与分布，总体精度达到 95%。随着多光谱遥感技术的发展，遥感监测作物种类的增多，烟草作为一种种植情况特殊、经济价值较高和种植范围相对集中的作物，将遥感运用到种植面积与分布监测上来，具有一定的便捷、高精、经济和技术可行性。作为典型的双子叶作物，烟草的光谱特性非常适于卫星传感器捕捉，国际上很多烟草大国已经将遥感手段应用于烟草种植监管中，为政府的进出口管理及种植补贴政策的制定提供科学依据（Krezhova D，2012；Svotwa E，2013；Svotwa E，2014）。吴孟泉等（2008）从烟草遥感的机理入手，对复杂地形条件下的耕地分类采用逐层分类的方法，以此来探讨烟草种植面积遥感监测及信息提取的途径和方法，建立以地球观测数据为基础的烟草动态监测体系。刘明芹等（2016）利用资源三号卫星 2.1 m 全色影像和 5.8 m 多光谱影像，通过在影像上提取地面控制点的光谱、纹理和形状信息来建立分类规则，进而进行面向对象面积提取，在快速获取准确的套种烟田面积方面取得卓越效果。邹益民（2011）总结以往遥感技术参与现代化农业监管方面的长处，创新性地将遥感技术从粮食作物推向烟草领域，为增进烟叶种植宏观监管提供技术支撑。王政等（2014）采用 HJ‐CCD 遥感影像分析了烤烟及其他地物的光谱特性，通过比较各种植被指数对烤烟及其他地物的区分度，确定了烤烟信息遥感识别方法。

唐华俊等（2009）利用遥感技术实现作物种植结构、熟制与种植方式的空间表达，快速直观地获取到作物种类、结构以及分布特征等重要信息，为作物结构调整和优化提供了决策依据。通过空间化属性数据与遥感数据融合模式，利用遥感数据在耕地时空分布表达和属性数据在作物种植面积数量动态变化描述方面的优势，实现作物种植布局监测（Frolking S，2002；Monfreda C，2000；You L，2009）。谭昌伟等（2015）实现了基于 HJ‐CCD 数据的小麦种植信息空间布局遥感监测，量化表达了小麦种植信息的区域空间分布特征。冯金飞等（2005）利用 GIS 技术对稻麦种植布局空间优化进行研究，制订了稻麦空间布局科学方案。唐磊等（2013）采用 GIS 技术与层次分析法、模糊综合评价等方法相结合，为未来沈阳市东陵区特色经济作物的种植布局提供了科学依据。汪璇等（2012）利用 GIS 技术对各生态要素进行"由点及面"的空间模拟，引入模糊神经网络对烤烟生态适宜性进行评价，为当地烤烟种植布局的合理调整和资源优化利用提供科学的决策依据。谢佰承等（2015）采用 Max Ent 模型进行湖南双季杂交水稻种植适宜性分区，为优化湖南双季杂交稻生产力布局、改进种植制度和确保粮食生产安全提供了参考。

## 二、遥感技术在作物估产方面的应用

及时、准确地估算作物产量有利于保障国家粮食安全、制定合理的粮食价格及宏观调控政策。开始用农学方法抽样估产，然后用统计和气象模式进行宏观估产，但这两种估产方法受人为因素影响较大，准确率很难提高。通过卫星遥感对地面上每一个像元都获得一套数据。对各像元数据进行有效分析，可了解这一地区的土壤、地形、地下水和排水等情况，这一地区的气象条件，作物种类和品种，当地农业措施和水平等，近而通过已建数学模型计算出作物产量。遥感数据信息的作物产量估算方法大致分为三种，即经验统计方法、半经验半机理方法以及机理方法。经验统计方法多是以遥感敏感波段和各种植被指数建立以数学统计分析方法为基础的经验估产模型。半经验半机理的方法多以植被净初级生产力为核心来估算区域作物地表干物质量，利用遥感信息可以很好地反演其中所涉及的主要指标，进而结合作物收获指数，通过干物质量与收获指数乘积的形式实现作物产量的估算。植被净初级生产力为吸收光合有效辐射与光能利用率的乘积，具有一定的生态物理基础，又不涉及过多的输入变量且具有一定的精度，应用较为广泛，而收获指数的计算通常以常数方式或者经验线性模型给出。作物产量估算机理的方法主要表现在作物生长模型与遥感技术的融合方法研究方面，作物生长模型能对作物生长过程中的光合作用、呼吸作用和蒸腾作用等生理生化过程进行数学描述，可动态模拟作物生长发育及产量的形成过程，具有较深入的生理生态学解释机理，但生长模拟模型在小区点上应用时精度较高，外推到区域面上应用时，由于一些指标获取困难甚至是难以获得，将遥感技术与作物生长模型相结合，势必可以综合两者"点-面"结合的互补优势。

1989—1995 年，应用遥感技术先后进行了黄淮海平原遥感小麦估产、京津冀地区小麦遥感估产、南方稻区水稻估产、华北六省估产、黑龙江省大豆及春小麦遥感估产、棉花估产等研究。自 1996 年起黄淮海平原冬小麦长势监测及产量估测转为业务化试验运行阶段，这一工作的开展为全国作物长势监测和估产积累了经验和技术基础。1999 年，在全国农业资源区划办公室的直接领导下，成立了农业部农业遥感应用中心，开展了全国冬小麦估产的业务化运行工作，取得了较好的效果，实现了全国冬小麦估产的业务化运行目标，并正在开展全国性玉米、水稻、棉花等大宗作物遥感估产的业务化运行工作。

Osborne（2002）等通过地面光谱技术对玉米的生物量和氮含量指标进行了监测，并基于此构建了各生育期光谱数据和最终籽粒产量间的关系模型。侯新杰等（2008）对棉花产量形成关键时期的光谱特征参数和产量构成因子进行了相关分析，发现棉花产量构成因子中单位面积总铃数、单铃重与红边参数等均有较好的相关性。Moriondo 等（2007）将卫星遥感反演的 NDVI 数据和 CROPSYST 模型模拟的 NDVI 数据相结合来预测小麦产量，模型模拟值与实测值间的相关系数达到了 0.73～0.77。陈思宁等（2013）应用 EnKF 算法将 MODIS－LAI 和 WOFOST 模型耦合来预测我国东北地区玉米的产量，结果显示，经过同化算法处理后模型模拟的玉米产量精度比未同化的模拟产量精度显著提高。解毅等（2015）基于 4DVAR 算法，通过同化冬小麦主要生育时期 CERES－Wheat 模型模拟的 LAI 和 Landsat 数据反演的 LAI 来对关中平原冬小麦的单产进行预测，发现同化算法能够充分结合模型模拟 LAI 和遥感反演 LAI 各自的优势，从而使小麦估产精度提高。

国内外众多学者在不同情况下对小麦估产研究，包括作物长势监测、产量估算、病虫害影响以及水肥影响等方面，取得一定进展（Salazar et al.，2007；Mehdi et al.，2014；Domenikiotis et al.，2004；Hochheim et al.，1998；任建强等，2006；陈艳玲等，2014；谭昌伟，2017；2019）。王培娟等（2009）讨论了利用 BEPS 模型估算小麦产量的适用性和局限性，将原先 BEPS 模型中两片大叶模型改造为多层-两片大叶模型。杨武德等（2009）以归一化植被指数、极高温度、相对湿度为主因子建立了小麦遥感—气象—产量综合模型。陈鹏飞等（2013）发现依赖 HJ－1A/1B 遥感影像重建小麦NDVI 时序曲线，求算其生长季最大 NDVI 及其变化速率所建立估产模型是可靠的。王纯枝等（2005）利用冠层温度信息近似地估计区域作物实际生长速率和产量，进而建立了遥感-作物模拟复合模型，提出了估算区域作物实际产量的方法。朱再春等（2011）发现利用信息扩散方法构建的遥感估产模型稳定性和精度都明显提高，该方法能较好地模拟小麦遥感估产中归一化植被指数和产量之间的非线性关系。谭昌伟等（2015）运用 PLS 算法构建多变量遥感估产模型，PLS 算法模型估产的效果要好于 LR 和 PCA 算法，估算精度比 LR 算法分别提高了 25%以上和 20%以上，比 PCA 算法分别提高了 15%以上和 11%以上。

刘良云等（2009）利用小麦病害发生前期的卫星遥感数据建立了早期估产模型，定量计算了条锈病和白粉病的产量损失，减产幅度超过30%。王长耀等（2005）开展了基于MODIS _ EVI的小麦产量遥感估算研究，结果表明EVI明显比NDVI能更好地与产量建立回归模型，且估算时间比美国国家统计局估算时间提前约半个月。Marletto等（2007）使用包含土壤水分平衡新数值方案的Criteria/Wofost模拟模型，将博洛尼亚大学（University of Bologna）实验农场1977—1987年收集的田间数据与小麦产量中位数进行了比较，预测值与观测值一致。

其他研究表明，因为气象预测指标概括了整个生长季作物产量的农业气象条件演替情况，从而发现Mars－Crop Yield Forecasting System（M－CYFS）模型作为作物产量预测指标比气象预测指标更具有一致性（Lecerf et al.，2019）。Becker－Reshef等（2010）基于中分辨率成像光谱仪（MODIS）的NDVI数据，建立了全球农作物监测和产量预测的农业监测系统。基于先进的高分辨辐射计（AVHRR）数据，Salazar等（2007）利用主成分分析（PCA）建立的产量预测模型估测误差小于8%。Dempewolf等（2014）通过从卫星提取的植被指数可以预测巴基斯坦旁遮普省收获前6周小麦的产量。通过对高时空分辨率的时间序列遥感影像、籽粒产量和成熟期蛋白质含量的分析，Wang等（2014）初步认为灌浆期和开花期是小麦产量的最佳预测时期。Kouadio等（2014）研究表明，无论是agrocli－mate＋MODIS－NDVI，还是agroclimate＋MODIS－environmental vegetation index（EVI），在生态区尺度上对春小麦产量的预测效果都是一样的。Bognár等（2017）通过利用MODIS数据推导出的NDVI，对匈牙利2003—2015年小麦产量预测方法进行了改进，获得了较好的预测结果。偏最小二乘法（PLS）在评价多个群体小麦产量的影响因素时，可以揭示研究区小麦产量的控制因素，为其他作物或地区的分析提供参考工具（Hu et al.，2018）。然而，这些研究中使用的卫星遥感数据时空分辨率较不理想，模型模拟效果的稳定性有待进一步检验。一些研究人员认为，MODIS和AVHRR是遥感物候分析中最常用的传感器，但它们缺乏研究异质地貌中植被物候所必需的空间细节。

## 三、遥感技术在作物品质预测上的应用

作物生产管理需要迅速、直接的信息指导和技术指导，仅依靠技术专家和基层农业技术人员难以对每一块田进行分析与指导，同时也无法提前知晓作物的品质特征。随着卫星遥感等技术的成熟及在农业上的应用，利用遥感预测作物品质影响因子，使无损监测预报作物品质成为可能。

作物品质遥感预测研究方面也已取得了一定的进展。Humburg 等（1999）用 3～4 个波段组合（500 nm、550 nm 和 830 nm）建立了甜菜的品质监测模型，其可以预测糖、钠及铵态氮含量。Paul 等（2001）利用光谱数据资料估测了松树叶片的 12 个生化指标（包括叶绿素 a、b、a＋b，木质素，氮素，纤维素，水分，硫素，蛋白质，氨基酸，糖，淀粉），取得了较好的效果。通过监测作物氮素及相关指标来预测品质是近几年来研究的热点。小西教夫等（2000）报道利用卫星遥感成图技术指导区域施肥，有效地提高了稻谷品质，经济效益显著。Delgado（2001）认为运用遥感技术手段监测地上植被氮素状况，从而监测和调控作物品质是可行的。对于以叶片或茎秆等作为经济产量的作物而言，可以利用遥感直接监测其叶片或茎秆的氮素状况，从而实现对其品质的监测和预报（Bhatia and Rabson，1976；Loffler and Busch，1982；McMullan et al.，1988；Woodard and Bly，1998；Wang，et al.，2003）。研究已表明小麦籽粒蛋白质含量以及其他一些品质参数可以通过开花或灌浆期叶片含氮量来预测，并且提出了利用光谱数据来监测开花或灌浆期叶片含氮量进而实现对小麦籽粒品质的预测（Tian et al.，2003；Zhao et al.，2004；Wang et al.，2004）。王纪华等（2003）认为开花期叶片含氮量可以预测籽粒蛋白质含量，并提出 820～1 140 nm 波段的冠层光谱反射率预测叶片含氮量进而预测籽粒蛋白质含量的设想。Wang 等（2004）提出开花后 18 d 的 PPR 可以预测叶片含氮量进而预测籽粒蛋白质含量。Basnet 等（2003）研究了卫星影像信息与谷类作物籽粒蛋白质积累的关系。Hansen 等（2002）报道了用冠层光谱反射率和偏最小二乘法预测小麦籽粒蛋白质含量的方法。王纪华等（2003）研究表明，小麦后期叶片全氮含量与成熟期籽粒质量组分之间具有很强的相关性。黄文江等（2004）发现运用开花期的光谱结构不敏感植被指数来反演叶片的类胡萝卜素与叶绿素 a 的比值，进而反演叶片全氮和籽粒品质是切实可行的。冯伟等（2008）亦认为利用开花期关键特征光谱指数可以直接评价小麦成熟期籽粒蛋白质含量状况，其中基于 mND705 参数的预测模型更为准确可靠。薛利红等（2004）认为，拔节期、孕穗期和灌浆期的光谱反射率与水稻成熟期籽粒蛋白质含量间呈现极显著相关性。冯伟等（2008）以参数 REPle、SDr/SDb 和 FD742 为变量建立成熟期籽粒蛋白质产量预报模型均得出理想的检验结果。田永超等（2004）认为抽穗后冠层植被指数（R1500/R610）与小麦籽粒蛋白质积累量呈极显著的指数关系。李映雪等（2005）研究发现籽粒蛋白质含量与花后 14 d 叶片含氮量的相关性较好，并且花后 14 d 比值指数 RVI（1220，710）能准确反演叶片含氮量，进而可以间接地预测籽粒蛋白质含量。

## 四、遥感在作物病虫等灾害方面的监测与预报

作物病虫害遥感监测主要依赖于作物受不同胁迫影响后发生的光谱响应。在确立某种类型病虫害的光谱响应特征后，基于航拍及卫星影像数据将这种关系扩展至地块、区域等较大的空间尺度，得益于高光谱遥感丰富的谱段信息和对各种精细光谱分析的支持。目前国内外学者利用高分辨率的航拍光谱影像在病害监测方面能够取得较高的精度，已对小麦条锈病、番茄晚疫病、柑橘黄龙病等多种病害进行了研究，监测制图精度可高达 90% 以上。然而，受限于现阶段光谱图像获取需高昂的仪器成本，研究人员已试图采用多光谱的航拍和高分辨率卫星影像进行病害制图。Qin 等（2005）采用多光谱航拍数据监测水稻纹枯病，采用 QUICKBIRD 影像监测小麦病害，识别精度达 88.6%。张竞成等（2012）以小麦白粉病为例，证实了采用多时相中分辨率（30 m）遥感影像在区域尺度上监测病害典型发生现场的可能性。

在小麦病害方面，Huang 等（2013）采用改正型叶绿素吸收比值指数（the transformed chlorophyll absorption and reflectance index，TCARI）和优化土壤调节植被指数（optimized soil—adjusted vegetation index，OSAVI）的组合对小麦病害条件下的色素变化进行监测，决定系数达到 0.779 5，结果表明 TCARI 和 OSAVI 指数的比值能够与受条锈病侵染的小麦植株的部分生理生化参数建立良好的相关关系。刘良云（2005）等发现小麦条锈病与 560～670 nm 波段的反射率变化有密切关系，并据此构建了监测模型。Zhao 等发现比值植被指数（simple ratio，SR）和三角形植被指数（triangular vegetation index，TVI）对诊断小麦病害有较好的效果。黄木易等发现经连续统去除法处理后的 540～740 nm 的吸收深度和吸收面积能够与小麦病叶的严重度之间建立极显著的相关关系。黄木易等通过研究小麦条锈病的光谱特征，发现 630～687 nm、740～890 nm 和 976～1 350 nm 波段对条锈病敏感。Delwiche 和 Kim 发现小麦赤霉病能够引起 550 nm、568 nm、605 nm、623 nm、660 nm、697 nm、715 nm 和 733 nm 位置处的光谱响应。Bravo 等（1991）利用 NDVI 提取小麦条锈病病情信息，准确率超过 95%。Graeff 等（2002）通过对感染白粉病和全蚀病的小麦叶片光谱进行分析后发现，病害的发生导致 490 nm、510 nm、516 nm、540 nm、780 nm 和 1 300 nm 波段处的强烈光谱响应。Huang 等（2004）成功运用光化学植被指数（photo chemical reflectance index，PRI）监测了小麦病害，分别在冠层和航空观测尺度上达到了超过 90% 的估测精度。Graeff 等采用方差分析、相关分析和回归分析研究小麦条锈病和全蚀病病情程度与光谱特征之间的关系，并进行敏感波段筛选。Huang

等（2012）利用回归分析构建了小麦条锈病的病情程度反演模型。Devadas 等（2007）发现氮反射率指数（nitrogen reflectance index，NRI）、结构不敏感植被指数（structural independent pigment index，SIPI）、植被衰老指数（plant scenes reflectance index，PSRI）和归一化叶绿素比值指数（normalized pigment chlorophyll ratio index，NPCI）能够识别并进一步区分同种小麦病害的不同亚型。蒋金豹等（2012）通过实验研究发现在冠层尺度上，红边核心区（725～735 nm）内一阶微分总和（SDr'）与绿边核心区（520～530 nm）内一阶微分总和（SDg'）的比值对小麦病害早期症状敏感，与病情指数间相关系数达到 0.921，表明微分植被指数 SDr'/SDg' 适用于小麦病害的早期诊断。乔红波等（2004）利用光谱微分技术，对受麦蚜、白粉病危害的小麦反射率求一阶导数，得到红边斜率。结果表明：麦蚜、白粉危害后，小麦冠层的红边斜率在近红外波段（650～780 nm）发生剧烈变化；采用一阶微分、对数数据变换方法对感染白粉病、条锈病人工接种诱发和麦长管蚜自然危害条件下的冬小麦进行了光谱研究识别，通过对比分析表明采用对数-微分变换处理比其他方法能较好地识别冬小麦病虫害情况。王圆圆等（2007）对感染条锈病的冬小麦不同生育期的红边一阶微分光谱特征进行研究，研究表明随着小麦条锈病害程度不断增加，前峰 700 nm 左右的红边一阶微分位置越来越明显，而后峰 725～740 nm 的位置却越来越不突出。刘良云等（2014）对比 3 个生育期的条锈病与正常生长冬小麦的 PHI 图像光谱及光谱特征发现：560～670 nm 黄边、红谷波段，条锈病病害冬小麦的冠层反射率高于正常生长的冬小麦光谱反射率；近红外波段，条锈病病害的冠层反射率低于正常生长的冬小麦光谱反射率；条锈病冬小麦冠层光谱红谷吸收深度和绿峰的反射峰高度都会减小。杨可明等（2006）采用 PHI 高光谱影像对感染条锈病害的小麦进行了分析研究，并建立了农作物病害光谱与探测模型，并在此基础上提出了一种可调节的多时相归一化植被指数 MI-NDVI，且通过与光谱角制图法 SAM 结合，MI-NDVI 能够反映不同区域小麦受病害感染的严重程度，能准确区分感染条锈病的小麦与正常小麦。

遥感信息除具有病害监测的潜力外，在病害预警方面，近年来部分学者通过遥感信息反应区域生境状况，将其作为一种辅助信息配合气象信息对病害发生适宜性进行综合预测。遥感反演地表温度、土壤、植被水分等参数能够在一定程度上反映作物生境状况，进而与气象背景场信息相结合预测发病概率，提高了病虫害预测能力。近年来在病虫害遥感监测与预警方面有两个重要趋势：一是对遥感信息的利用程度不断深入，这主要体现在如何结合多谱段、多时相和多模式（主被动遥感、荧光遥感和微波遥感）遥感观测对病虫害进行高专一性的识别和区分，对一些非病虫害性胁迫因素进行排除，这一工作已取得一些初期的进展，但仍有待于不断深入。二是将遥感信息和非遥感信息（气象信息、无线传感信息、植保信息、农情统计信息）进行整合，解决病害监测、预测过程中的信息不对称问题（赵春江，2014）。

Piao 等（2010）分析了中国 1971—2007 年的作物病害发生面积及对应的农药施用量，发现病害发生面积呈明显增长趋势，从 1971 年的约 1 亿 hm$^2$ 增加到 2007 年的 3.45 亿 hm$^2$。在小麦方面，Graeff 等（2006）通过对感染白粉病和全蚀病的小麦叶片光谱进行分析后发现，病害的发生导致 490 nm、510 nm、516 nm、540 nm、780 nm、1 300 nm 波段处的光谱响应强烈。刘良云等（2004）发现小麦条锈病与 560～670 nm 波段的反射率变化有关系，并据此构建了监测模型。Moshou 等（2005）通过光谱分析筛选出 680 nm、725 nm、750 nm 三个与小麦条锈病有关的光谱波段。Liu 等（2010）通过对水稻稻穗的光谱分析发现，450～850 nm 波段反射率变化与水稻颖枯病具有相关性。在其他作物方面，Zhang 等（2004）在加利福尼亚州通过分析西红柿晚疫病地面冠层光谱数据，得出近红外区域在西红柿晚疫病的监测中有十分重要的价值。Jones 等（2010）通过分析感染叶斑病的番茄叶片光谱，发现在 395 nm、633～635 nm 和 750～760 nm 位置的反射率有显著改变。罗菊花等（2009）选用 NDVI 和 PRI 建立二维空间坐标，形成病害胁迫、常规的水胁迫及肥水协同胁迫植被指数的空间分布散点图，发现 NDVI 值大于 4.324×PRI＋0.976 的区域即为条锈病胁迫发生区域。蒋金豹等（2012）研究发现普通花叶病胁迫下的大豆光谱反射率在可见光区域均大于健康大豆，而锈病胁迫的大豆光谱反射率在绿光区随病情严重程度的增加而减小，在红光区随病情严重程度的增加而增大，并根据大豆光谱变化特征设计了一个植被指数，对大豆病害进行识别。

在作物气象灾害（水旱灾、风灾、雹灾）卫星遥感监测预报方面，孙滨峰（2015）、庄少伟（2013）等利用 SPEI 指数分别在东北地区及全国进行干旱时空变化的研究，研究结果均证明 SPEI 在干旱研究方面具有很好的适应性。李翔翔等（2017）利用 SPEI 对黄淮海的干旱检测进一步证明 SPEI 在本研究区具有良好的适用性。基于站点观测数据的干旱监测方法具有准确性、可靠性高等优点，但存在站点数量有限、分布不均的缺点。随着遥感技术的发展，干旱监测会从基于站点的监测扩展到整个研究区。温度植被干旱指数（temperature vegetation dryness index，TVDI）是由归一化植被指数（NDVI）和地表温度（LST）确立的干、湿边方程来表征作物水分胁迫的指数。王纯枝等（2009）的研究证明，TVDI 在黄淮海地区具有很好的适应性；陈少丹等

（2017）对河南省的研究也证明了 TVDI 在干旱研究方面有很强的适应性。

　　利用遥感技术在农作物灾害监测方面的研究较为丰富。董婷（2015）等利用 MODIS 第 6 波段和第 7 波段构建短波红外光谱特征空间，构建了与实测土壤湿度显著相关且能充分反映不同物候期春小麦土壤水分变化趋势的 MODIS 短波红外水分胁迫指数 MSIWSI。程红霞（2014）等基于 MODIS 数据分析农作物风沙灾害前后和恢复期的 NDVI 变化，通过同时期正常年份的 NDVI 变化阈值，实现了对阿克苏市农作物风沙灾害动态监测。周见（2014）等基于 GIS 技术，运用自然灾害风险指数法、概率统计等方法，实现了黑龙江省水稻低温灾害综合风险等级划分。张丽文（2015）等利用 MODIS 数据，构建了基于相对累积生长度日距平的水稻延迟型冷害指标，该指标对延迟型冷害分布监测结果与距平 T5-9 气象行业标准指标监测结果保持空间分布一致，也能充分反映水稻各生育期的低温累积效应和高温补偿效应。李颖（2014）等基于 FY3/MERSI 数据，构建 NDVI、RVI、ARVI、EVI 指数，研究不同植被指数对干热风监测评估的适用性和敏感性，得出 NDVI、RVI 对干热风灾害程度的敏感性优于 ARVI，适于大面积干热风灾害监测。也有学者（2012）在冰雹灾害等级划分及评价、地物信息提取及监测等方面进行了探索性研究。已有研究多集中在农作物旱灾、风沙灾、病虫害、冷冻灾和干热风的监测，以及冰雹的风险区划方面，而雹灾的突发性及其影响的空间异质性，造成目前对大面积区域级的雹灾空间分布相关研究偏少。谭昌伟等（2015）利用构建 HJ-CCD 遥感影像准确提取了江苏省冬小麦种植面积与分布，并实现孕穗期关键苗情参数遥感监测，为大田生产提供了一种快速、便捷、费用低廉的大面积作物监测方法，可支持农业研究者、涉农部门领导和种植管理者获取及时有效的农情信息。张海东等（2019）基于分蘖期与齐穗期两景 16 m 分辨率的 GF-1 WFV 数据，成功监测了水稻种植分布，并深入探究了水稻面积提取精度及空间重合度影响因素。

　　当前，遥感技术在国民经济各部门的应用非常普遍，遥感技术自身的发展也相当快。在实际应用中，遥感技术在农业领域的应用已经成为现代空间信息技术的代表，遥感技术的应用与全球定位系统、地理信息系统、数字影像处理系统和专家系统密不可分。因此，需要紧密跟上其发展前沿，及时引入先进实用的方法，不断挖掘遥感技术在农业生产实践中的应用潜力，提高其在农业资源调查及动态监测、作物遥感估产、灾情监测与预报等方面的应用水平。

# 第二章 烟草生长指标变化及影响机制

## 第一节 不同配方营养液对烟苗生长的影响

漂浮育苗是无土育苗技术的一种，与传统的托盘育苗方式相比，因其苗齐苗壮、节省空间、节省工作量、杜绝土传病虫害等优点成为各大烟叶产区的主要育苗方式。营养液是漂浮育苗中不可缺少的组成部分，是烟苗获得水分和营养物质的主要途径，营养液的营养物质形态、组分、浓度直接决定着漂浮育苗的烟苗素质。因此，烤烟营养液也成为烟草科技工作者研究的热点。

郴州烟区是全国知名的浓香型烟叶主产区，年产量100万担左右，目前使用的营养液出现了一些缺素症的现象，制约了郴州烟叶的可持续健康发展。针对郴州烤烟育苗营养液的不足，研究不同营养液配方对烟苗生育期、农艺性状、生物量、质体色素的影响，以期为郴州烟区育苗营养液的选择提供依据。为了研究漂浮育苗中不同配方营养液对烟苗生长的影响，以云烟87为材料，主要考察了6种配方营养液对烤烟苗期农艺性状、叶绿素含量、根系活力、硝酸还原酶含量的影响。

### 一、不同处理对烟苗农艺性状的影响

由表2-1可知，出苗率最高为T4处理，为96%，比对照高出3个百分点，其次为T1、T2处理，分别达到95%，高出对照2个百分点。不同配方营养液对小十字期以前生育期没有影响，对大十字期和成苗期有一定影响。T1、T2、T4处理下烟苗生育期一致，大十字期比其他处理缩短了2 d，成苗期比T3、CK缩短了2 d，比T5缩短了4 d。表明"金土地"营养液（T1、T2）、"湖南湘辉"粉剂（T4）有利于缩短烤烟育苗时间。

**表2-1 不同烤烟育苗营养液处理的烟苗出苗率与成苗期**

| 处理 | 播种期/（月-日） | 出苗期/（月-日） | 出苗率/% | 小十字期/（月-日） | 大十字期/（月-日） | 成苗期/（月-日） |
|------|------|------|------|------|------|------|
| T1 | 12-15 | 01-05 | 95 | 01-23 | 02-04 | 02-20 |
| T2 | 12-15 | 01-06 | 95 | 01-23 | 02-04 | 02-20 |
| T3 | 12-15 | 01-06 | 92 | 01-25 | 02-06 | 02-22 |

（续）

| 处理 | 播种期/<br>（月-日） | 出苗期/<br>（月-日） | 出苗率/% | 小十字期/<br>（月-日） | 大十字期/<br>（月-日） | 成苗期/<br>（月-日） |
|---|---|---|---|---|---|---|
| T4 | 12-15 | 01-05 | 96 | 01-24 | 02-04 | 02-20 |
| T5 | 12-15 | 01-07 | 91 | 01-25 | 02-06 | 02-24 |
| CK | 12-15 | 01-07 | 93 | 01-25 | 02-06 | 02-22 |

注：T1、T2、T3、T4、T5 分别为"金土地"粉剂、"金土地"水剂、"湖南众望"粉剂、"湖南湘辉"粉剂、"江西天慧"粉剂，CK 为对照组。表 2-2 至表 2-7 同。

由表 2-2 可知，不同处理间株高、茎围差异不大，范围分别在 0.317～0.425 cm，0.70～0.81 cm，对照处理（CK）的株高高于其他处理，新配方营养液（T2、T3）株高最低，但茎围各处理明显高于对照，"湖南众望"粉剂处理（T3）茎围最大为 0.81 cm，其他处理差异不大；"金土地"水剂（T2）叶长、叶宽、叶面积最大，"金土地"粉剂（T1）最小；主根长"金土地"水剂（T2）、"湖南众望"粉剂（T3）显著高于其他处理；侧根数"江西天慧"粉剂（T5）、"郴丰"营养液（对照）较其他处理多 2 根左右；根体积除"金土地"粉剂（T1）、"湖南众望"粉剂处理（T3）较小外，其他处理差异不大。大十字期同一处理地上部分变化趋势基本相同，地下部分规律性不强，"金土地"水剂（T2）、"湖南湘辉"粉剂（T4）表现较好，但优势不明显。

**表 2-2 不同烤烟育苗营养液处理的大十字期烟苗农艺性状**

| | T1 | T2 | T3 | T4 | T5 | CK |
|---|---|---|---|---|---|---|
| 株高/cm | 0.334±<br>0.064abA | 0.317±<br>0.076Ba | 0.322±<br>0.091bA | 0.389±<br>0.078abA | 0.384±<br>0.043abA | 0.425±<br>0.102aA |
| 茎围/cm | 0.738±<br>0.118aA | 0.747±<br>0.105aA | 0.810±<br>0.126aA | 0.722±<br>0.280aA | 0.713±<br>0.066aA | 0.700±<br>0.114aA |
| 叶长/cm | 4.83±<br>0.376bB | 6.066±<br>0.873aA | 5.44±<br>0.753abAB | 5.566±<br>1.162abAB | 5.297±<br>0.518abAB | 4.872±<br>0.645bAB |
| 叶宽/cm | 3.061±<br>0.29bA | 3.66±<br>0.506aA | 3.242±<br>0.290abA | 3.613±<br>0.553aA | 3.412±<br>0.273abA | 3.216±<br>0.444abA |
| 单叶叶面积/cm² | 9.427 1±<br>1.500 4bA | 14.320 3±<br>3.945 2aA | 11.303 4±<br>2.487 1abA | 13.111 4±<br>4.910 1abA | 11.524 1±<br>1.858 7abA | 10.076 6±<br>2.655 6bA |

（续）

| | T1 | T2 | T3 | T4 | T5 | CK |
|---|---|---|---|---|---|---|
| 主根长/cm | 6.584± 1.201 9abA | 7.749± 1.030 6aA | 7.933± 1.444 4aA | 7.386 3± 1.132 5abA | 6.196 7± 0.604 6bA | 6.941± 1.141 6abA |
| 一级侧根数/条 | 10± 2.494 4abcA | 9.9± 1.852 9abcA | 9.3± 1.337 5bcA | 9± 1.633cA | 12.222 2± 1.715 9aA | 12± 3.018 5abA |
| 根体积/mL | 1 | 1.9 | 1.2 | 1.8 | 2 | 1.9 |

注：同列不同大、小写字母分别表示处理间在 0.01 和 0.05 水平下差异显著。下同。

成苗期不同营养液配方处理间差别渐渐明显，同一处理各指标变化趋势基本一致。由表 2-3 可知，新配方营养液（T1、T2）株高、茎围、叶长、叶宽、叶面积、主根长等方面明显优于其他处理，在侧根数方面，略低于"郴丰"营养液（对照）处理，和其他处理差异不大。

从整体上看，大十字期烟苗较小，对营养液的需求量较少，营养液对烟苗影响较小，当烟苗成长到成苗期，这种影响也会发生变化，因此，可以将成苗期烟苗的长势作为判断营养液好坏的主要依据，单从农艺性状的试验结果看，新配方营养液（T1、T2）优于其他处理。

**表 2-3　不同烤烟育苗营养液处理的成苗期烟苗农艺性状**

| 处理 | 株高/ cm | 茎围/ cm | 叶长/ cm | 叶宽/ cm | 叶面积/ cm$^2$ | 主根长/ cm | 侧根数/ 条 |
|---|---|---|---|---|---|---|---|
| T1 | 2.264± 0.90aA | 1.670 5± 0.43aA | 10.271± 0.73aA | 5.028± 0.87aA | 32.881 2± 6.86aA | 8.62± 1.54abABC | 18.3± 2.54aA |
| T2 | 1.898± 0.61aA | 1.526± 0.258 2aAB | 10.158± 1.22aAB | 4.601± 0.61abA | 30.011 2± 7.17aAB | 9.61± 1.61aA | 19.7± 3.27aA |
| T3 | 0.996± 0.22aA | 1.077± 0.203bC | 6.885± 0.518 2bC | 3.296± 0.292 3cC | 14.415 9± 1.822 6cD | 7.22± 1.533 4bcBC | 18.7± 2.21aA |
| T4 | 2.287± 0.80aA | 1.281 1± 0.24bBC | 9.744± 1.16aBC | 4.988± 1.179 4aA | 31.144 3± 9.045 7aA | 9.27± 1.879 6aAB | 18.8± 3.22aA |
| T5 | 1.802± 0.70aA | 1.174 4± 0.192bC | 7.338± 0.641 1bC | 3.492± 0.27cBC | 16.240 4± 1.70cCD | 6.866± 0.952 4cC | 18.4± 2.27aA |
| CK | 2.052± 0.49aA | 1.234± 0.200 3bBC | 8.311± 1.202 3bBC | 4.288± 0.272 3bAB | 22.910 2± 6.797 4bBC | 8.304± 3.090 9bcABC | 20.6± 3.534aA |

　　烟苗的生物质积累情况，直接反映了烟苗对养分的吸收情况，烟苗生物量的多少与烟苗质量的好坏密切相关。由表2-4可知，成苗期干物质积累（叶干重）"金土地"粉剂（T1）最多，其次为"江西天慧"粉剂（T5）、"金土地"水剂（T2）；鲜干比"金土地"水剂（T2）、"湖南湘辉"粉剂（T4）较大；根冠比"金土地"水剂（T2）、"湖南众望"粉剂（T3）较大。说明"金土地"水剂（T2）、"湖南众望"粉剂（T3）有利于光合作用产物向地下部分转移，烟苗移栽后根系的生长快。

表2-4　不同烤烟育苗营养液处理的成苗期烟苗生物量

| 处理 | 根鲜重/g | 叶鲜重/g | 根干重/g | 叶干重/g | 鲜干比（烟苗） | 根冠比（鲜重） |
|---|---|---|---|---|---|---|
| T1 | 6.43 | 35.49 | 0.47 | 1.96 | 17.25 | 0.18 |
| T2 | 6.43 | 31.56 | 0.39 | 1.56 | 19.48 | 0.20 |
| T3 | 3.71 | 16.87 | 0.29 | 1.05 | 15.36 | 0.22 |
| T4 | 5.28 | 28.88 | 0.35 | 1.39 | 19.63 | 0.18 |
| T5 | 3.88 | 21.45 | 0.31 | 1.66 | 12.86 | 0.18 |
| CK | 3.37 | 24.68 | 0.26 | 1.35 | 17.42 | 0.14 |

　　由表2-5和表2-6可知，在大十字期"金土地"水剂（T2）色素含量明显高于其他处理，叶绿素a、类胡萝卜素含量与其他处理差异均达到显著水平，叶绿素含量与对照处理差异达到显著水平；在成苗期，除T3在叶绿素a、叶绿素b、总叶绿素含量，T1在类胡萝卜素含量低于对照处理，且差异显著外，其他处理色素含量与对照差异不显著。

表2-5　不同烤烟育苗营养液处理的大十字期烟苗色素含量

单位：mg/g

| 处理 | 叶绿素a | 叶绿素b | 总叶绿素 | 类胡萝卜素 |
|---|---|---|---|---|
| T1 | 0.462±0.056bAB | 0.133±0.027abA | 0.595±0.083abA | 0.198±0.021bcAB |
| T2 | 0.574±0.037aA | 0.217±0.100aA | 0.790±0.138aA | 0.230±0.025aA |
| T3 | 0.485±0.008abAB | 0.187±0.061abA | 0.673±0.066abA | 0.204±0.008abAB |
| T4 | 0.478±0.026bAB | 0.134±0.007abA | 0.612±0.029abA | 0.196±0.009bcAB |
| T5 | 0.499±0.072bAB | 0.116±0.037bA | 0.615±0.036bA | 0.168±0.015cB |
| CK | 0.413±0.022bAB | 0.120±0.004abA | 0.532±0.021bA | 0.178±0.016bcB |

### 表 2-6　不同烤烟育苗营养液处理的成苗期烟苗色素含量

单位：mg/g

| 处理 | 叶绿素 a | 叶绿素 b | 总叶绿素 | 类胡萝卜素 |
|------|---------|---------|---------|-----------|
| T1 | 0.813±0.035abAB | 0.207±0.015abA | 1.021±0.050abAB | 0.267±0.012bA |
| T2 | 0.873±0.051aAB | 0.224±0.017abA | 1.097±0.064abAB | 0.314±0.024aA |
| T3 | 0.761±0.029bB | 0.192±0.006bA | 0.952±0.030bB | 0.275±0.012abA |
| T4 | 0.921±0.097aA | 0.249±0.045aA | 1.170±0.142aA | 0.321±0.045aA |
| T5 | 0.886±0.059aAB | 0.247±0.029aA | 1.133±0.088aAB | 0.318±0.021aA |
| CK | 0.839±0.066abAB | 0.239±0.017aA | 1.079±0.084abAB | 0.288±0.026abA |

## 二、烟苗根活力和烟苗硝酸还原酶活性

由表 2-7 可知，在成苗期，各处理根系活力均大于对照，依次为 T5＞T2＞T1＞T3＞T4＞CK，说明 T5、T2 和 T1 根系活力高，其吸收养分的能力强，有利于缩短大田移栽还苗期，促烟苗早生快发。

硝酸还原酶是植物氮代谢中硝酸还原的限速酶和调节酶，催化 NAD（P）H 将 $NO^{3-}$ 还原为 $NO^{2-}$，影响植物氮代谢及其他代谢平衡。硝酸还原酶活性的高低，直接反映了烟草还原氮素能力的变化。除 T3、T4 处理外，其他处理的硝酸还原酶活性均较高，尤以 T1、T2 处理为最高。说明 T1、T2 处理下的烟苗其氮素还原能力更强，有利于促进烟苗对氮素营养的吸收与转化，提高烟苗质量。

### 表 2-7　不同烤烟育苗营养液处理的烟苗根活力和硝酸还原酶活性

单位：μg/（g·h）

| 处理 | T1 | T2 | T3 | T4 | T5 | CK |
|------|------|------|------|------|------|------|
| 根系活力 | 357.739aA | 364.826aA | 338.609aA | 324.696aA | 366.521aA | 316.696aA |
| 硝酸还原酶活性 | 148.947 | 141.550 | 95.943 | 106.199 | 129.887 | 135.787 |

## 三、影响因素分析

当前关于育苗营养的研究较为普遍，大多集中在营养液的配比、浓度等方面。漂浮育苗营养液的氮素形态、配比及浓度对烟苗生长与生理特性有较大影

响。营养液是烟苗生长所需养分和水分的唯一来源,营养液中的营养元素的种类、形态、组成、含量等,直接决定漂浮育苗烟苗素质。

"金土地"营养液 T1 和 T2 生物量大、农艺形态健壮、根系较发达。T1、T2 和 T5 根系活力强和烟苗吸收养分能力强。根系是吸收水分和矿物质营养的主要器官,根群分布及其活力的高低在某种程度上决定着烟株吸收养分的数量。在漂浮育苗时培育烟苗强大发达的根系可以缩短移栽后的还苗期。同时烟草漂浮育苗普遍存在的问题是还苗期长,抗逆性差。烟苗移入大田后,由于移栽时造成的断根和环境差异的变化,部分不定根会死掉,因此苗期的根系形态是其健壮生长的基础,漂浮育苗的根系发达,根多而且长,但是绝大部分是生长在水中的气生根,移栽后烟苗为了适应新的环境,必须进行根系的转换,因此要延长烟苗的大田还苗期。

叶绿素是植物的光合色素,对叶片光合性能有较大影响。类胡萝卜素不仅是烟叶重要的质体色素,其降解产物更是烟叶香气物质的重要组成部分。五个处理中,"金土地"营养液 T2 叶绿素含量最高,干物质积累和根冠比较高。说明叶绿素含量高,光合作用速率就快,有利于有机质的积累,直接影响到作物长势长相和产量,有利于有机物质向根系转移。

根系及叶片内硝酸还原酶不能被大量诱导合成可能与烟苗叶片很小,以及光合能力和环境光照强度不足有关。硝酸还原酶是烟草叶片氮代谢的关键酶,平衡了烟草体内的碳氮代谢,对烟草在整个生育期内含氮物质的转化以及与叶片内的糖类物质的转化有很好的作用。硝酸还原酶活性高,其转化含氮物质的速度和能力就高,其活性可以反映烟苗营养状况和氮代谢水平。

## 四、小结

大十字期:"金土地"水剂(T2)有利于烟叶片的生长、干物质积累、增加烟苗色素含量。对照处理(CK)有利于增加茎高和促进侧根的生长。"湖南湘辉"粉剂(T4)有利于光合产物向地下部分转移;成苗期:"金土地"营养液(T1、T2)有利于增加茎围,促进叶片生长。"金土地"粉剂(T1)有利于干物质积累。"金土地"水剂(T2)、"湖南湘辉"粉剂(T4)鲜干比较大,"湖南众望"粉剂(T3)、"金土地"水剂(T2)有利于光合产物向地下部分转移。综合分析,"金土地"水剂(T2)烟苗生长健壮,成苗素质好,优于其他配方营养液,可在生产应用上进行小范围示范推广。

# 第二节 氮肥类型对烤烟生长品质的影响

烤烟是我国重要的叶用工业经济作物之一，种植面积和产量均居世界第一，但品质较低，各烟区产量和品质差别较为突出。养分管理问题是制约我国烤烟产量和品质的关键点之一，合理施肥是烤烟栽培优质适产的关键部分之一。在烤烟所需的各种营养元素中，氮素在烤烟生长发育、生理生化过程和品质形成方面的作用尤为突出，氮肥的合理施用是提高经济性状和生产优质烟叶的重要组成部分之一，施氮量水平不足，会导致烟株长势不良，烟叶质量不高，烟碱含量、香气组分不达标，刺激性不强，劲头不足，影响经济性状和品质。因此，合理施用氮肥可以提高经济性状，改进品质，但过多地施用氮肥又会造成烟叶品质降低，尤其在烤烟生长后期吸收氮过多会导致上部烟叶化学成分不协调，品质变差，工业可用性差。除了氮肥施用量外，氮素形态对烤烟生长和品质的影响一样关键，但由于自然环境和栽培条件不同导致影响结果存在差异。

## 一、氮肥类型及用量对烤烟不同生育期农艺性状的影响

氮肥类型及用量对烤烟不同生育期株高的影响结果如表 2-8 所示，各施氮肥处理在不同生育期株高均大于不施氮肥的 CK 处理，在移栽 30 d 和 45 d 时，各施氮肥处理株高差异不显著；烟株移栽 65 d 时，T2 和 T3 处理株高显著大于 CK 和其他施氮肥处理，其他施氮肥处理之间差异不显著；烟株移栽 85 d 时，各处理株高从高到低表现为：T2＞T3＞T1＞T5＞T6＞T4＞CK，

表 2-8 不同氮肥类型及用量处理对烤烟不同生育期株高的影响

单位：cm

| 处理 | 移栽天数 | | | |
| --- | --- | --- | --- | --- |
| | 30 d | 45 d | 65 d | 85 d |
| CK | 14.73b | 41.34b | 69.23c | 91.72c |
| T1 | 18.38a | 60.32a | 87.89b | 118.38a |
| T2 | 18.72a | 61.27a | 97.23a | 120.32a |
| T3 | 18.92a | 62.49a | 96.82a | 119.46a |
| T4 | 18.12a | 59.21a | 83.29b | 115.21b |
| T5 | 18.33a | 60.13a | 86.32b | 116.42b |
| T6 | 18.51a | 59.86a | 85.29b | 116.21b |

T1、T2、T3、T4、T5、T6 各处理较 CK 处理株高分别提高了 29.1%、31.2%、30.2%、25.6%、26.9%、26.7%，其中最有利于株高增加的处理是 T2，其次为 T3 处理。

由表 2-9 可知，每个生育期内，各施氮处理叶长均大于不施氮肥的 CK 处理，烟株移栽 30 d、45 d 时，各施氮处理叶长均显著大于 CK，施氮处理之间差异不显著；移栽 65 d 时，T1、T2、T3 处理叶长显著大于 T4、T5、T6 处理，T2 处理叶长大于 T1 和 T3 处理，但差异不显著；烟株移栽 85 d 时，各施氮处理叶长均显著大于 CK，但施氮处理之间差异不显著，各处理最大叶长表现为 T2>T3>T5>T1>T6>T4>CK，T1、T2、T3、T4、T5、T6 处理较 CK 处理叶长分别提高了 13.5%、18.1%、16.2%、11.2%、13.8%、12.3%。

不同生育时期，各施氮处理最大叶宽均显著大于不施氮肥的 CK 处理。移栽 45 d 前，各施氮处理最大叶宽差异不显著；烟株移栽 65 d 时，T1、T2、T3 处理叶宽显著大于 T4、T5、T6 处理，T2 处理叶宽大于 T1 和 T3 处理，但差异不显著；到烟株移栽 85 d 时，各处理间最大叶宽大小顺序为 T2>T3>T1>T5>T4>T6>CK，其中，T2 处理最大叶宽表现最好，较 CK 提高了 30.6%。

各施氮处理在不同生育期最大叶面积均显著大于 CK，烟株移栽 65 d 时，T1、T2、T3 处理最大叶面积显著大于 T4、T5、T6 处理，T2 处理最大叶面积大于 T1 和 T3 处理，但差异不显著；到移栽 85 d 时，各处理最大叶面积大小顺序表现为 T2>T3>T1>T5>T6>T4>CK，T1、T2、T3、T4、T5、T6 处理较 CK 处理最大叶面积分别提高了 36.2%、54.2%、46.7%、21.0%、28.4%、21.2%。

**表 2-9 不同氮肥类型及用量处理对烤烟不同生育期叶片生长的影响**

| 处理 | 移栽天数 | | | | | | | | | | | |
| | 30 d | | | 45 d | | | 65 d | | | 85 d | | |
| | 最大叶长/cm | 最大叶宽/cm | 最大叶面积/cm² | 最大叶长/cm | 最大叶宽/cm | 最大叶面积/cm² | 最大叶长/cm | 最大叶宽/cm | 最大叶面积/cm² | 最大叶长/cm | 最大叶宽/cm | 最大叶面积/cm² |
| CK | 34.49b | 16.78b | 367.21a | 46.94b | 22.33b | 674.50b | 55.33c | 24.26c | 863.77c | 63.55b | 27.82c | 1 155.19c |
| T1 | 37.42a | 18.98a | 450.64b | 53.32a | 24.32a | 834.45a | 64.73a | 31.45a | 1 310.01a | 72.13a | 33.38a | 1 573.19a |
| T2 | 37.89a | 19.23a | 462.31b | 53.56a | 25.45a | 877.16a | 66.04a | 33.79a | 1 435.96a | 75.07a | 36.32a | 1 781.52a |
| T3 | 38.21a | 19.35a | 469.13b | 55.89a | 26.09a | 938.33a | 65.21a | 32.06a | 1 345.32a | 73.87a | 35.12a | 1 695.13a |
| T4 | 36.94a | 18.23a | 427.28b | 52.77a | 24.32a | 825.85a | 61.84b | 28.12b | 1 119.01b | 70.65a | 30.27b | 1 397.35b |
| T5 | 36.73a | 18.89a | 440.23b | 53.29a | 25.01a | 857.65a | 61.92b | 28.98b | 1 154.72b | 72.32a | 31.39b | 1 483.30b |
| T6 | 37.21a | 18.25a | 430.88b | 53.11a | 25.37a | 867.05a | 62.43b | 28.03b | 1 126.07b | 71.34a | 30.04b | 1 400.27b |

可知，各施氮处理在不同生育期叶片生长均优于 CK，但施氮处理间差异不显著。

## 二、氮肥类型及用量对烤后烟叶常规化学成分含量的影响

从表 2-10 可以看出，与 CK 相比，各施氮处理均可以提高烤后各部位烟叶总糖和还原糖含量。在下部叶中，总糖含量 T4 处理显著高于其他处理，T2 和 T1 处理显著高于 CK，但 2 个处理之间差异不显著，T4 处理总糖含量最高，为 21.32%，CK 最低，为 16.43%，在下部叶中，总糖含量大小表现为 T4>T5>T6>T1>T2>T3>CK；下部叶中还原糖含量以 T4 处理最高，为 17.09%，CK 含量最低，为 13.20%，各处理间还原糖含量大小表现为 T4>T5>T6>T1>T2>T3>CK。在中部叶中，T4 处理总糖和还原糖含量最高，分别为 26.21%、22.34%，CK 总糖和还原糖含量均最低，分别为 21.09% 和 17.74%，T2、T3 处理间总糖和还原糖含量差异不显著，2 个处理还原糖含量显著高于 CK，中部叶不同处理间总糖含量和还原糖高低顺序均为 T4>T5>T6>T1>T2>T3>CK。在上部叶中，总糖和还原糖含量均以 T5 处理最高，分别为 23.53% 和 20.49%，CK 总糖和还原糖含量均最低，分别为 19.03% 和 16.02%，T1 和 T2 处理间总糖和还原糖含量差异不显著，2 个处理还原糖含量显著高于 CK，上部叶不同处理间总糖和还原糖含量均表现为 T5>T4>T6>T1>T2>T3>CK。

由表 2-10 可知，与 CK 相比，各施氮处理下部叶总氮含量均显著提高。在各处理中，下部叶总氮含量以 T3 最高，为 1.79%，CK 处理含量最低，为 1.42%，下部叶总氮含量在各处理间高低顺序表现为 T3>T2>T1>T6>T5>T4>CK；与 CK 相比，各施氮处理中部叶总氮含量显著升高。中部叶中 T3 总氮含量最高，为 1.98%，CK 处理总氮含量最低，为 1.53%，中部叶总氮含量在各处理间大小顺序表现为 T3>T2>T6>T1>T5>T4>CK；与 CK 相比，各处理上部叶总氮含量显著增加，其中，T3 处理上部叶总氮含量显著高于 CK 和 T4 处理，各处理上部叶总氮含量表现为 T3>T2>T1>T6>T5>T4>CK。在各处理中，下部叶烟碱含量以 T3 最高，为 2.04%，CK 处理烟碱含量最低，为 1.51%，下部叶烟碱含量在各处理间高低顺序为 T3>T2>T6>T5>T1>T4>CK；在中部叶中，烟碱含量以 T3 最高，为 2.46%，CK 处理烟碱含量最低，为 1.72%，各处理中部叶烟碱含量大小表现为 T3>T6>T2>T5>T1>T4>CK；在上部叶中，烟碱含量以 T3 最高，为 2.95%，CK 处理烟碱含量最低，为 2.06%，各处理上部叶烟碱含量从高到低表现为 T3>T6>T2>T5>T1>T4>CK。

由表 2-10 可知，各施氮处理不同部位的烟叶钾含量与 CK 相比，均有显著性提高。在下部叶中，T3 处理烤后烟叶钾含量最高，为 2.64%，且与 CK、T1、T4 处理间均达到显著性差异，与 T2、T5、T6 处理差异不显著，下部叶各处理钾含量从高到低表现为 T3>T6>T2>T5>T1>T4>CK，与 CK 处理相比，T1、T2、T3、T4、T5、T6 处理较 CK 处理钾含量分别提高了 20.4%、28.2%、45.9%、13.3%、26.5%、33.7%；在中部叶中，T3 处理烤后烟叶钾含量最高，为 2.36%，显著高于 T4 和 CK 处理，与其他处理差异不显著，中部叶中各处理钾含量从高到低表现为 T3>T6>T2>T5>T1>T4>CK，与 CK 处理相比，T1、T2、T3、T4、T5、T6 处理较 CK 处理钾含量分别提高了 22.2%、26.9%、41.3%、15.0%、23.3%、29.9%；在上部叶中，T3 处理烤后烟叶钾含量最高，为 2.17%，与 T4 和 CK 处理差异显著，与其他处理差异不显著，上部叶钾含量从高到低表现为 T3>T2>T1>T6>T5>T4>CK，与 CK 处理相比，T1、T2、T3、T4、T5、T6 处理较 CK 处理钾含量分别提高了 26.1%、40.5%、41.8%、12.4%、20.3%、23.5%。

从表 2-10 可以看出，施用氮肥类型及用量对氯的影响不显著。在下部叶中氯含量以 T6 和 CK 处理最高和最低，分别为 0.432% 和 0.318%，对下部叶氯含量从高到低表现为 T6>T1>T4>T2>T5>T3>CK；中部叶 T6 处理氯含量最高，为 0.318%，T5 处理含量最低，为 0.262%，各处理中部叶氯含量从高到低表现为 T6>T1>T2>CK>T4>T3>T5；上部叶中氯含量以 T5 最高，0.302%，CK 处理最低，为 0.229%，各处理氯含量从高到低表现为 T5>T1>T2>T3>T6>T4>CK。

**表 2-10 不同氮肥类型及用量处理对烤后烟叶化学成分的影响**

单位：%

| 叶位 | 处理 | 总糖 | 还原糖 | 烟碱 | 总氮 | 钾 | 氯 |
|------|------|------|--------|------|------|-----|-----|
| 上部叶 | CK | 19.03e | 16.02e | 2.06c | 1.63c | 1.53c | 0.229a |
| | T1 | 21.65c | 18.62c | 2.58b | 2.12ab | 1.93ab | 0.294a |
| | T2 | 21.14cd | 18.03cd | 2.78ab | 2.22ab | 2.15a | 0.287a |
| | T3 | 20.43d | 17.32d | 2.95a | 2.34a | 2.17a | 0.276a |
| | T4 | 23.12ab | 20.07ab | 2.43b | 1.93b | 1.72b | 0.241a |
| | T5 | 23.53a | 20.49a | 2.62b | 2.01ab | 1.84ab | 0.302a |
| | T6 | 22.43b | 19.44b | 2.88a | 2.11ab | 1.89ab | 0.266a |

（续）

| 叶位 | 处理 | 总糖 | 还原糖 | 烟碱 | 总氮 | 钾 | 氯 |
|------|------|------|--------|------|------|------|------|
| 中部叶 | CK | 21.09e | 17.74e | 1.72c | 1.53c | 1.67c | 0.289a |
| | T1 | 23.79c | 20.01bc | 2.13b | 1.87ab | 2.04ab | 0.303a |
| | T2 | 23.15cd | 19.78c | 2.32ab | 1.93a | 2.12ab | 0.299a |
| | T3 | 22.67d | 19.32cd | 2.46a | 1.98a | 2.36a | 0.277a |
| | T4 | 26.21a | 22.34a | 2.02b | 1.82ab | 1.92b | 0.283a |
| | T5 | 25.89ab | 22.12a | 2.29a | 1.85ab | 2.06ab | 0.262a |
| | T6 | 25.32b | 21.39b | 2.34ab | 1.89ab | 2.17ab | 0.318a |
| 下部叶 | CK | 16.43d | 13.20d | 1.51c | 1.42c | 1.81c | 0.381a |
| | T1 | 18.93bc | 15.23c | 1.78ab | 1.72a | 2.18b | 0.427a |
| | T2 | 18.52c | 15.01c | 1.98a | 1.77a | 2.32ab | 0.419a |
| | T3 | 18.21cd | 14.89c | 2.04a | 1.79a | 2.64a | 0.408a |
| | T4 | 21.32a | 17.09a | 1.70b | 1.62b | 2.05b | 0.422a |
| | T5 | 20.34b | 16.88a | 1.79ab | 1.65ab | 2.29ab | 0.410a |
| | T6 | 20.12bc | 16.47ab | 1.82ab | 1.69ab | 2.42ab | 0.432a |

## 三、氮肥类型及用量对烤后烟叶经济性状的影响

由表 2-11 可知，与 CK 相比，施氮可以明显提升烟叶产量，在一定程度上提高中上等烟比例和均价，从而提高烟叶产值。T2 处理中上等烟比例最高，为 85.82%，较 CK 处理显著提高了 18.51 个百分点，中上等烟比例从高到低表现为 T2＞T5＞T1＞T4＞T3＞T6＞CK，由此可见，T2 处理最有利于提高烤后烟叶中上等烟比例。各处理中，产量以 T2 处理最高，CK 最低，且二者达到了显著性差异，T2 处理烤后烟叶每公顷产量比 CK、T1、T3、T4、T5 和 T6 处理分别增加了 461.35 kg、203.62 kg、147.53 kg、246.96 kg、98.41 kg、172.11 kg，相应地，每公顷烟叶产值分别增加了 18 747.09 元、6 343.03 元、5 442.18 元、6 734.19 元、1 813.57 元、5 840.96 元。烟叶均价是烟叶外观品质的体现，以 T5 处理的烤后烟叶均价最高，为 24.03 元/kg，比 CK、T1、T2、T3、T4、T6 处理分别高出 4.71 元/kg、1.00 元/kg、0.25 元/kg、1.19 元/kg、0.69 元/kg、1.11 元/kg。

表 2-11　不同氮肥类型及用量处理对烤后烟叶经济性状的影响

| 处理 | 中上等烟比例/% | 产量/(kg/hm²) | 均价/(元/kg) | 产值/(元/hm²) |
|------|------|------|------|------|
| CK | 67.31d | 1 743.54d | 19.32d | 33 685.19c |
| T1 | 83.47b | 2 001.27bc | 23.03c | 46 089.25b |
| T2 | 85.82a | 2 204.89a | 23.78a | 52 432.28a |
| T3 | 82.16c | 2 057.36b | 22.84b | 46 990.10b |
| T4 | 83.35b | 1 957.93c | 23.34c | 45 698.09b |
| T5 | 85.32a | 2 106.48ab | 24.03a | 50 618.71a |
| T6 | 81.93c | 2 032.78b | 22.92b | 46 591.32b |

## 四、影响因素分析

农艺性状是大田烤烟生长发育状况及烟叶品质的外在表现。氮肥对烟株长势影响很大，氮肥形态对烤烟生长的影响，不同的研究结果并不完全一致。熊艳等研究显示，铵态氮处理有利于促进烟株生长，硝态氮、尿素对增加烤烟叶面积有利。周和等研究表明，硝态氮与铵态氮搭配有利于促进烟株的生长，并且烟株生长前期硝态氮有利于烟株早生快发，而生长后期铵态氮更有利于烟株的生长。也有研究显示，不同氮肥形态对烟株长势没有太大的影响。结果表明，与不施氮肥相比，施氮有利于改善烟株农艺性状。各施氮处理较不施氮肥处理在株高、最大叶长、最大叶宽及最大叶面积方面有更好的表现。与施氮量 60 kg/hm² 和 120 kg/hm² 相比，施氮量 90 kg/hm² 对烟株农艺性状改善作用更加明显，可能由于是最适宜的施氮量，在中耕培土时施用，能够为烟株中期提供良好的养分供应。从移栽后 30 d 到移栽后 85 d 烟株各项农艺指标都发生了巨大的变化，同时各指标数值与不施氮肥的对照处理差异显著，说明氮肥能够对烤烟生长产生较大的影响。从所施用的氮肥类型来看，硝铵磷比硝酸钾更有利于烟株的生长发育，在移栽后 30 d 时，T3 处理的株高最高，而在移栽后 65 d 和 85 d 以 T2 处理各农艺性状指标更占优势，这也在一定程度上说明了硝铵磷更利于烟株早生快长。

烤烟常用的化学成分主要包括总糖、还原糖、总氮、烟碱、钾、氯等，它们主要影响烤烟的劲头、刺激性、燃烧性等内在品质。结果显示，氮肥类型及用量对烤烟各项化学指标都有很大的影响。在总糖、还原糖方面烟叶呈现出由下部叶到上部叶先增后降的趋势，具体为中部叶＞上部叶＞下部叶。总的来说，各处理烤烟中的总糖和还原糖含量都处于上等烤烟总糖和还原糖的合理范畴之间。烟叶中总糖和还原糖含量随着部位的上升出现先增后降的趋势。由此可以得出，氮肥类型及用量对烤烟化学成分有较大的影响，可能是因为氮肥有利于促进烟株的氮代谢过程，因而碳代谢随施氮量的增加而相对减弱，总糖和还原糖含量随施氮水平的提高而降低。

## 五、小结

烟叶中与氮元素有关的总氮和烟碱与氮肥用量成正比，且硝铵磷处理比硝酸钾处理的值要高，其原因可能是由于氮肥的增施有利于烤烟对氮素的吸收和利用，从而促进烟株氮代谢反应的进程使得氮代谢产物随施氮量的增加而升高。施氮量 90 kg/hm² 处理的总氮、烟碱较为适宜，而且各部位指标都在上等烤烟规定的范畴之内，随着施氮水平的提高，烤烟钾表现为上升的趋势，烟叶钾和氯变化趋势为下部叶＞中部叶＞上部叶。

与不施氮肥相比，施氮能够提升烤后烟叶中上等烟比例，提高烤烟产量及均价，从而增加产值。施氮量 90 kg/hm² 的处理对提高烤烟中上等烟比例、产量及产值有明显的效果，以硝铵磷效果为佳。因此，施氮 90 kg/hm²（以硝铵磷为氮源）有利于提高烤烟产值，在烤烟生产实践中具有一定的推广价值。

# 第三节　种植密度和施氮量互作对烤烟生长的影响

烟草对氮肥要求特别严格，氮肥过多或过少都会对烟叶的产量和品质产生很大的影响。为追求较高的经济效益，烟农通常施用过量的氮肥，导致烟叶烟碱和全氮含量严重超标，品质下降，工业可用性差。合理施用氮肥，在保证烟株养分、提高烟叶产量的同时，还可以改善烟叶品质，提高烟叶的利用价值。常德市是湖南省重要烟区之一，烟草种植面积和产量占全省 5％左右，常德烟区存在着施肥不合理、氮肥用量大、肥料利用率低等问题。随着全国烟叶市场竞争的日益激烈，充分发挥常德烟区地理优势和内在潜力，提高烤烟质量和种烟的经济效益是当前亟待解决的问题。针对当前常德烟区烟叶生产中存在的主要问题，本节探讨不同种植密度与施氮量对烤烟生长发育及产量的影响，以期提高常德烟区烟叶生产水平和烟叶质量。

研究不同种植密度和氮肥用量互作对烤烟生长发育及产量、质量的影响，为提高常德烟区烟草生产水平和烟叶质量提供指导。采用两因素随机区组设计，以云烟 87 为试验材料，设置 3 个水平种植密度，3 个水平氮肥用量，共 9 个组合处理，研究不同处理对烤烟生长发育和产量、质量的影响。

## 一、种植密度和氮肥互作对烤烟生育期的影响

由表 2-12 可知，烤烟生育期主要受氮肥用量的影响，而种植密度对生育期基本没有影响。氮肥用量少，烤烟进入团棵期时间延长，D1N1、D2N1 和 D3N1 处理进入团棵期时间较其他处理迟 2 d。随着氮肥用量的增加，烤烟进入现蕾期、脚叶成熟期和顶叶成熟期的时间延长，这有利于叶片充分生长。

表 2-12　种植密度和氮肥互作处理下烤烟的生育期

| 处理 | 移栽期/（月-日） | 团棵期/（月-日） | 现蕾期/（月-日） | 脚叶成熟期/（月-日） | 顶叶成熟期/（月-日） | 生育期/d |
|---|---|---|---|---|---|---|
| D1N1 | 03-05 | 04-17 | 05-08 | 05-30 | 07-12 | 129 |
| D1N2 | 03-05 | 04-15 | 05-10 | 06-01 | 07-15 | 132 |
| D1N3 | 03-05 | 04-15 | 05-10 | 06-02 | 07-19 | 136 |
| D2N1 | 03-05 | 04-17 | 05-08 | 05-30 | 07-12 | 129 |
| D2N2 | 03-05 | 04-15 | 05-10 | 06-01 | 07-15 | 132 |
| D2N3 | 03-05 | 04-15 | 05-10 | 06-02 | 07-19 | 136 |
| D3N1 | 03-05 | 04-17 | 05-08 | 05-30 | 07-12 | 129 |
| D3N2 | 03-05 | 04-15 | 05-10 | 06-01 | 07-15 | 132 |
| D3N3 | 03-05 | 04-15 | 05-10 | 06-02 | 07-19 | 136 |

注：D1、D2、D3 分别代表种植密度 1.50 万株/hm²、1.65 万株/hm²、1.80 万株/hm²，N1、N2、N3 分别代表施氮量为 105 kg/hm²、120 kg/hm²、135 kg/hm²。

## 二、种植密度和氮肥互作对烤烟农艺性状的影响

种植密度和氮肥用量对烤烟单株叶面积、株高、茎围、单叶重和节距的影响显著，对有效叶片数影响不显著，其交互作用对单株叶面积、株高、茎围、有效叶片数、单叶重和节距的影响不显著。比较 $F$ 值大小可知，氮肥用量是单株叶面积、株高、单叶重和节距有关参数的主要决定因子，而种植密度是茎围有关参数的主要决定因子。在相同氮水平下，烟株单株叶面积、茎围和单叶重随种植密度的增加而降低；烟株株高和节距随种植密度的增加而增加。在相同种植密度下，烟株单株叶面积、株高、茎围、单叶重和节距随施氮量的增加而增加。在不同种植密度和氮肥用量处理下，烟株单株叶面积以 D1N3 处理最高，比其他处理高 2.49%～17.05%；烟株株高以 D3N3 处理最高，比其他处理高 1.38%～13.80%；烟株茎围以 N3D1 处理最高，比其他处理高 4.30%～25.97%；烟株单叶重以 D1N3 处理最高，比其他处理高 8.64%～39.68%；烟株节距以 D3N3 处理最高，比其他处理高 7.84%～30.95%。

## 三、小结

种植密度和氮肥用量是决定烤烟生长代谢和产量的重要因子，其交互作用对烟株生长发育、产量和品质形成都有着重要的影响。随着氮肥用量的增加，烟草的营养生殖期会显著增加，但种植密度改变对其生长周期的影响相对很小；烟草产量与种植密度和氮肥用量成正比，烤烟品质随着氮肥用量增加而增加。

# 第三章　烟草光谱响应特征变化规律

## 第一节　绿色植被典型光谱特征

### 一、光谱特征原理及作用

物质在电磁波相互作用下，由于电子跃迁，原子、分子振动与转动等复杂作用，会在某些特定的波长位置形成反映物质成分和结构信息的光谱吸收和反射特征，物质的这种对不同波段光谱的响应特性称为光谱特征。植被光谱诊断就是基于植被的光谱特性进行的。植被叶片化学组分的光谱诊断原理是植被中这些成分的分子结构中的化学键在一定辐射水平的照射下发生振动，引起某些波长的光谱发射和吸收，从而形成不同的光谱反射率，且该波长处光谱反射率的变化对某成分含量非常敏感。实现植被化学组分光谱诊断是以植被化学组分敏感光谱反射率与该组分间的相关性为基础的。

地物的光谱特征差异是遥感技术区分不同地物信息的基础。不同的地物对光的吸收反射特性不同，其光谱曲线之间存在显著差异。

### 二、光谱分辨率

光谱分辨率（spectral resolution）指成像的波段范围，分得越细，波段越多，光谱分辨率就越高。细分光谱可以提高自动区分和识别目标性质和成分的能力。电磁波谱是按电磁波在真空中的波长或频率来划分的，不同电磁谱段与物质的相互作用有很大差异，因此需设计不同谱段遥感器来采集信息。一般来说，传感器的波段数越多，波段宽度越窄，地面物体的信息越容易区分，针对性越强。

光谱分辨率一般用 $\lambda/\Delta\lambda$ 表示，不同光谱类型，光谱分辨率不同：

（1）多光谱技术（multispectral imaging），具有 $10\sim20$ 个光谱通道。光谱分辨率为 $\lambda/\Delta\lambda\approx10$。

（2）高光谱技术（hyperspectral imaging），具有 $100\sim400$ 个光谱通道的探测能力，一般光谱分辨率可达 $\lambda/\Delta\lambda\approx100$。

（3）超高光谱技术（ultraspectral imaging），光谱通道数在 1 000 个左右，光谱分辨率一般在 $\lambda/\Delta\lambda\geqslant1\ 000$。

光谱分辨率为探测光谱辐射能量的最小波长间隔，而确切地讲，为光谱探测能力，其受波长间隔的大小、遥感器波段数量的多少、各波段的中心波长位置影响（图3-1）。

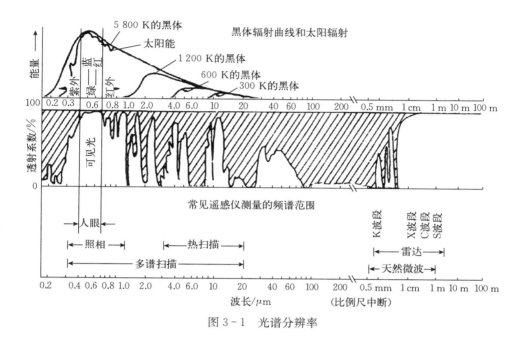

图3-1　光谱分辨率

## 三、绿色植被的光谱响应特征

绿色植被在350~2 500 nm的光谱区域内的光谱特征响应曲线趋势较为一致，这是由于其本身的组织结构、生物化学成分以及形态学特征决定了其光谱曲线的大致走向。由于这些影响光谱特征的结构和成分又与植物生长发育阶段的健康状况、长势，以及后期的品质等指标密切相关，所以可以通过监测光谱曲线之间的差异，实现植物生长过程中的长势、健康状况等指标的监测。

同一种作物，叶绿素含量、LAI、长势等指标不同会导致光谱指数存在显著差异。而不同的指标在波段范围内的敏感波段存在差异，表3-1为不同波段范围的光谱特点，能显著反演作物生化成分的波段集中在350~1 300 nm范围内，在1 300~2 500 nm由于受到水分的影响，光谱表现差异较大。

### 表 3-1 不同波段范围的光谱特点

| 波段范围/nm | 波谱特性 |
| --- | --- |
| 350～500 | 该波段的平均反射率一般不超过 10%，反射光谱曲线形状平缓且数值很低。反射率最小的波段称为"蓝边"，因为叶绿素、类胡萝卜素和黄色素对紫外光和蓝紫光的总吸收率可达 90% 以上，表明太阳辐射到达地面部分的紫外光和蓝紫光的绝大部分都被作物色素吸收，反射和透射极少 |
| 500～600 | 此波段属于黄绿光，可见光波段的光谱特性主要是作物色素对不同波段光的吸收和反射引起的，而绿色植被的特点是吸收红橙光与蓝紫光，反射绿光。因此，由于叶片反射绿光，在 550 nm 波长附近，形成绿色强反射峰区，习惯称为"绿峰"。在黄光波段处，光谱反射率明显变小，该区称为"黄边"。在绿光范围内，光谱反射率明显变小的光谱区域称为"绿边" |
| 600～700 | 此波段属于红橙光，该区域几乎是叶绿素的最强吸收光谱带，也是红光波段中具有最强光合活性的光谱带，在 670 nm 附近红光处达到最大，此处称为"红谷"。在这个波段范围内，此波段对植物的化学成分有强烈的作用，能够形成较多的碳水化合物。其中 620～690 nm 是区分有无植被、判断覆盖度及植物健康状况的敏感波段 |
| 700～760 | 此区域是个过滤阶段，此时的反射率随着波长的增加，急剧升高，曲线较陡，接近于直线。该波段范围的光谱即为"红边"光谱。红边的形成是因为叶肉包含的海绵组织结构内部有很大的反射表面空腔，且细胞内叶绿素呈水溶胶状态，有强烈的红外反射。红边能够指示作物的营养、水分、叶面积、长势等特征，已被广泛的应用与证实 |
| 760～800 | 作物反射率曲线约在 760 nm 附近开始缓慢上升，形成一个曲线较平缓的"高平台"，并且反射率很高。这主要是由于绿色作物的叶子内部组织结构的多次反射和散射的结果。因此，此波段是绿色作物各种变量与反射率关系均最敏感的波段，作物通用此波段对监测作物长势状况最有利 |
| 800～1 300 | 此区域属近红外波段，作物在此波段具有强烈反射特性，高反射率的数值较高。此波段的光谱特征起伏主要是由于植物细胞组织的散射。在 850 nm、910 nm、960 nm 和 1 120 nm 等波长点的周围，有水或氧的窄吸收带，因此，800～1 300 nm 光谱段的作物反射光谱曲线具有波动性 |
| 1 300～1 600 | 1 360～1 470 nm 波段范围是水、二氧化碳的强吸收带。作物在此波段具有较低的反射值，反射光谱曲线呈现波谷的形态 |
| 1 600～1 830 | 此光谱波段与作物及其植株所含水分的波谱特性有关，作物在此波段具有较高的反射率数值，反射光谱曲线呈现波峰的形态 |

（续）

| 波段范围/nm | 波谱特性 |
| --- | --- |
| 1 830～2 080 | 此光谱波段是植物所含水、二氧化碳的强吸收带，作物在此波段具有较低的反射率值，反射光谱曲线呈现波谷的形态 |
| 2 080～2 350 | 此光谱波段与作物及其植株所含水分的波谱特性有关，作物在此波段具有中等的反射率数值，反射光谱曲线呈现波峰的形态 |
| 2 350～2 500 | 此光谱波段是植物所含水、二氧化碳的强吸收带，作物在此波段具有较低的反射率值，反射光谱曲线呈现波谷的形态 |

# 第二节　常用光谱数据处理方法

## 一、微分光谱

一阶和二阶微分光谱的基本定义为：

$$\rho'(\lambda) = \frac{\mathrm{d}\rho(\lambda)}{\mathrm{d}\lambda} \tag{3-1}$$

和

$$\rho''(\lambda) = \frac{\mathrm{d}\rho'(\lambda)}{\mathrm{d}\lambda} \tag{3-2}$$

对于离散的光谱数据，常用一阶和二阶差分的形式计算如下：

$$\rho'(\lambda_i) = \frac{\left[\rho(\lambda_{i+1}) - \rho(\lambda_{i-1})\right]}{(\lambda_{i+1} - \lambda_{i-1})} \tag{3-3}$$

和

$$\begin{aligned} \rho''(\lambda_i) &= \frac{\left[\rho'(\lambda_{i+1}) - \rho'(\lambda_{i-1})\right]}{(\lambda_{i+1} - \lambda_{i-1})} \\ &= \frac{\left[\rho(\lambda_{i+1}) - 2\rho(\lambda_i) + \rho(\lambda_{i-1})\right]}{(\lambda_{i+1} - \lambda_{i-1})^2} \end{aligned} \tag{3-4}$$

式中，$\lambda_i$ 为每个波段的波长；$\rho'(\lambda_i)$、$\rho''(\lambda_i)$ 分别为波长 $\lambda_i$ 的一阶和二阶微分光谱。

## 二、红边参数

红边区域是指在 670～780 nm 波段因叶片构造中栅状组织的多次散射，使反射率急剧上升，形成陡而近于直线的爬升脊。图3-2给出了红边的定义与主要特征参数：$R_0$为叶绿素强吸收波段红光区的最小反射率值，也称红边起点；$R_S$为近红外区域肩反射率（最大）值；$P$为"红边"拐点，$P$点所处的波长位置$\lambda_P$被称作"红边"位置；$\sigma$为"红边"宽度，即$\lambda_P - \lambda_0$。

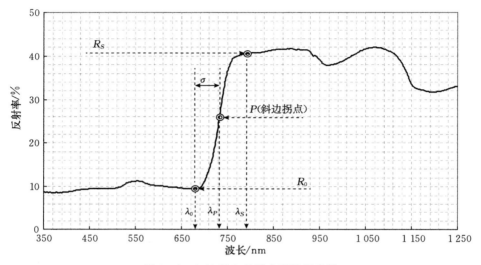

图3-2 红边的定义及主要特征参数

## 三、光谱反射特征

此处定义了6个光谱反射特征（图3-3、表3-2）。每个光谱特征定义了3个特征参量：反射峰深度、反射峰特征面积及归一化反射峰深度。其中，反射峰深度的表达式为：

$$P\_Depth_i = \frac{A_i B_i}{A_i O_i} = 1 - \frac{R_{Si} + (R_{Ei} - R_{Si})\big/(\lambda_{Ei} - \lambda_{Si}) \times (\lambda_{Gi} - \lambda_{Si})}{R_{Gi}}$$

$$(3-5)$$

式中，$R_{Gi}$、$R_{Si}$、$R_{Ei}$分别为反射峰特征中心点、起点和结束点处的光谱反射率。$\lambda_{Gi}$、$\lambda_{Si}$、$\lambda_{Ei}$分别为反射峰特征中心点、起点和结束点处的波长。

反射峰特征面积为包络线与光谱反射率之间的面积，其表达式如下：

$$\begin{aligned}
P\_Area_i &= \int_{\lambda_{Si}}^{\lambda_{Ei}} \big[R(\lambda) - R_{line}(\lambda)\big]\mathrm{d}\lambda \\
&= \int_{\lambda_{Si}}^{\lambda_{Ei}} \left\{ R(\lambda) - \left[ R_{Si} + \frac{R_{Ei} - R_{Si}}{\lambda_{Ei} - \lambda_{Si}} \times (\lambda - \lambda_{Si}) \right] \right\}\mathrm{d}\lambda
\end{aligned}$$

$$(3-6)$$

式中，$\lambda$ 和 $R(\lambda)$ 分别为反射峰特征范围的波长和光谱反射率，其他符号同式（3-5）。

归一化的反射峰深度为反射峰深度与反射峰特征面积的比值，即：

$$P\_ND_i = \frac{P\_Depth_i}{P\_Area_i} \qquad (3-7)$$

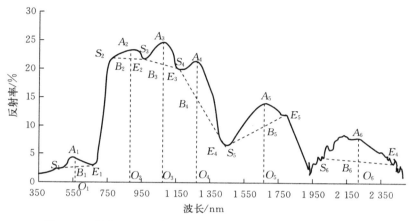

图 3-3　作物冠层光谱在可见近红外波段的 6 个光谱反射特征

表 3-2　6 个反射峰光谱特征的光谱位置与范围

| 编号 | 中心波长/nm | 光谱范围/nm | 形成原因 |
|---|---|---|---|
| 1 | 560 | 500～670 | 叶绿素吸收 |
| 2 | 920 | 780～980 | C-H 键伸展，三次谐波（蛋白质） |
| 3 | 1 100 | 980～1 200 | C-H 键伸展、变形，二次谐波（木质素、油） |
| 4 | 1 280 | 1 200～1 480 | O-H 键弯曲，一次谐波（水、纤维素、淀粉、木质素） |
| 5 | 1 690 | 1 480～1 780 | C-H 键伸展，一次谐波（木质素、淀粉、蛋白质、氮） |
| 6 | 2 230 | 2 000～2 400 | N-H 键伸展、弯曲，二次谐波，O-H 键伸展、变形，C-O、C-H、$CH_2$ 键伸展、变形、谐波 |

## 四、光谱植被指数

依据国内外研究资料，挑选 9 个光谱指数，即：

7 个归一化光谱指数：$NDVI_i = \dfrac{|R_i(B1) - R_i(B2)|}{R_i(B1) + R_i(B2)}$  （3-8）

式中，$i$ 为光谱指数的编号，$B1$ 和 $B2$ 为相应的两个入选波长（表 3-3）。

表 3-3  7 种归一化光谱指数

| 编号 | 1 | 2 | 3 | 4 | 5 | 6 | 7 |
|---|---|---|---|---|---|---|---|
| $B1/nm$ | 560 | 670 | 890 | 920 | 857 | 820 | 820 |
| $B2/nm$ | 670 | 890 | 980 | 980 | 1 210 | 1 650 | 2 200 |
| 功能 | 植被绿峰 | 植被红边 | 水分指数 | | 水分指数 | | |

抗大气植被指数 Ⅰ：$VARI\_green = \dfrac{R_{560} - R_{670}}{R_{560} + R_{670} + R_{450}}$  （3-9）

抗大气植被指数 Ⅱ：$VARI\_700 = \dfrac{R_{700} - 1.7 \times R_{670} + 0.7 \times R_{450}}{R_{700} + 2.3 \times R_{670} - 1.3 \times R_{450}}$  （3-10）

# 第三节  烟草钾处理反射光谱响应特征

## 一、不同钾素水平下的烟草冠层反射光谱响应特征

图 3-4、图 3-5 为湘烟 5 号（以下简称 X5）与 K326 两个品种在不同年度不同 K 处理水平下反射光谱特征变化规律。5 个 K 肥处理即 K0，不施肥；K1，当地正常施肥量 1/2；K2，当地正常施肥量；K3，当地正常施肥量乘 1.5 倍；K4，当地正常施肥量乘 2 倍；使之表现为严重缺钾、缺钾、适量钾、过量钾、超量钾。

由图 3-4 发现，两品种在不同钾素水平下的年度比较中没有差异。单一年度内，在 350～2 350 nm 波段范围内，曲线的趋势大致相同。在曲线反射率方面，K0、K1、K2、K3、K4 越来越高，在 X5 与 K326 的汇总图上表现得尤为明显，也有小部分曲线该规律表现得并不明显，究其原因可能在于未达到指定的测量时间或是校准出现偏差。X5 团棵期的峰值出现在 764 nm，X5 旺长期的峰值出现在 729 nm，X5 成熟期的峰值出现在 756 nm；K326 团棵期的峰值出现在 741 nm，K326 旺长期的峰值出现在 786 nm，K326 成熟期的峰值出现在 786 nm；即发现不同生育期

扫码看彩图

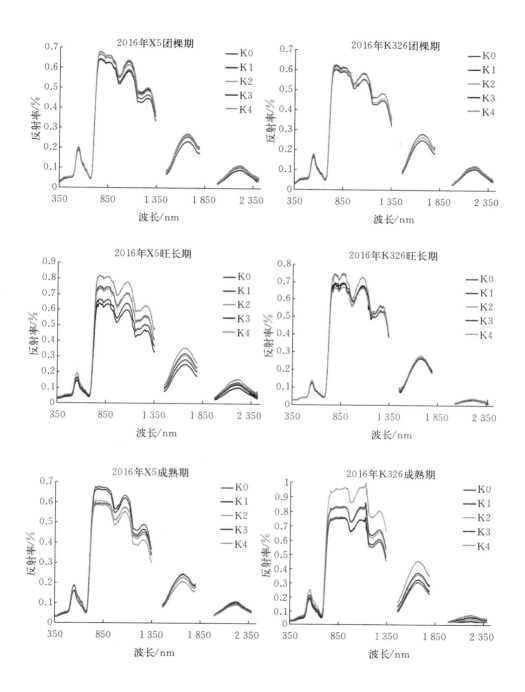

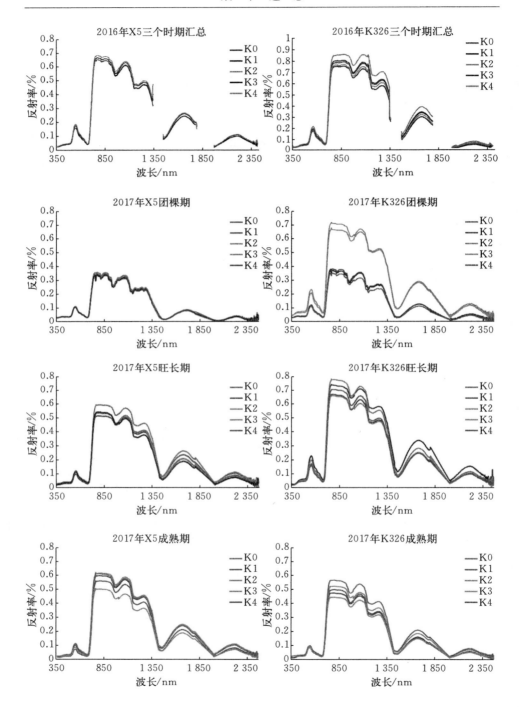

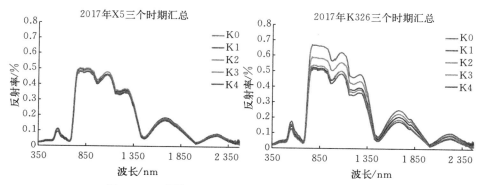

图 3-4 不同钾肥处理下 X5 与 K326 的光谱反射率

烟草的峰值均出现在 700~800 nm 之间。在 350~2 350 nm 波段范围内，曲线的趋势大致保持相同。随着钾肥施用量的增加，反射率逐渐增加，且反射率峰值均出现在 700~800 nm 之间，其中 780~1 350 nm 的近红外波段间，反射率差异最为明显，因此监测叶片钾含量的敏感光谱波段为 780~1 350 nm 的近红外波段。

在不同钾水平烟草冠层光谱反射率中，图 3-5 为 K326 和 X5 不同生育期和不同钾处理下光谱反射率，从图中可知两品种在不同钾肥处理条件下光谱反射峰值总体趋势一致。受叶片色素的影响，叶绿素对蓝光波段和红光波段吸收作用强，对绿光波段反射作用强，形成波长470 nm、660 nm 附近的吸收谷和 550 nm 附近的反射峰，这是植物呈绿

扫码看彩图

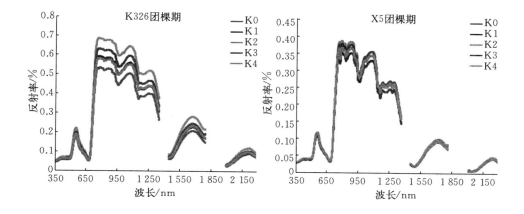

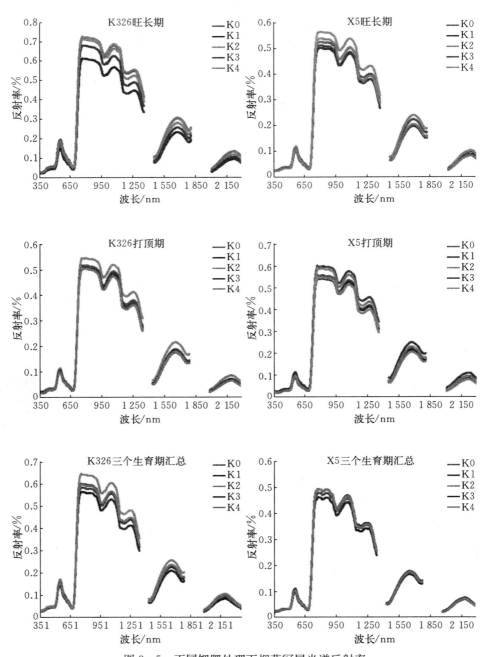

图 3-5 不同钾肥处理下烟草冠层光谱反射率

色的重要原因；受烟叶细胞结构的影响，在波段 700～750 nm 处形成了一个反射率急剧增高的陡坡，这是植物曲线中最为明显的"红边"现象；受烟株水分和植株组织的影响，在 750～1 350 nm 之间形成了反射率高峰，这是烟草具有健康植被光谱反射的特征；受 C－H 键和 N－H 键伸展的影响，在 1 450～1 800 nm 和 2 000～2 400 nm 之间形成小反射峰。

此外，不同钾处理烟草冠层光谱反射曲线在 750～1 350 nm 近红外波段范围差别较明显。K326 随着生育期变化光谱曲线差异越来越小，团棵期不同钾处理光谱曲线差异最大，打顶期不同钾处理光谱曲线差异最小，具体表现为团棵期 K2＞K3＞K1＞K4＞K0，其峰值为 K0、K1、K4 处理 771 nm，K2、K3 处理 760 nm；旺长期 K0、K2、K4＞K3＞K1，其峰值均为 761 nm；打顶期 K2＞K0、K1、K3、K4，其峰值为 K0、K2 处理 761 nm，K1、K3、K4 处理 804 nm；三个生育期汇总 K2＞K0、K3、K4＞K1，其峰值为 K0、K4 处理 773 nm，K1 处理 775 nm，K2、K3 处理 761 nm。X5 不同生育期钾处理光谱曲线差异表现为旺长期＞打顶期＞团棵期，具体表现为团棵期不同钾处理光谱曲线几乎无差异，其峰值均在 775 nm 附近；旺长期 K2＞K4＞K0＞K3＞K1，其峰值 K0、K1、K3 处理在 780 nm 附近，K2、K4 处理在 804 nm；打顶期 K3、K4＞K0、K1、K2，其峰值均为 761 nm；三个生育期汇总不同钾处理光谱曲线差异不明显，其峰值均为 779 nm。

综上可知，区分不同钾处理的光谱反射波段在 760～800 nm 附近，是由于近红外区主要为养分敏感区，而 760～800 nm 对不同钾浓度较敏感，区分效果较好。且在近红外高原区三个生育期光谱反射曲线最高在 K2 处理，具体表现为 K2＞K3、K4＞K1、K0，总体规律为适量钾处理烟草光谱反射曲线大于高施钾量的烟草光谱反射曲线也大于低施钾量的光谱反射曲线，而过量钾处理 K3、K4 之间以及低量钾处理 K0、K1 之间烟草光谱反射曲线无明显差异，可利用近红外高原区初步判断大田烟株适量钾、高钾和低钾，为生产上利用光谱技术实时快速无损监测烟草钾含量提供理论基础。

## 二、不同品种间烟草冠层反射光谱响应特征

图 3-6、图 3-7 为 2016 年和 2017 年两年度间不同时期不同钾肥处理下

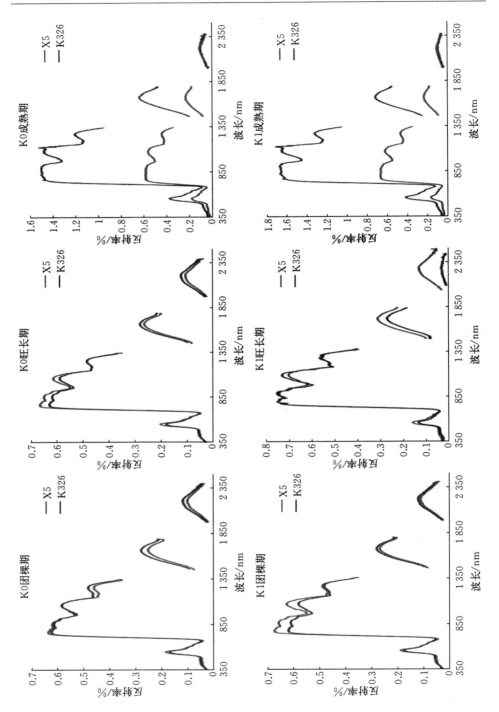

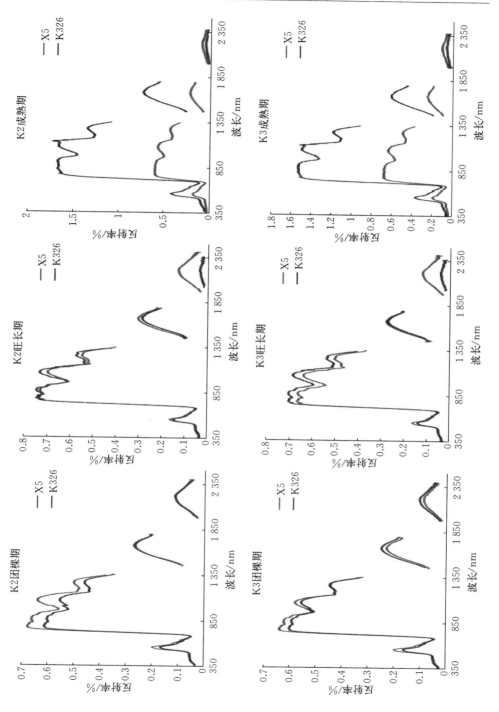

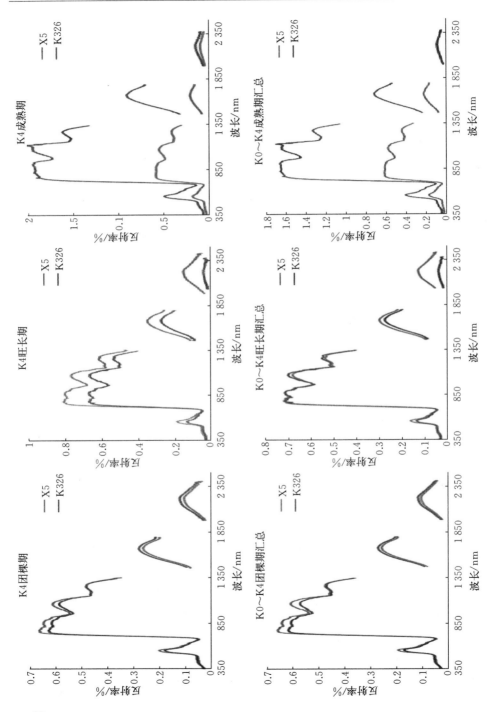

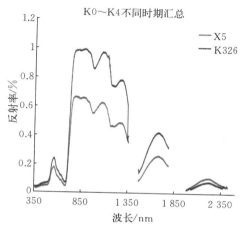

图 3-6　2016 年不同生育时期不同钾肥处理下的 X5 与 K326 的光谱反射率

的 X5 与 K326 品种的光谱反射率，同时也含有 3 个时期烟草 2 个品种间的比较，烟草品种间总的比较。观察发现，在团棵期，在可见光波段 350～750 nm 内 X5 的光谱反射率高于 K326，在近红外波段 750～1 300 nm 范围内，X5 的光谱反射率先是高于 K326 继而小于 K326，而在 1 350～1 800 nm、1 900～2 500 nm 波段，X5 的光谱反射率小于 K326。在旺长期，除 K1、K2 近红外波段 750～1 300 nm 外，X5 的光谱反射率都高于 K326。在成熟期，除 K2、K3 1 900～2 500 nm，K326 光谱反射率都高于 X5。在成熟期的 K326 有部分波长的光谱反射率超过了 1，而其余波长的光谱反射率的范围在 0～1 之间，得到该结果可能与光线达不到要求、校准出现偏差等有关。发现 X5 与 K326 光谱反射率随时期的变化，在可见光与近红外光范围内 K326 逐渐从低于 X5 的位置达到高于 X5 的位置，旺长期正好是 X5 与 K326 相交而过的时期。再通过 X5 与 K326 冠层反射光谱比较，结果表明，X5 与 K326 品种间反射光谱随生育时期的变化而变化，在团棵期，X5 在 350～900 nm 范围内反射光谱出现于 K326 上方；在旺长期，X5 大部分反射光谱在 350～900 nm 范围内出现于 K326 下方；在成熟期，X5 反射光谱基本都低于 K326。总的来说，生长中后期 K326 品种的光谱反射率要高于 X5 品种。

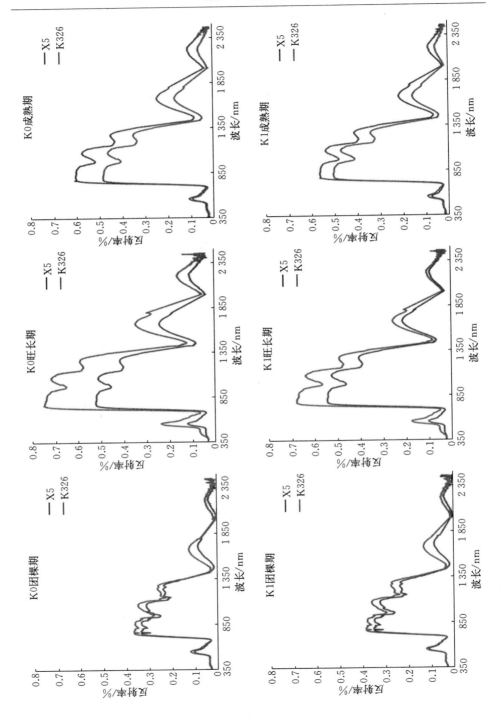

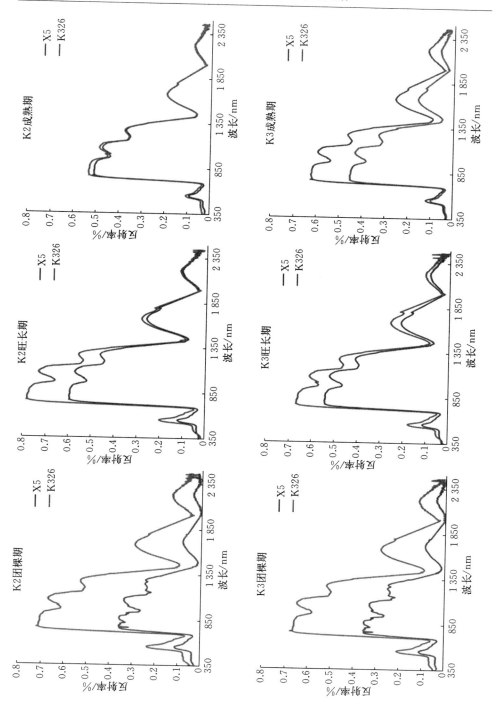

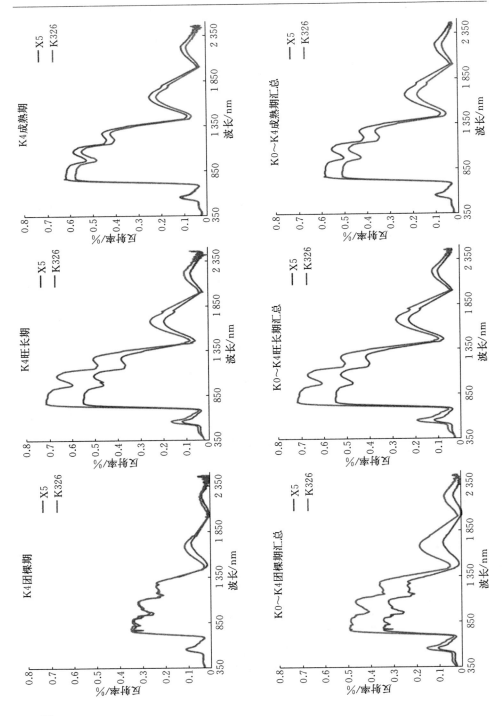

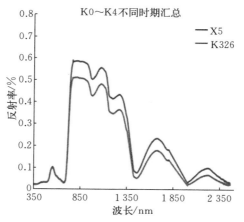

扫码看彩图

图 3-7　2017 年不同生育时期不同钾肥处理下的 X5 与 K326 的光谱反射率

## 三、不同观测角度下的烟草反射光谱响应特征

图 3-8 为 X5 与 K326 两个品种不同钾肥处理下的光谱反射率。观察发现，在近红外波段 750～1 300 nm 反射率光谱曲线垂直方向 0°、30°、60°、90°依次上升，垂直方向 180°、150°、120°、90°大体也呈现此种规律，且平行方向与垂直方向规律一致，不同的钾肥处理也同样满足这一规律。最后一张图是将 5 种钾肥处理汇总，得到最有代表性的不同观测角度下的烟草反射光谱曲线。结果说明，与海平面所成角度越大，反射率曲线越高，最高为 90°。

扫码看彩图

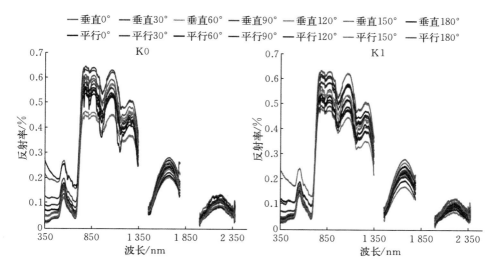

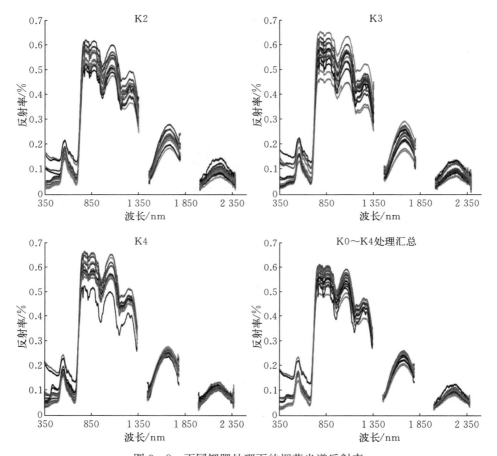

图 3-8 不同钾肥处理下的烟草光谱反射率

## 四、不同叶层下的烟草反射光谱响应特征

扫码看彩图

扫码看彩图

图 3-9、图 3-10 为 2016 年与 2017 年 X5 与 K326 不同钾肥处理下不同分层的烟草光谱反射率，观察发现，不管是 2016 年还是 2017 年、X5 还是 K326，在近红外反射平台 750～1 300 nm，分层一反射率曲线多数高于分层二，分层二多数高于分层三（分层一，上层；分层二，中层；分层三，下层），说明该规律具有普遍性，在近红外反射平台 750～1 300 nm，烟草的光谱反射率从下层到中层再到上层基本呈现阶梯式递增，即上层烟草叶片反射率多数大于中层也大于下层。

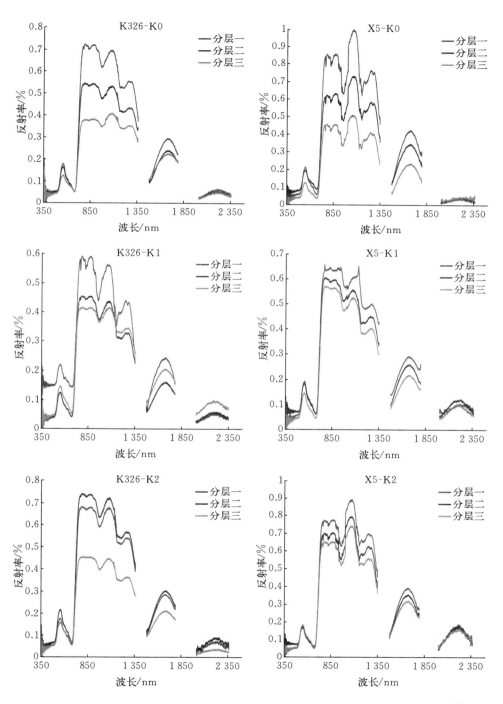

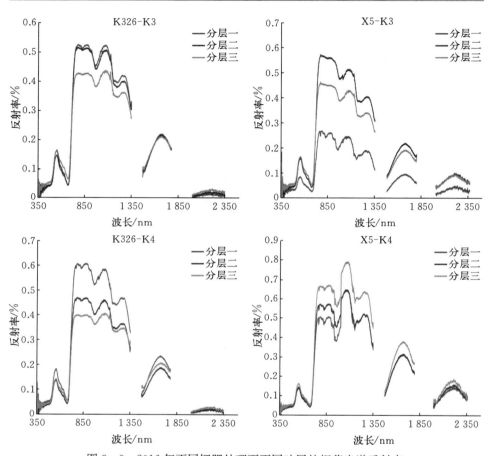

图 3-9　2016 年不同钾肥处理下不同叶层的烟草光谱反射率

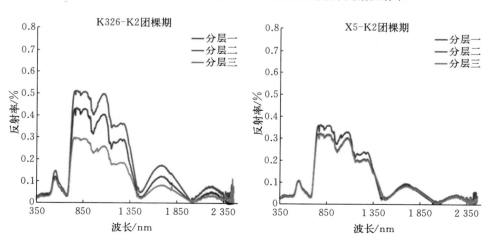

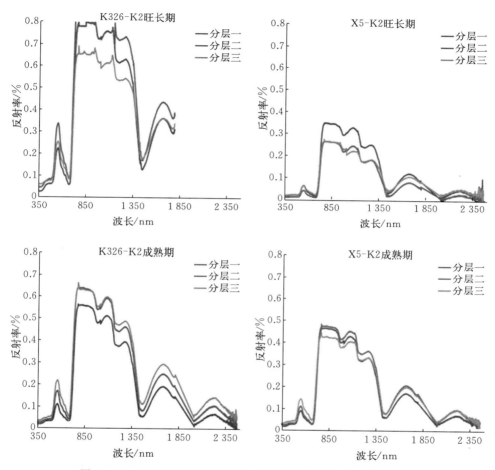

图 3-10　2017 年不同生育时期、不同叶层下的烟草光谱反射率

## 五、不同光强下的烟草反射光谱响应特征

图 3-11 为 2016 年 K326 与 X5 不同钾肥处理下汇总得到的两个品种不同光强的光谱反射曲线。包括 K326 与 X5 的从 K0～K4 的所有不同光强比较，还包括对从 K0～K4 的所有钾肥处理汇总得到的 X5 的不同光强比较。观察发现，在 350～2 500 nm 波长范围内，几乎全部满足强光、中光、弱光的反射率逐渐减弱的趋势，在钾肥处理经过汇总的图中表现得尤为突出。结果说明光线越强，烟草的反射光谱曲线越高。

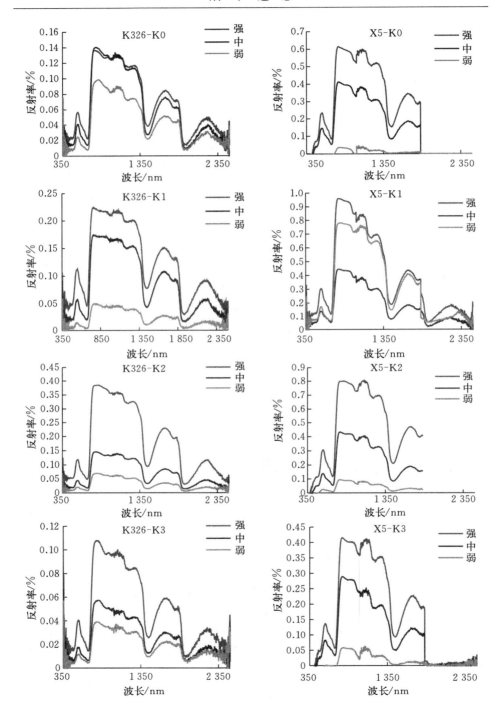

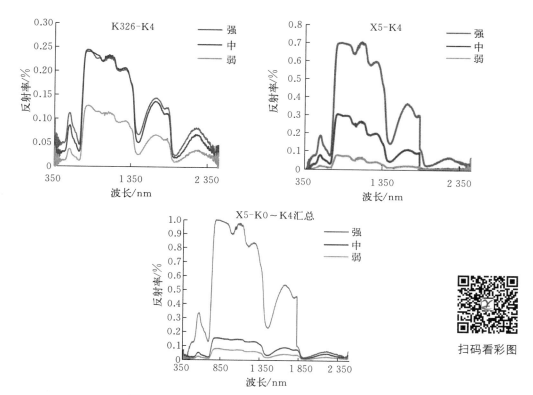

图 3-11　不同光强 K326 与 X5 的光谱反射率

扫码看彩图

## 六、正面/反面的烟草反射光谱响应特征

图 3-12、图 3-13 为 2016 年与 2017 年不同测定时期烟叶正反面光谱变化曲线，包括 X5 与 K326 各自的 5 个钾处理，与将钾处理汇总合并后得到的最后两张 X5 与 K326 的正面/反面的烟叶反射光谱曲线。观察发现，在可见光范围（350～750 nm）内，多数情况下，反面的反射光谱高于正面。通过观察汇总的曲线，反面的曲线相较于正面曲线要略高，并且在本阶段的数据的反射率都相对较低，究其原因在于室内试验，利用卤素灯进行，会导致反射率降低。在可见光范围（350～750 nm）内，烟叶反面的叶片反射率值多数高于烟叶正面的叶片；对烟叶来说，反面的反射率曲线相较于正面高，利用卤素灯进行室内试验，排除自然光的影响作用，会导致反射率降低。将不同测定时期与重复区外加同类型叶片进行平均

扫码看彩图

扫码看彩图

后，汇总得到的关于烟叶正反面光谱变化曲线。其中 780～1 350 nm 的近红外波段间，光谱反射率差异最为明显，监测叶片钾含量的敏感光谱波段为 780～1 350 nm。

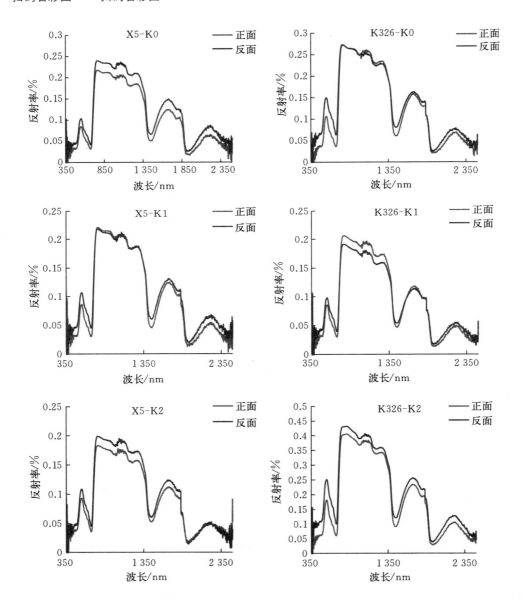

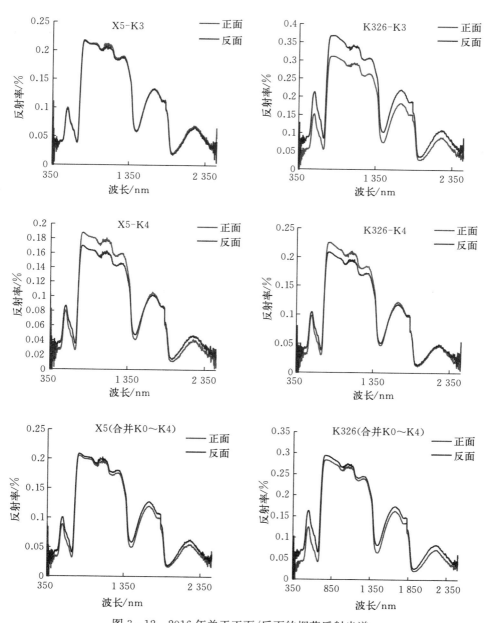

图 3－12　2016 年关于正面/反面的烟草反射光谱

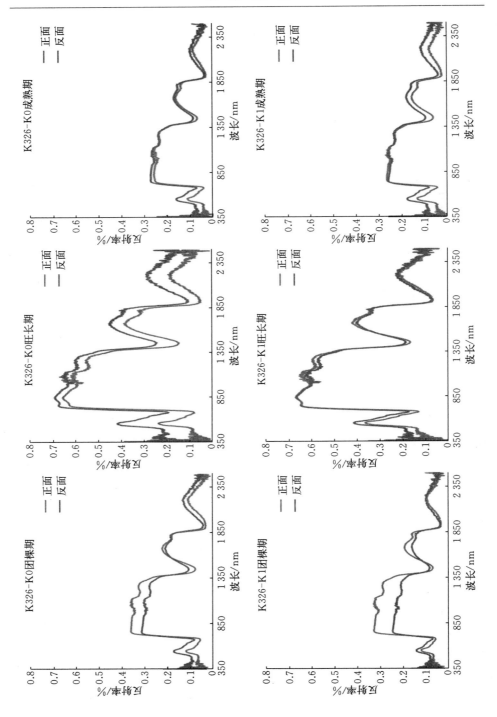

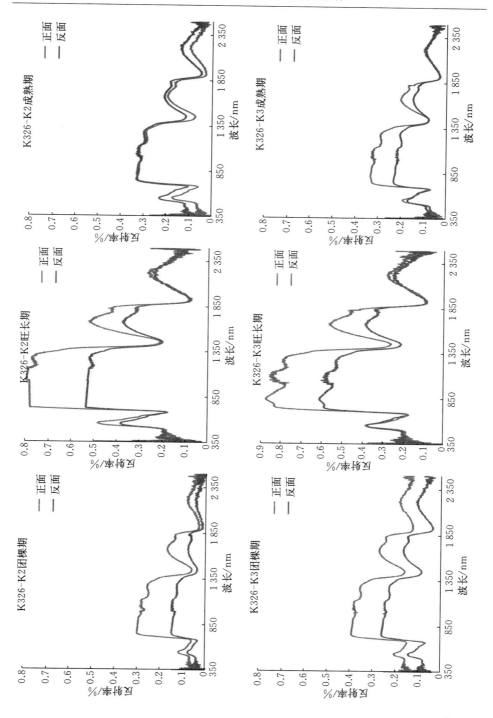

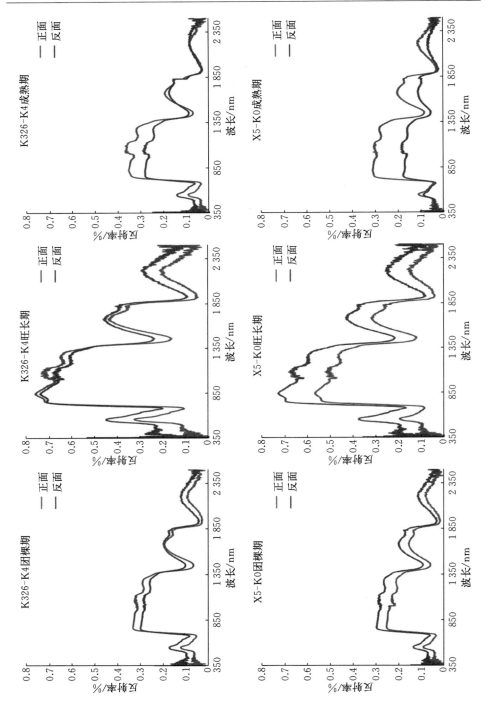

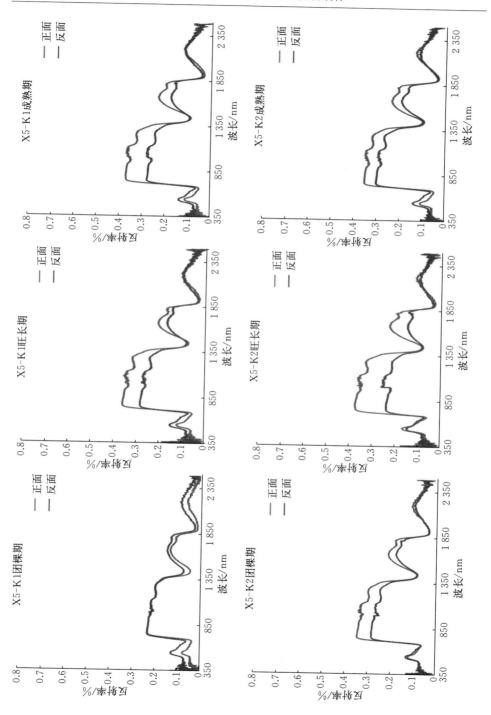

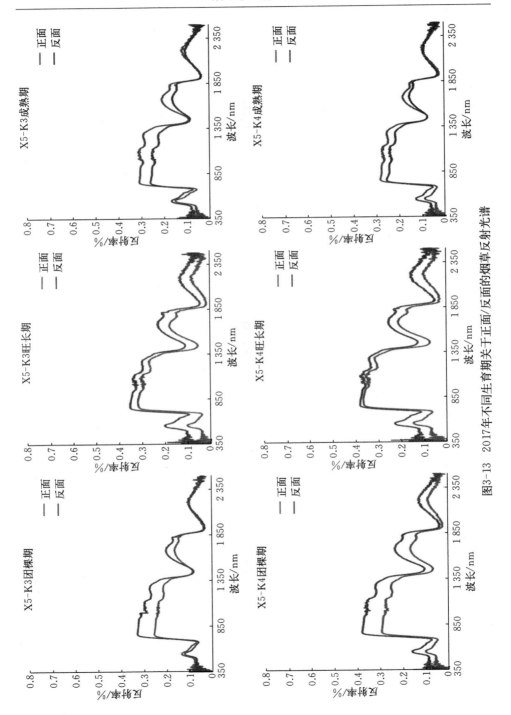

图3-13 2017年不同生育期关于正面/反面的烟草反射光谱

## 七、不同生育期的烟草冠层反射光谱响应特征

图 3-14 为 2017 年 K326 与 X5 不同钾元素水平下三个不同时期的光谱反射率的比较，以及五个钾元素水平汇总的不同时期的比较。其中选取的三个时期分别为烟草生产中比较重要的生育期：伸根期、旺长期和成熟期。由光谱曲线可以看出，无论是 K326 还是 X5 在可见光范围（650～750 nm）内三个时期的光谱曲线基本重合，剩余波段内，旺长期的光谱反射率明显比较高、多数高于其余两个时期。这说明烟草冠层光谱的反射率可以用来监测烟草的生长状况，且不受施肥量的影响，这为利用烟草冠层光谱的反射率建立烟草生长模型提供了依据。

扫码看彩图

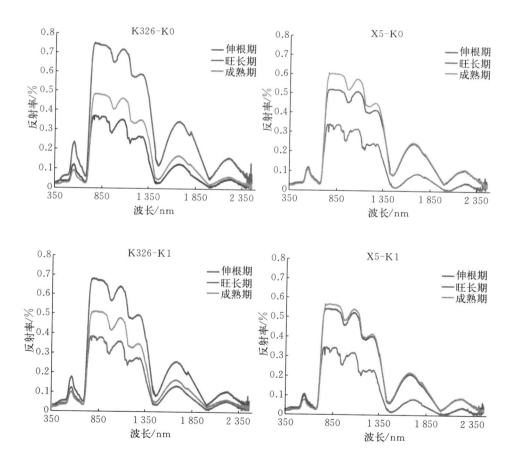

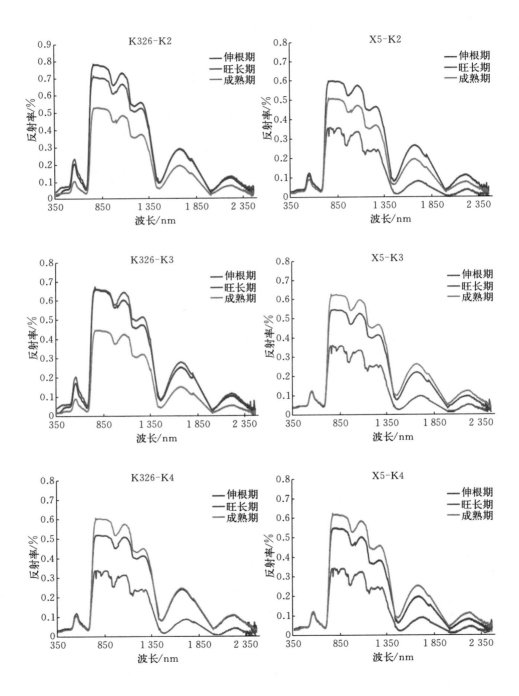

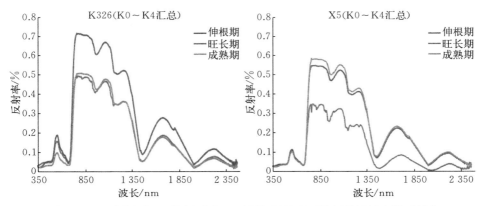

图 3-14　不同品种、不同生育期、不同钾肥处理下的烟草冠层光谱反射率

# 第四节　烟草不同氮磷钾处理光谱响应特征

## 一、不同氮素水平下的烟草冠层反射光谱响应特征

根据不同氮磷钾肥施用条件，获得与不同氮磷钾元素水平对应的光谱曲线变化规律。14 个处理分别为：N0P0K0、N0P2K2、N1P1K2、N1P2K1、N1P2K2、N2P0K2、N2P1K2、N2P2K2、N2P3K2、N2P2K0、N2P2K1、N2P2K3、N2P1K1、N3P2K2，其中 0、1、2、3 代表肥料施用依次增多，0 代表不施肥，1 代表当地正常施肥的 1/2，2 代表当地正常施肥，3 代表当地正常施肥的 1.5 倍。比较伸根期、旺长期和成熟期烟草冠层反射光谱响应特征。

图 3-15 分别为同等磷钾肥水平下，不同时期和三个时期汇总的氮肥处理的烟草冠层光谱曲线。由光谱曲线可以看出，除伸根期外，烟草冠层光谱的反射率基本随施氮量的增加逐渐升高，可能在伸根期烟草的烟叶较小，在调查冠层光谱时，受到环境的影响很大。在其余两个时期内，波段 750～1 350 nm 范围内由施氮量而引起的烟草冠层光谱的反射率差异最为明显，这一波段可能为烟草主要营养的敏感光谱，这为利用烟草冠层光谱构建养分指标光谱遥感监测模型提供了理论依据。

扫码看彩图

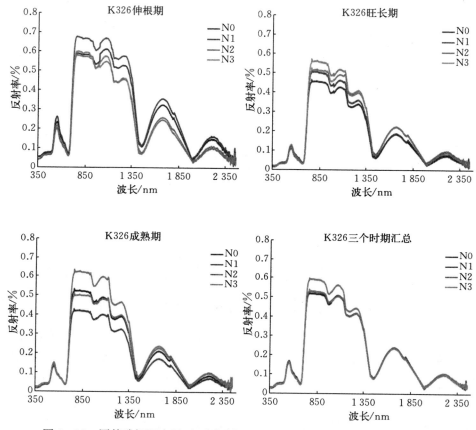

图 3 - 15　同等磷钾肥水平下不同时期不同氮肥处理的烟草冠层光谱反射率

## 二、同等氮素水平下的烟草冠层反射光谱响应特征

图 3 - 16 为同等氮肥水平下，不同时期和三个时期汇总的氮肥处理的烟草冠层光谱曲线，由光谱曲线可以看出，在可见光范围（650～750 nm）内三个时期的光谱曲线基本重合，剩余波段内，除 N3 处理外，伸根期的光谱反射率明显高于旺长期与成熟期。这也充分验证了烟草冠层光谱的反射率可以用来监测烟草的生长状况，且不受施肥量的影响，为利用烟草冠层光谱的反射率建立烟草生长监测模型提供了理论依据。

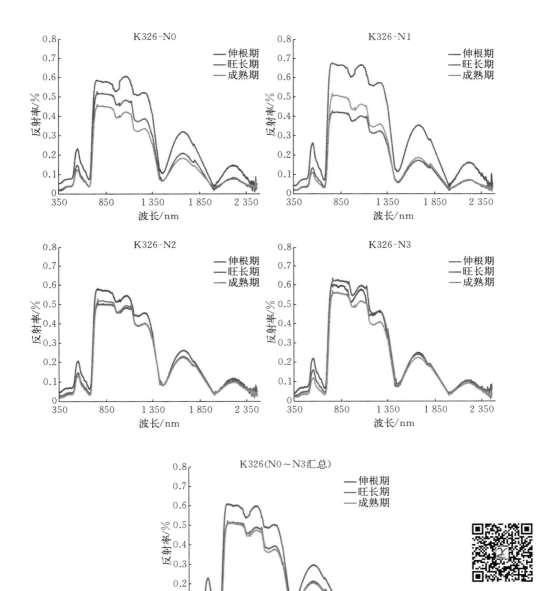

图 3-16 同等氮肥水平下不同时期的烟草冠层光谱反射率

# 三、不同氮磷钾水平下的烟草冠层反射光谱响应特征

扫码看彩图

　　图 3-17 为 14 个不同氮磷钾肥处理下的烟草冠层光谱反射率，共分为伸根期、旺长期、成熟期和三个时期汇总平均。可以看出，在 350～750 nm 的波段内，所有的反射率曲线都基本重合，在剩余波段内，钾肥施用量对反射率曲线的影响最为明显，其次是氮肥。

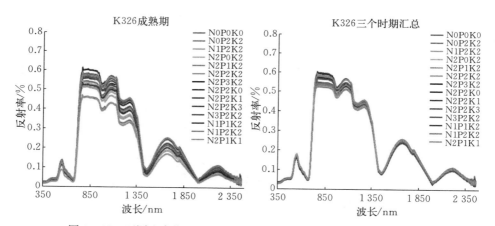

图 3-17　不同生育期、不同氮磷钾肥处理下的烟草冠层光谱反射率

# 第四章 烟叶氮与烟碱含量光谱遥感监测

## 第一节 团棵期烟叶氮含量光谱遥感监测模型

### 一、团棵期烟叶训练样本和测试样本氮含量

氮素是影响烟草生长快慢、叶片大小以及产量的关键因素，它以蛋白质、核酸、叶绿素、烟碱等形式存在于烟株体内，是烟碱的重要组成成分。由表4-1、表4-2可知，团棵期训练集和测试集烟叶氮含量在五个钾处理均表现为随施钾量的增加而降低，氮含量最高在K0处理，氮含量最低在K4处理。其原因为一方面增施钾肥能够增加烟草的生物学产量，由于稀释效应使氮的含量降低；另一方面可能是钾与铵态氮竞争降低了氮的吸收。训练集五个钾处理平均氮含量为3.310%，测试集为3.290%。通过分析标准差和标准误差可知，同一处理间样本氮含量的差异较小，不同处理间氮含量差异较明显。

**表4-1 团棵期不同钾肥处理下鲜烟叶训练样本氮含量**

单位：%

| 处理 | 样本数 $n$ | 最大值 | 最小值 | 平均值 | 标准差 | 标准误差 |
|------|------|--------|--------|--------|--------|----------|
| K0 | 30 | 5.530 | 3.670 | 4.496 | 0.535 | 0.099 |
| K1 | 30 | 4.373 | 2.876 | 3.737 | 0.379 | 0.070 |
| K2 | 30 | 3.933 | 2.540 | 3.291 | 0.359 | 0.067 |
| K3 | 30 | 3.463 | 2.020 | 2.784 | 0.384 | 0.071 |
| K4 | 30 | 2.673 | 1.800 | 2.242 | 0.265 | 0.049 |
| 合计钾 | 150 | 5.530 | 1.800 | 3.310 | 0.870 | 0.071 |

**表4-2 团棵期不同钾肥处理下鲜烟叶测试样本氮含量**

单位：%

| 处理 | 样本数 $n$ | 最大值 | 最小值 | 平均值 | 标准差 | 标准误差 |
|------|------|--------|--------|--------|--------|----------|
| K0 | 18 | 5.650 | 3.490 | 4.239 | 0.655 | 0.159 |
| K1 | 18 | 4.370 | 2.860 | 3.602 | 0.372 | 0.090 |
| K2 | 18 | 4.560 | 2.670 | 3.291 | 0.485 | 0.118 |
| K3 | 18 | 3.650 | 2.250 | 2.892 | 0.367 | 0.089 |
| K4 | 18 | 3.210 | 1.740 | 2.426 | 0.457 | 0.111 |
| 合计钾 | 90 | 5.650 | 1.740 | 3.290 | 0.781 | 0.083 |

## 二、团棵期光谱参数与烟叶氮含量相关性分析

图 4-1 表明，团棵期不同钾处理原始光谱反射率与烟叶氮含量呈极显著负相关，且不同处理相关性差异明显，相关性大小表现为 K0＞K1＞K2＞K4＞K3，整体表现为随着施钾量的增加烟叶氮含量与冠层原始光谱反射率相关性增强。且在 350～1 350 nm、1 450～1 800 nm、2 000～2 400 nm 波段范围均达到显著水平，其原因可能是烟株体内含有较多形式氮的原因。而土壤中钾含量过量会影响烟草对氮的吸收，因此，施钾量越多，烟草对氮的吸收越少，烟株体内所累积的氮越少，与光谱反射率相关性越小。团棵期不同钾处理烟叶氮含量与原始光谱反射率相关性最大波段分别为合计处理在 2 348 nm（$r=-0.417$），K0 处理在 391 nm、392 nm（$r=-0.834$），K1 处理在 1 350 nm（$r=-0.937$），K2 处理在 661～665 nm（$r=-0.770$），K3 处理在 1 350 nm（$r=-0.719$），K4 处理在 447 nm（$r=-0.600$）。

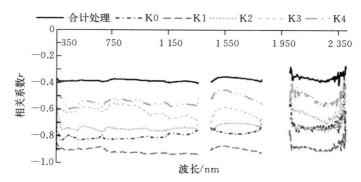

图 4-1 团棵期原始光谱反射率与烟叶氮含量相关性分析

（注：$n=30$ 时，$P<0.05$，$|r|>0.349$；$P<0.01$，$|r|>0.449$。$n=150$ 时，$P<0.05$，$|r|>0.159$；$P<0.01$，$|r|>0.208$）

微分变换后光谱反射率与叶片氮含量的相关性增强，其原因为一阶微分光谱消除了土壤背景对其的影响，提高了光谱信息与氮之间的关联性。团棵期不同钾处理烟叶氮含量与一阶微分光谱反射率相关性最大波段分别为合计钾处理在 541 nm（$r=-0.42$），K0 处理在 591 nm（$r=0.851$），K1 处理在 707 nm（$r=-0.924$），K2 处理在 745 nm（$r=-0.831$），K3 处理在 1 573 nm（$r=-0.746$），K4 处理在 1 654 nm（$r=-0.730$）。

由表 4-3 可知，不同钾处理氮含量与位置变量相关性较强，多数变量的相关性均达到 0.01 极显著水平。不同钾处理相关性差异明显，总体来说相关性达到 0.01 显著水平的位置变量数遵循 K0＞K1＞K2＞K3、K4。而蓝边幅值

**表 4-3 团棵期植被指数与烟叶氮含量相关性分析**

| 处理 | 位置变量 | 植被指数 |
|---|---|---|
| K0 (n=30) | λg (-0.580)**, Db (-0.821)**, SDb (-0.825)**, Dy (0.760)**, SDy (-0.828)**, Dr (-0.805)**, SDr (-0.810)**, Rg (-0.826)**, Rr (-0.798)**, SDr/SDb (0.618)**, SDr/SDy (0.651)**, (SDr-SDb)/(SDr+SDb) (0.601)**, (SDr-SDy)/(SDr+SDy) (0.640)** | DVI(-0.822)**, SAVI(-0.849)**, TSAVI(-0.794)**, MSAVI2(-0.833)**, RDVI (-0.835)**, GM2 (0.470)**, CCII (-0.821)**, TCARI (0.827)**, OSAVI (-0.850)**, PPR (-0.521)**, NDWI (0.486)**, Vog1 (0.772)**, Vog2 (-0.836)**, Vog3 (0.651)**, PRI (-0.831)**, PRI1 (0.710)**, PRI2 (0.710)**, CRI1 (0.866)**, CRI2 (0.865)**, NPCI (0.486)**, SG (-0.826)**, NDVI705 (0.486)**, mNDVI705 (0.567)**, Lic2 (0.554)**, NDII (0.771)** |
| K1 (n=30) | λg (-0.505)**, Db (-0.894)**, SDb (-0.885)**, Dy (0.750)**, SDy (-0.898)**, Dr (-0.920)**, SDr (-0.925)**, Rg (-0.903)**, Rr (-0.882)**, SDr/SDy (0.494)**, (SDr-SDy)/(SDr+SDy) (0.490)** | DVI(-0.921)**, SAVI(-0.891)**, TSAVI(-0.891)**, MSAVI2(-0.918)**, RDVI (-0.900)**, CCII (-0.881)**, TCARI (-0.890)**, OSAVI (-0.788)**, NDWI (0.466)**, Vog1 (0.612)**, Vog2 (-0.698)**, Vog3 (-0.689)**, PRI1 (0.531)**, CRI1 (0.865)**, CRI2 (0.873)**, NDNI (-0.779)**, SG (-0.899)**, NDII (0.593)** |
| K2 (n=30) | λg (-0.500)**, λv (-0.481)**, Db (-0.704)**, SDb (-0.704)**, Dy (0.514)**, SDy (0.697)**, Dr (-0.733)**, SDr (-0.755)**, Rg (-0.730)**, Rr (-0.765)** | DVI(-0.750)**, SAVI(-0.708)**, TSAVI(-0.772)**, MSAVI2(-0.733)**, RDVI(-0.729)**, CCII (-0.708)**, TCARI (-0.715)**, OSAVI (-0.655)**, Vog1 (0.565)**, Vog2 (0.578)**, Vog3 (-0.575)**, PRI (-0.654)**, PRI1 (0.666)**, PRI2 (0.654)**, CRI1 (0.690)**, CRI2 (0.680)**, NPCI (0.508)**, NDNI (-0.559)**, SG (-0.736)**, NDII (0.564)** |

（续）

| 处理 | 位置变量 | 植被指数 |
|---|---|---|
| K3<br>(n=30) | Db (−0.553)**, SDb (−0.542)**, SDy (−0.563)**, Dr (−0.556)**, SDr (−0.569)**, Rg (−0.586)**, Rr (−0.620)** | DVI (−0.552)**, SAVI (−0.501)**, TSAVI (−0.626)**, MSAVI2 (−0.535)**, RDVI (−0.516)**, CCII (−0.575)**, TCARI (−0.558)**, Vog1 (0.570)**, Vog2 (−0.533)**, Vog3 (−0.537)**, PRI (−0.535)**, PRI1 (0.591)**, PRI2 (0.535)**, CRI1 (0.533)**, CRI2 (0.523)**, NDNI (−0.481)**, SG (−0.587)**, mNDVI705 (0.491)**, NDII (0.520)** |
| K4<br>(n=30) | λg (−0.512)**, Db (−0.518)**, SDb (−0.502)**, SDy (−0.534)**, Dr (−0.534)**, SDr (−0.547)**, Rg (−0.541)**, Rr (−0.583)** | DVI (−0.528)**, SAVI (−0.514)**, TSAVI (−0.514)**, MSAVI2 (−0.524)**, RDVI (−0.511)**, CCII (−0.527)**, TCARI (−0.513)**, NDWI (0.467)**, WI (0.574)**, Vog1 (0.496)**, Vog2 (−0.477)**, Vog3 (−0.481)**, PRI1 (0.476)**, CRI1 (0.585)**, CRI2 (0.583)**, NDNI (−0.687)**, SG (−0.545)** |
| 合计钾<br>(n=150) | λr (0.261)**, λg (−0.292)**, Db (−0.379)**, SDb (−0.375)**, Dy (0.276)**, SDy (−0.381)**, Dr (−0.376)**, SDr (−0.378)**, Rg (−0.388)**, Rr (−0.395)**, SDr/SDb (0.251)**, SDr/SDy (0.284)**, (SDr−SDb)/(SDr+SDb) (0.238)**, (SDr−SDy)/(SDr+SDy) (0.274)** | DVI(−0.376)**, SAVI(−0.358)**, TSAVI(−0.396)**, MSAVI2(−0.372)**, RDVI(−0.362)**, GM2(0.288)**, CCII(−0.386)**, TCARI (−0.379)**, OSAVI(−0.311)**, NDWI(0.257)**, Vog1(0.399)**, Vog2 (−0.392)**, Vog3 (−0.394)**, PRI (−0.292)**, PRI1 (0.374)**, PRI2 (0.292)**, CRI1 (0.375)**, CRI2 (0.370)**, NPCI (0.218)**, NDNI (−0.268)**, SG(−0.387)**, NDVI705(0.305)**, mNDVI705(0.342)**, NDII(0.282)** |

注：$n=30$ 时，$P<0.05$，$R^2>0.122$；$P<0.01$，$R^2>0.202$。$n=150$ 时，$P<0.05$，$R^2>0.025$；$P<0.01$，$R^2>0.043$。

（Db）、蓝边面积（SDb）、黄边面积（SDy）、红边幅值（Dr）、红边面积（SDr）、绿峰幅值（Rg）、红光吸收谷幅值（Rr）则是与五个处理氮含量均极显著相关的变量，且均为负相关关系。相关性最大位置变量分别为合计钾处理 Rr（$r=-0.395$），K0 处理 SDy（$r=-0.828$），K1 处理 SDr（$r=-0.925$），K2 处理 Rr（$r=-0.765$），K3 处理 Rr（$r=-0.620$），K4 处理 Rr（$r=-0.583$），表明随着施钾量的增加，氮含量与位置变量相关性表现为由黄边向红边偏移。植被指数与氮含量关系中，DVI、SAVI、TSAVI、MSAVI2、RDVI、CCII、TCARI、Vog1、Vog2、Vog3、PRI1、CRI1、CRI2、SG 与五个处理氮含量均极显著相关，其中 Vog1、PRI1、CRI1、CRI2 与氮含量正相关，DVI、SAVI、TSAVI、MSAVI2、RDVI、CCII、TCARI、Vog2、Vog3、SG 与氮含量负相关。相关性最大植被指数分别为合计钾处理 Vog1（$r=0.399$），K0 处理 CRI1（$r=0.866$），K1 处理 DVI（$r=-0.921$），K2 处理 TSAVI（$r=-0.772$），K3 处理 TSAVI（$r=-0.626$），K4 处理 NDNI（$r=-0.687$）。表明不同钾处理烟叶氮含量与植被指数最大相关性在光谱上表现为从可见光区到红光区再到近红外区的移动，即随着施钾量的增加烟叶氮含量的光谱变化出现红移现象。

## 三、团棵期烟叶氮含量光谱遥感监测模型建立

利用光谱方法来监测烤烟叶氮含量，需要建立由烤烟光谱变量来监测其氮含量的回归估算模型和光谱反演模型。考虑到模型的精简、避免数据过度拟合，采用较少变量和较简单的方法来建模。结合数据特点采用了多元逐步回归方法，该方法具有较高的监测精度以及实用性。

表 4-4 为团棵期不同钾肥处理条件下鲜烟叶氮含量光谱遥感监测模型，其中特征变量的选择均为与氮含量达到极显著或显著相关的光谱反射率和植被变量，在建模过程中每个处理不同类别的建模变量经过逐步回归建模方法建立的模型多达几十甚至上百个模型，以方程确定系数 $R^2$ 达到极显著水平为依据对方程进行筛选。从表中可知，不同钾水平筛选出来的特征变量各不相同，表明利用光谱变量监测不同钾肥处理条件下的氮含量是可行的。对不同钾肥处理而言，不同的建模变量所建立的模型精度各不相同，精度最高为一阶光谱建立的模型（K1 除外），其次为原始光谱。而位置变量建立的模型在 K0、K1 处理精度高，植被指数建立的模型则在 K0、K1、K2 处理精度高。

结合相关分析结果和回归方程筛选出不同处理氮含量的特征变量。K0 处理原始光谱特征波段为 392 nm，一阶微分光谱特征波段为 591 nm，位置变量特征变量为 SDy，植被指数特征变量为 CRI1、SR。K1 处理原始光谱特

征波段为 1 350 nm，一阶微分光谱特征波段为 707 nm，位置变量特征变量为 SDr，植被指数的特征变量为 DVI。K2 处理原始光谱特征波段为 661 nm，一阶微分光谱特征波段为745 nm、844 nm，位置变量特征变量为 Rr，植被指数的特征变量为 TSAVI、Vog1。K3 处理原始光谱特征波段为 1 350 nm、1 524 nm，一阶微分光谱特征波段为 1 449 nm、1 573 nm。K4 处理一阶微分光谱特征波段为 408 nm、1 655 nm。合计钾处理原始光谱特征波段为 2 348 nm、2 341 nm，一阶微分光谱特征波段为 541 nm、1 202 nm、2 343 nm。

表 4-4　团棵期不同钾肥处理下鲜烟叶氮含量光谱遥感监测模型

| 处理 | 建模变量 | 回归方程 | 特征变量 | $R^2$ | $P$ |
|---|---|---|---|---|---|
| K0<br>($n=30$) | 原始光谱 | $y=6.302-43.349x_{392\,nm}$ | 392 nm | 0.696 | <0.01 |
| | 一阶光谱 | $y=5.701+2\,460.437x_{591\,nm}$ | 591 nm | 0.725 | <0.01 |
| | 位置变量 | $y=5.934-18.982x_{SDy}$ | SDy | 0.686 | <0.01 |
| | 植被指数 | $y=3.921+0.239x_{CRI1}-0.14x_{SR}$ | CRI1、SR | 0.786 | <0.01 |
| K1<br>($n=30$) | 原始光谱 | $y=4.39-2.934x_{1350\,nm}$ | 1 350 nm | 0.879 | <0.01 |
| | 一阶光谱 | $y=4.677-99.466x_{707\,nm}$ | 707 nm | 0.854 | <0.01 |
| | 位置变量 | $y=4.772-2.329x_{SDr}$ | SDr | 0.855 | <0.01 |
| | 植被指数 | $y=4.647-2.155x_{DVI}$ | DVI | 0.847 | <0.01 |
| K2<br>($n=30$) | 原始光谱 | $y=4.068-15.465x_{661\,nm}$ | 661 nm | 0.593 | <0.01 |
| | 一阶光谱 | $y=6.059-1\,520.11x_{745\,nm}-1\,467.47x_{844\,nm}$ | 745 nm、<br>844 nm | 0.819 | <0.01 |
| | 位置变量 | $y=4.067-17.057x_{Rr}$ | Rr | 0.585 | <0.01 |
| | 植被指数 | $y=34.979-20.216x_{TSAVI}-7.247x_{Vog1}$ | TSAVI、Vog1 | 0.748 | <0.01 |
| K3<br>($n=30$) | 原始光谱 | $y=4.062-9.557x_{1350\,nm}+13.257x_{1524\,nm}$ | 1 350 nm、<br>1 524 nm | 0.736 | <0.01 |
| | 一阶光谱 | $y=3.69+179.952x_{1449\,nm}-1\,007.09x_{1573\,nm}$ | 1 449 nm、<br>1 573 nm | 0.745 | <0.01 |
| | 位置变量 | $y=3.564-18.256x_{Rr}$ | Rr | 0.384 | <0.01 |
| | 植被指数 | $y=14.942-9.026x_{TSAVI}-11.353x_{NDNI}$ | TSAVI、NDNI | 0.555 | <0.01 |
| K4<br>($n=30$) | 原始光谱 | $y=2.604+91.564x_{413\,nm}-99.003x_{447\,nm}$ | 413 nm、<br>447 nm | 0.493 | <0.01 |
| | 一阶光谱 | $y=2.644-1\,099.12x_{408\,nm}-775.016x_{1655\,nm}$ | 408 nm、<br>1 655 nm | 0.743 | <0.01 |
| | 位置变量 | $y=2.672-10.271x_{Rr}$ | Rr | 0.340 | <0.01 |
| | 植被指数 | $y=3.969-8.021x_{NDNI}$ | NDNI | 0.472 | <0.01 |

（续）

| 处理 | 建模变量 | 回归方程 | 特征变量 | $R^2$ | $P$ |
|---|---|---|---|---|---|
| 合计钾<br>（$n=150$） | 原始光谱 | $y=3.68+19.913x_{2341\,nm}-33.185x_{2348\,nm}$ | 2 341 nm、<br>2 348 nm | 0.216 | <0.01 |
| | 一阶光谱 | $y=3.975-1\,567.18x_{541\,nm}+$<br>$1\,455.17x_{1202\,nm}-124.942x_{2343\,nm}$ | 541 nm、<br>1 202 nm、<br>2 343 nm | 0.337 | <0.01 |
| | 位置变量 | $y=4.305-23.762x_{Rr}$ | Rr | 0.156 | <0.01 |
| | 植被指数 | $y=-4.913+7.159x_{Vog1}-7.056x_{NDNI}$ | Vog1、NDNI | 0.183 | <0.01 |

注：$n=30$ 时，$P<0.05$，$R^2>0.122$；$P<0.01$，$R^2>0.202$。$n=150$ 时，$P<0.05$，$R^2>0.025$；$P<0.01$，$R^2>0.043$。

## 四、团棵期烟叶氮含量光谱遥感监测模型评价

通过对以上所建立的模型进行评价，筛选出监测模型生成氮含量预测值，并与氮含量实测数据进行对比分析，实测值为 $x$ 轴，预测值为 $y$ 轴，用线性方程构建氮含量实测值与预测值的 1：1 关系图（图 4-2），并以 $R^2$、$RMSE$ 及 $RE$ 值为判断依据从中挑选出精度最高的光谱遥感监测模型，即 $R^2$ 越高，$RMSE$ 值、$RE$ 值越低。

从图 4-2 可知，K0 处理氮含量监测模型精度最高为基于 CRI1、SR 植被指数监测模型 $y=3.921+0.239x_{CRI1}-0.14x_{SR}$，$R^2=0.786$，$RMSE=0.321$，$RE=-0.39\%$；K1 处理氮含量监测模型精度最高为基于 SDr 位置变量监测模型 $y=4.772-2.329x_{SDr}$，$R^2=0.855$，$RMSE=0.183$，$RE=-0.44\%$；K2 处理氮含量监测模型精度最高为基于 TSAVI、Vog1 植被指数监测模型 $y=34.979-20.216x_{TSAVI}-7.247x_{Vog1}$，$R^2=0.748$，$RMSE=0.349$，$RE=4.77\%$；K3 处理氮含量监测模型精度最高为基于 1 449 nm、1 573 nm 一阶微分光谱反射率监测模型 $y=3.69+179.952x_{1449\,nm}-1\,007.09x_{1573\,nm}$，$R^2=0.745$，$RMSE=0.172$，$RE=0.82\%$；K4 处理氮含量监测模型精度最高为基于 408 nm 和 1 655 nm 一阶微分光谱反射率监测模型 $y=2.644-1\,099.12x_{408\,nm}-775.016x_{1655\,nm}$，$R^2=0.743$，$RMSE=0.246$，$RE=1.84\%$；合计钾处理氮含量监测模型精度最高为基于 541 nm、1 202 nm 和 2 343 nm 一阶微分光谱反射率监测模型 $y=3.975-1\,567.18x_{541\,nm}+1\,455.17x_{1202\,nm}-124.942x_{2343\,nm}$，$R^2=0.337$，$RMSE=0.694$，$RE=0.08\%$。

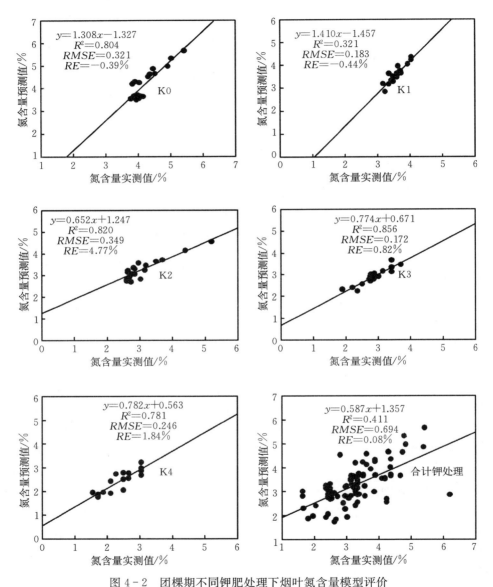

图 4-2　团棵期不同钾肥处理下烟叶氮含量模型评价

（注：$n=18$ 时，$P<0.05$，$R^2>0.197$；$P<0.01$，$R^2>0.315$。$n=90$ 时，$P<0.05$，$R^2>0.042$；$P<0.01$，$R^2>0.071$）

# 第二节　旺长期烟叶氮含量光谱遥感监测模型

## 一、旺长期烟叶训练样本和测试样本氮含量

由表4-5可知，旺长期鲜烟叶训练样本氮含量均表现为随施钾量的增加而降低，氮含量平均值最高在K0处理，为4.617%，氮含量最低在K4处理，为2.222%；合计钾处理烟叶氮含量平均值为3.443%。测试样本（表4-6）除K0处理外其他钾处理与氮含量呈负相关，氮含量平均值最高在K1处理为4.657%，最低在K4处理为2.434%，合计钾处理烟叶氮含量平均值为3.686%。通过分析标准差和标准误差可知，同一处理间样本氮含量的差异较小，不同处理间样本氮含量差异较明显。

表4-5　旺长期不同钾肥处理下鲜烟叶训练样本氮含量

单位：%

| 处理 | 样本数 $n$ | 最大值 | 最小值 | 平均值 | 标准差 | 标准误差 |
|------|--------|--------|--------|--------|--------|----------|
| K0 | 30 | 5.951 | 3.863 | 4.617 | 0.428 | 0.080 |
| K1 | 30 | 4.527 | 3.330 | 4.000 | 0.322 | 0.060 |
| K2 | 30 | 4.070 | 3.010 | 3.500 | 0.272 | 0.050 |
| K3 | 30 | 3.320 | 2.320 | 2.875 | 0.280 | 0.052 |
| K4 | 30 | 2.613 | 1.790 | 2.222 | 0.215 | 0.040 |
| 合计钾 | 150 | 5.951 | 1.790 | 3.443 | 0.893 | 0.073 |

表4-6　旺长期不同钾肥处理下鲜烟叶测试样本氮含量

单位：%

| 处理 | 样本数 $n$ | 最大值 | 最小值 | 平均值 | 标准差 | 标准误差 |
|------|--------|--------|--------|--------|--------|----------|
| K0 | 18 | 4.860 | 3.210 | 4.194 | 0.490 | 0.119 |
| K1 | 18 | 5.430 | 4.320 | 4.657 | 0.270 | 0.066 |
| K2 | 18 | 4.290 | 3.530 | 3.877 | 0.243 | 0.059 |
| K3 | 18 | 3.670 | 2.650 | 3.269 | 0.291 | 0.070 |
| K4 | 18 | 2.780 | 1.860 | 2.434 | 0.292 | 0.071 |
| 合计钾 | 90 | 5.430 | 1.860 | 3.686 | 0.839 | 0.089 |

## 二、旺长期光谱参数与烟叶氮含量相关性分析

从图4-3可知，旺长期K0、K1、K4处理原始光谱反射率与氮含量正相关，K2处理在350～383 nm光谱反射率与氮含量负相关，其余波段为正相关；K3处理在350～434 nm、2 001～2 049 nm、2 276～2 280 nm、2 291～2 314 nm、

2 347～2 363 nm、2 369～2 387 nm 光谱反射率与氮含量呈正相关,其余波段均为负相关。合计处理与氮含量相关性极显著的波段为 350～366 nm。K0 处理原始光谱反射率与氮含量相关性极显著的波段为 390～1 350 nm、1 446～1 800 nm、2 016～2 333 nm、2 388～2 395 nm。K1 处理与氮含量相关性极显著的波段为 350～496 nm、1 452～1 482 nm、1 794～1 800 nm。K2 处理与氮含量相关性极显著的波段为 446～717 nm、1 001～1 122 nm、2 370～2 374 nm。K3 处理与氮含量相关性极显著的波段为 350～385 nm。K4 处理与氮含量相关性极显著的波段为 350～388 nm、1 446～1 651 nm、1 662～1 669 nm、1 748～1 772 nm、1 777～1 789 nm、1 794～1 800 nm、2 043～2 308 nm、2 314～2 365 nm。不同处理烟叶原始光谱反射率与氮含量之间最大相关系数分别为合计处理在 358 nm ($r=0.222$),K0 处理在 688 nm ($r=0.689$),K1 处理在 365 nm ($r=0.757$),K2 处理在 636 nm ($r=-0.588$),K3 处理在 350 nm ($r=0.573$),K4 处理在 351 nm ($r=0.636$)。旺长期烟叶对氮的吸收量大来满足烟株生长的需要,吸收多,反射率小,因此该时期氮含量与光谱反射率相关性低,且最大相关性集中在可见光波段范围。

　　微分变换后光谱反射率与氮含量的相关性增强。旺长期不同钾处理烟叶氮含量与一阶微分光谱反射率相关性最大波段分别为:合计钾处理在 1 669 nm ($r=-0.290$),K0 处理在 1 332 nm ($r=-0.749$),K1 处理在 1 640 nm ($r=0.608$),K2 处理在 444 nm ($r=-0.658$),K3 处理在 1 667 nm ($r=-0.641$),K4 处理在 984 nm ($r=-0.637$)。

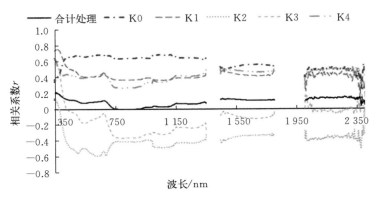

图 4-3　旺长期原始光谱与烟叶氮含量相关性分析

(注:$n=30$ 时,$P<0.05$,$|r|>0.349$;$P<0.01$,$|r|>0.449$。$n=150$ 时,$P<0.05$,$|r|>0.159$;$P<0.01$,$|r|>0.208$)

　　由表 4-7 可知,旺长期不同钾处理烟叶氮含量与位置变量相关性差异较

表4-7　旺长期植被指数与烟叶氮含量相关性分析

| 处理 | 位置变量 | 植被指数 |
|---|---|---|
| K0 (n=30) | Db (0.616)**, SDb (0.625)**, Dy (−0.633)**, SDy (0.618)**, Dr (0.612)**, SDr (0.609)**, Rg (0.658)**, Rr (0.679)**, SDr/SDb (−0.470)**, SDr/SDy (−0.478)**, (SDr−SDb)/(SDr+SDb) (−0.478)**, (SDr−SDy)/(SDr+SDy) (−0.484)** | RVI (−0.481)**, DVI (0.604)**, SAVI (0.500)**, TSAVI (0.683)**, MSAVI2 (0.577)**, RDVI (0.532)**, GM1 (−0.498)**, GM2 (−0.503)**, CCII (0.634)**, TCARI (0.637)**, Vog1 (−0.531)**, Vog2 (0.526)**, Vog3 (0.523)**, SR (−0.471)**, PRI (0.511)**, PRII (−0.485)**, PRI2 (−0.511)**, CRI1 (−0.592)**, CRI2 (−0.589)**, PSSRa (−0.474)**, PSSRb (−0.490)**, NDNI (0.583)**, SG (0.666)**, NDVI705 (−0.519)**, mNDVI705 (−0.522)**, PSADb (−0.487)** |
| K1 (n=30) | Db (0.368)*, SDb (0.362)*, SDy (0.381)*, Rg (0.405)*, Rr (0.440)* | TSAVI (0.438)*, TCARI (0.379)*, CCII (0.376)*, CRI1 (−0.447)*, CRI2 (−0.455)*, SG (0.410)* |
| K2 (n=30) | λg (−0.465)**, Rg (−0.491)**, Rr (−0.530)** | TSAVI (−0.547)**, CCII (−0.475)**, CRI1 (0.559)**, CRI2 (0.535)**, SG (−0.518)**, Lic2 (0.506)** |
| K3 (n=30) | Dr (−0.408)*, SDr (−0.384)*, Rg/Rr (−0.429)*, (Rg−Rr)/(Rg+Rr) (−0.395)* | OSAVI (−0.467)**, PPR (−0.486)**, DVI (−0.395)*, SAVI (−0.435)*, MSAVI2 (−0.416)*, RDVI (−0.433)*, NRI (−0.389)*, Lic2 (0.397)*, VARI_green (−0.423)* |
| K4 (n=30) | λr (−0.364)*, Db (0.380)*, SDb (0.366)*, Rg (0.391)*, Rr (0.447)*, SDr/SDb (−0.416)*, SDr/SDy (−0.414)*, (SDr−SDb)/(SDr+SDb) (−0.433)*, (SDr−SDy)/(SDr+SDy) (−0.443)* | NDWI (−0.506)**, WI (−0.551)**, NDII (−0.500)** |
| 合计钾 (n=150) | / | RVI (−0.161)*, NDWI (−0.189)*, WI (−0.201)**, PSSRa (−0.164)*, mSR705 (−0.162)*, NDII (−0.196)* |

注：$n=30$时，$P<0.05$，$R^2>0.122$；$P<0.01$，$R^2>0.202$。$n=150$时，$P<0.05$，$R^2>0.025$；$P<0.01$，$R^2>0.043$。

大。K0 处理氮含量与位置变量相关性最强，其次为 K4 处理，K1、K2、K3 处理相关性较低。旺长期不同钾处理与烟叶氮含量相关性显著、极显著的位置变量分别为合计钾处理无显著相关变量，K0 处理 12 个，分别为 Db、SDb、Dy、SDy、Dr、SDr、Rg、Rr、SDr/SDb、SDr/SDy、（SDr－SDb）/（SDr＋SDb）、（SDr－SDy）/（SDr＋SDy）；K1 处理 5 个，分别为 Db、SDb、SDy、Rg、Rr；K2 处理 3 个，分别为 λg、Rg、Rr；K3 处理 4 个，分别为 Dr、SDr、Rg/Rr、（Rg－Rr）/（Rg＋Rr）；K4 处理 9 个，分别为 λr、Db、SDb、Rg、Rr、SDr/SDb、SDr/SDy、（SDr－SDb）/（SDr＋SDb）、（SDr－SDy）/（SDr＋SDy）。相关性最大位置变量分别为合计钾处理 λr（$r＝－0.158$），K0 处理 Rr（$r＝0.679$），K1 处理 Rr（$r＝0.440$），K2 处理 Rr（$r＝－0.530$），K3 处理 Rg/Rr（$r＝－0.429$），K4 处理 Rr（$r＝0.447$）。旺长期不同钾处理烟叶氮含量与位置变量最大相关性在波段上表现为主要集中在红光波段范围（640～680 nm）。

旺长期鲜烟叶氮含量与植被指数相关性因不同钾处理差异较大，K0 处理氮含量与位置变量相关性最强，其次为 K2 处理，再次为 K4 处理，K3 处理相关性最低。旺长期不同钾处理与烟叶氮含量相关性显著、极显著的植被指数分别为合计钾处理 RVI、NDWI、WI、PSSRa、mSR705、NDII；K0 处理 26 个，分别为 RVI、DVI、SAVI、TSAVI、MSAVI2、RDVI、GM1、GM2、CCII、TCARI、Vog1、Vog2、Vog3、SR、PRI、PRI1、PRI2、CRI1、CRI2、PSSRa、PSSRb、NDNI、SG、NDVI705、mNDVI705、PSADb；K1 处理 6 个，分别为 TSAVI、TCARI、CCII、CRI1、CRI2、SG；K2 处理 6 个，分别为 TSAVI、CCII、CRI1、CRI2、SG、Lic2；K3 处理 9 个，分别为 OSAVI、PPR、DVI、SAVI、MSAVI2、RDVI、NRI、Lic2、VARI _ green；K4 处理 3 个，分别为 NDWI、WI、NDII。相关性最大为合计钾处理 WI（$r＝－0.201$），K0 处理 TSAVI（$r＝0.683$），K1 处理 CRI2（$r＝－0.455$），K2 处理 CRI1（$r＝0.559$），K3 处理 PPR（$r＝－0.486$），K4 处理 WI（$r＝－0.551$）。

### 三、旺长期烟叶氮含量光谱遥感监测模型建立

表 4-8 为旺长期不同钾肥处理条件下鲜烟叶氮含量光谱遥感监测模型，由表中可知（K3 除外），应用一阶微分光谱建立的模型拟合精度最高，其次为原始光谱，再次为植被指数，拟合精度最低为位置变量建立的模型。

从特征变量来看，不同处理的特征变量差异较大，表明不同钾水平对氮含量的影响较大。结合相关分析筛选出自变量对应的波长值，得出 K0 处理鲜烟叶氮含量原始光谱反射率的特征波长为 623 nm、688 nm、2 373 nm，一阶微分光谱的特征波长为 1 266 nm、1 332 nm，位置变量的特征变量为 Rr，植被指数

的特征变量为 TSAVI。K1 处理鲜烟叶氮含量原始光谱反射率的特征波长为 365 nm，一阶微分光谱的特征波长为 1 270 nm、1 640 nm、1 707 nm。K2 处理鲜烟叶氮含量原始光谱反射率的特征波长为 353 nm、1 452 nm、638 nm，一阶微分光谱的特征波长为 444 nm、1 757 nm、2 162 nm。K3 处理鲜烟叶氮含量原始光谱反射率的特征波长为 350 nm、1 347 nm、2 371 nm，一阶微分光谱的特征波长为 1 051 nm、1 667 nm、1 687 nm，植被指数的特征变量为 PPR、OSAVI、NRI。K4 处理鲜烟叶氮含量原始光谱反射率的特征波长为 351 nm、2 317 nm、2 374 nm，一阶微分光谱的特征波长为 984 nm、1 669 nm、2 326 nm。合计钾处理烟叶氮含量一阶微分光谱的特征波长为 359 nm、1 669 nm、2 216 nm。

表 4-8　旺长期不同钾肥处理下鲜烟叶氮含量光谱遥感监测模型

| 处理 | 建模变量 | 回归方程 | 特征变量 | $R^2$ | $P$ |
|------|---------|---------|---------|-------|-----|
| K0 ($n=30$) | 原始光谱 | $y=3.748-77.709x_{623\,nm}+112.332x_{688\,nm}-14.54x_{2373\,nm}$ | 623 nm、688 nm、2 373 nm | 0.639 | <0.01 |
| | 一阶光谱 | $y=3.383-1\,285.131x_{1266\,nm}-446.298x_{1332\,nm}$ | 1 266 nm、1 332 nm | 0.716 | <0.01 |
| | 位置变量 | $y=3.793+18.593x_{Rr}$ | Rr | 0.461 | <0.01 |
| | 植被指数 | $y=-6.197+10.023x_{TSAVI}$ | TSAVI | 0.466 | <0.01 |
| K1 ($n=30$) | 原始光谱 | $y=2.797+55.543x_{365\,nm}$ | 365 nm | 0.574 | <0.01 |
| | 一阶光谱 | $y=3.725-1\,227.626x_{1270\,nm}+1\,164.453x_{1640\,nm}+931.693x_{1707\,nm}$ | 1 270 nm、1 640 nm、1 707 nm | 0.747 | <0.01 |
| | 位置变量 | $y=62.449+23.753x_{Rr}-0.089x_{\lambda v}$ | Rr、λv | 0.336 | <0.01 |
| | 植被指数 | $y=4.44-0.039x_{CRI2}$ | CRI2 | 0.207 | <0.01 |
| K2 ($n=30$) | 原始光谱 | $y=3.668+31.507x_{353\,nm}-9.005x_{1452\,nm}-3.57x_{638\,nm}$ | 353 nm、1 452 nm、638 nm | 0.573 | <0.01 |
| | 一阶光谱 | $y=4.205-1\,313.86x_{444\,nm}+617.913x_{1757\,nm}-167.529x_{2162\,nm}$ | 444 nm、1 757 nm、2 162 nm | 0.759 | <0.01 |
| | 位置变量 | $y=4.021-12.02x_{Rr}$ | Rr | 0.281 | <0.01 |
| | 植被指数 | $y=2.896+0.07x_{Lic1}$ | Lic1 | 0.312 | <0.01 |

（续）

| 处理 | 建模变量 | 回归方程 | 特征变量 | $R^2$ | $P$ |
|---|---|---|---|---|---|
| K3<br>($n=30$) | 原始光谱 | $y=2.683+53.52x_{350\,nm}-4.515x_{1347\,nm}+9.383x_{2371\,nm}$ | 350 nm、<br>1 347 nm、<br>2 371 nm | 0.752 | <0.01 |
| | 一阶光谱 | $y=3.117+421.706x_{1051\,nm}-1\,077.244x_{1667\,nm}+1\,025.838x_{1687\,nm}$ | 1 051 nm、<br>1 667 nm、<br>1 687 nm | 0.689 | <0.01 |
| | 位置变量 | $y=4.328-0.395x_{Rg/Rr}$ | Rg/Rr | 0.184 | <0.01 |
| | 植被指数 | $y=8.56-10.796x_{PPR}-5.363x_{OSAVI}-9.242x_{NRI}$ | PPR、OSAVI、<br>NRI | 0.463 | <0.01 |
| K4<br>($n=30$) | 原始光谱 | $y=1.602+21.951x_{351\,nm}+8.102x_{2317\,nm}-9.499x_{2374\,nm}$ | 351 nm、<br>2 317 nm、<br>2 374 nm | 0.599 | <0.01 |
| | 一阶光谱 | $y=2.729-773.321x_{984\,nm}-867.785x_{1669\,nm}-58.848x_{2326\,nm}$ | 984 nm、<br>1 669 nm、<br>2 326 nm | 0.804 | <0.01 |
| | 位置变量 | $y=1.966+6.179x_{Rr}$ | Rr | 0.200 | <0.01 |
| | 植被指数 | $y=6.953-4.171x_{WI}$ | WI | 0.303 | <0.01 |
| 合计钾<br>($n=150$) | 原始光谱 | $y=2.78+686.163x_{358\,nm}-660.681x_{360\,nm}$ | 358 nm、<br>360 nm | 0.091 | <0.01 |
| | 一阶光谱 | $y=3.526-1\,548.656x_{359\,nm}-1\,823.898x_{1669\,nm}+544.457x_{2216\,nm}$ | 359 nm、<br>1 669 nm、<br>2 216 nm | 0.225 | <0.01 |
| | 位置变量 | / | / | / | / |
| | 植被指数 | $y=10.868-6.557x_{WI}$ | WI | 0.040 | <0.01 |

注：$n=30$ 时，$P<0.05$，$R^2>0.122$；$P<0.01$，$R^2>0.202$。$n=150$ 时，$P<0.05$，$R^2>0.025$；$P<0.01$，$R^2>0.043$。

## 四、旺长期烟叶氮含量光谱遥感监测模型评价

通过对以上所建立的模型进行评价（图 4 - 4），K0 处理氮含量精度最高模型为基于 1 266 nm、1 332 nm 一阶微分光谱反射率监测模型 $y=3.383-1\,285.131x_{1\,266\,nm}-446.298x_{1\,332\,nm}$，$R^2=0.716$，$RMSE=0.327$，$RE=-3.99\%$；K1 处理氮含量精度最高模型为基于 1 270 nm、1 640 nm 和 1 707 nm 一阶微分光谱反射率监测模型 $y=3.725-1\,227.626x_{1\,270\,nm}+1\,164.453x_{1\,640\,nm}+$

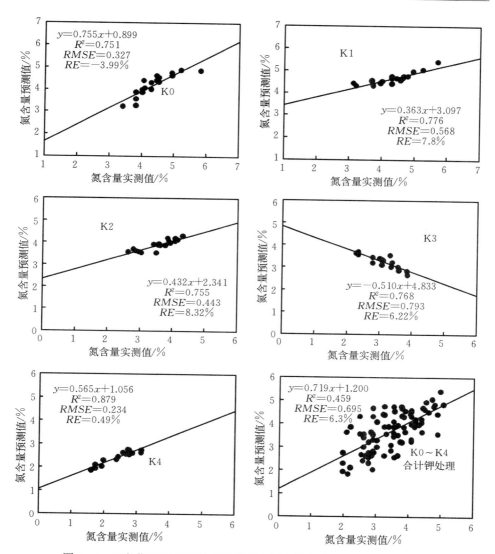

图 4 - 4 旺长期不同钾肥处理下鲜烟叶氮含量光谱遥感监测模型评价

（注：$n=18$ 时，$P<0.05$，$R^2>0.197$；$P<0.01$，$R^2>0.315$。$n=90$ 时，$P<0.05$，$R^2>0.042$；$P<0.01$，$R^2>0.071$）

$931.693x_{1707\,nm}$，$R^2=0.747$，$RMSE=0.568$，$RE=7.8\%$；K2 处理氮含量精度最高模型为基于 444 nm、1 757 nm 和 2 162 nm 一阶微分光谱反射率监测模型 $y=4.205-1\,313.86x_{444\,nm}+617.913x_{1757\,nm}-167.529x_{2162\,nm}$，$R^2=0.759$，$RMSE=0.443$，$RE=8.32\%$；K3 处理氮含量精度最高模型为基于 1 051 nm、

1 667 nm 和 1 687 nm 一阶微分光谱反射率监测模型 $y=3.117+421.706x_{1051\,nm}-1\,077.244x_{1667\,nm}+1\,025.838x_{1687\,nm}$，$R^2=0.689$，$RMSE=0.793$，$RE=6.22\%$；K4 处理氮含量精度最高模型为基于 984 nm、1 669 nm 和 2 326 nm 一阶微分光谱反射率监测模型 $y=2.729-773.321x_{984\,nm}-867.785x_{1669\,nm}-58.848x_{2326\,nm}$，$R^2=0.804$，$RMSE=0.234$，$RE=0.49\%$；K0～K4 合计钾处理氮含量精度最高模型为基于 359 nm、1 669 nm 和 2 216 nm 一阶微分光谱反射率监测模型 $y=3.526-1\,548.656x_{359\,nm}-1\,823.898x_{1669\,nm}+544.457x_{2216\,nm}$，$R^2=0.225$，$RMSE=0.695$，$RE=6.3\%$。

## 第三节　打顶期烟叶氮含量光谱遥感监测模型

### 一、打顶期烟叶训练样本和测试样本氮含量

由表 4-9、表 4-10 可知，打顶期训练集和测试集烟叶氮含量在 5 个钾肥处理均表现为随施钾量的增加而降低。其中训练集氮含量平均值最高在 K0 处理为 3.602%，氮含量平均值最低在 K4 处理为 1.740%；合计钾处理平均氮含量为 2.645%。测试集氮含量平均值最高在 K0 处理为 2.896%，平均值最低在 K4 处理为 1.545%，合计钾处理平均氮含量为 2.181%。通过分析标准差和标准误差可知，同一处理间样本氮含量的差异较小，不同处理间样本氮含量差异较明显。

表 4-9　打顶期不同钾肥处理下鲜烟叶训练集氮含量

单位：%

| 处理 | 样本数 $n$ | 最大值 | 最小值 | 平均值 | 标准差 | 标准误差 |
|---|---|---|---|---|---|---|
| K0 | 30 | 4.144 | 3.231 | 3.602 | 0.238 | 0.044 |
| K1 | 30 | 3.320 | 2.860 | 3.142 | 0.115 | 0.021 |
| K2 | 30 | 3.030 | 2.320 | 2.587 | 0.179 | 0.033 |
| K3 | 30 | 2.510 | 1.780 | 2.153 | 0.161 | 0.030 |
| K4 | 30 | 2.080 | 1.420 | 1.740 | 0.158 | 0.029 |
| 合计钾 | 150 | 4.144 | 1.420 | 2.645 | 0.690 | 0.057 |

表 4-10　打顶期不同钾肥处理下鲜烟叶测试集氮含量

单位：%

| 处理 | 样本数 $n$ | 最大值 | 最小值 | 平均值 | 标准差 | 标准误差 |
|---|---|---|---|---|---|---|
| K0 | 18 | 3.450 | 2.050 | 2.896 | 0.377 | 0.091 |
| K1 | 18 | 3.020 | 1.570 | 2.332 | 0.371 | 0.090 |

（续）

| 处理 | 样本数 $n$ | 最大值 | 最小值 | 平均值 | 标准差 | 标准误差 |
|---|---|---|---|---|---|---|
| K2 | 18 | 2.560 | 1.517 | 2.179 | 0.256 | 0.062 |
| K3 | 18 | 2.470 | 1.580 | 1.953 | 0.276 | 0.067 |
| K4 | 18 | 2.234 | 1.050 | 1.545 | 0.417 | 0.101 |
| 合计钾 | 90 | 3.450 | 1.050 | 2.181 | 0.563 | 0.060 |

## 二、打顶期光谱参数与烟叶氮含量相关性分析

图 4-5 表明，打顶期不同钾处理下原始光谱反射率与氮含量呈负相关，且不同处理相关性差异明显，相关性大小表现为 K2＞K0＞K1＞K3＞K4。打顶期不同钾处理烟叶氮含量与原始光谱反射率相关性最大波段分别为合计钾处理在 511 nm（$r=-0.273$），K0 处理在 727 nm、728 nm（$r=-0.845$），K1 处理在 713 nm（$r=-0.923$），K2 处理在 712~714 nm（$r=-0.954$），K3 处理在 714 nm（$r=-0.793$），K4 处理在 708~712 nm（$r=-0.703$）。

微分变换后光谱反射率与叶片氮含量的相关性增强。打顶期不同钾处理烟叶氮含量与一阶微分光谱反射率相关性最大波段分别为合计钾处理在 983 nm（$r=-0.325$），K0 处理在 709 nm（$r=-0.857$），K1 处理在 526 nm（$r=-0.925$），K2 处理在 698 nm（$r=-0.939$），K3 处理在 570 nm（$r=0.822$），K4 处理在 964 nm（$r=-0.785$）。

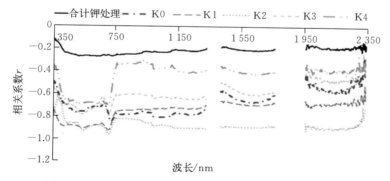

图 4-5　打顶期原始光谱反射率与烟叶氮含量相关性分析

（注：$n=30$ 时，$P<0.05$，$|r|>0.349$；$P<0.01$，$|r|>0.449$。$n=150$ 时，$P<0.05$，$|r|>0.159$；$P<0.01$，$|r|>0.208$）

由表 4-11 可知，不同钾肥处理下氮含量与位置变量相关性较强，多数变量的相关性均达到 0.01 极显著水平。不同处理相关性差异明显，总体来说表

表 4-11　打顶期不同钾肥处理下植被变量与烟叶氮含量相关性分析

| 处理 | 位置变量 | 植被指数 |
|---|---|---|
| K0 (n=30) | Db (−0.689)**, SDb (−0.716)**, SDy (−0.737)**, Dr (−0.762)**, SDr (−0.755)**, Rg (−0.759)**, Rr (−0.704)** | DVI (−0.769)**, SAVI (−0.730)**, TSAVI (−0.718)**, MSAVI2 (−0.758)**, RDVI (−0.733)**, CCII (−0.662)**, TCARI (−0.735)**, OSAVI (−0.590)**, CRI1 (0.755)**, CRI2 (0.760)**, NDNI (−0.694)**, SG (−0.751)** |
| K1 (n=30) | λg (−0.523)**, λv (−0.470)**, Db (−0.905)**, SDb (−0.882)**, Dy (0.580)**, SDy (−0.889)**, Dr (−0.703)**, SDr (−0.710)**, Rg (−0.906)**, Rr (−0.862)**, SDr/SDy (0.470)**, (SDr−SDb)/(SDr+SDb) (0.465)**, (SDr−SDy)/(SDr+SDy) (0.504)** | RVI (0.643)**, NDVI (0.674)**, DVI (−0.713)**, SAVI (−0.624)**, TSAVI (−0.864)**, MSAVI2 (−0.686)**, RDVI (−0.640)**, GMI (0.523)**, GM2 (0.541)**, CCII (−0.861)**, TCARI (−0.892)**, Vog1 (0.563)**, Vog2 (−0.540)**, Vog3 (−0.535)**, SR (0.660)**, PRI (−0.575)**, PRI1 (0.628)**, PRI2 (0.575)**, SIPI (0.685)**, CRI1 (0.685)**, CRI2 (0.801)**, SG (0.800)**, PSSRa (0.661)**, PSSRb (0.564)**, NDNI (−0.680)**, mNDVI705 (0.548)**, (−0.898)**, NDVI705 (0.589)**, mSR705 (0.663)**, PSADa (0.695)**, PSADb (0.617)**, Lic1 (0.695)**, NDII (0.470)**, PSADc (0.671)** |
| K2 (n=30) | λr (0.473)**, λg (−0.719)**, Db (−0.916)**, SDb (−0.904)**, SDy (−0.918)**, Dr (−0.736)**, SDr (−0.770)**, Rg (−0.923)**, Rr (−0.888)**, Rg/Rr (0.572)**, (Rg−Rr)/(Rg+Rr) (0.533)**, SDr/SDb (0.565)**, SDr/SDy (0.634)**, (SDr−SDb)/(SDr+SDb) (0.519)**, (SDr−SDy)/(SDr+SDy) (0.600)** | RVI (0.753)**, NDVI (0.667)**, DVI (−0.778)**, SAVI (−0.670)**, TSAVI (−0.894)**, MSAVI2 (−0.753)**, RDVI (−0.678)**, GMI (0.676)**, GM2 (0.687)**, CCII (−0.878)**, TCARI (−0.916)**, NRI (0.510)**, NDWI (0.814)**, WI (0.815)**, Vog1 (0.719)**, Vog2 (−0.723)**, Vog3 (0.633)**, (−0.726)**, SR (0.754)**, PRI (−0.633)**, PRI1 (0.603)**, PRI2 (0.633)**, SIPI (0.672)**, CRI1 (0.885)**, CRI2 (0.876)**, PSSRa (0.765)**, PSSRb (0.687)**, NDNI (−0.717)**, SG (−0.907)**, NDVI705 (0.669)**, mSR705 (0.648)**, mNDVI705 (0.628)**, Lic1 (0.687)**, VARI_green (0.519)**, VARI_700 (0.530)**, NDII (0.836)**, PSADa (0.687)**, PSADb (0.602)**, PSADc (0.650)** |

（续）

| 处理 | 位置变量 | 植被指数 |
|---|---|---|
| K3 ($n=30$) | Db（−0.757）**，SDb（−0.752）**，SDy（−0.775）**，Dr（−0.591）**，SDr（−0.580）**，Rg（−0.778）**，Rr（−0.621）** | DVI（−0.574）**，SAVI（−0.516）**，TSAVI（−0.633）**，MSAVI2（−0.560）**，RDVI（−0.523）**，CCII（−0.725）**，TCARI（−0.779）**，CRII（0.602）**，CRI2（0.615）**，NDNI（−0.786）**，SG（−0.769）** |
| K4 ($n=30$) | λr（0.492）**，Db（−0.651）**，SDb（−0.632）**，SDy（−0.653）**，Rg（−0.683）**，Rr（−0.670）**，SDr/SDb（0.488）**，SDr/SDy（0.514）** | RVI（0.596）**，NDVI（0.580）**，TSAVI（−0.662）**，GMI（0.531）**，GM2（0.556）**，CCII（−0.639）**，TCARI（−0.656）**，Vog1（0.587）**，Vog2（−0.607）**，Vog3（−0.608）**，SR（0.591）**，PRI（−0.576）**，PRI1（0.592）**，PRI2（0.576）**，SIPI（0.535）**，CRI1（0.692）**，CRI2（0.683）**，PSSRa（0.594）**，PSSRb（0.562）**，SG（−0.682）**，NDVI705（0.534）**，mSR705（0.486）**，mNDVI705（0.518）**，Lic1（0.578）**，PSA-Da（0.578）**，PSADb（0.505）**，PSADc（0.507）** |
| 合计钾 ($n=150$) | Db（−0.249）**，SDb（−0.259）**，SDy（−0.248）**，Dr（−0.224）**，SDr（−0.242）**，Rg（−0.267）**，Rr（−0.261）** | DVI（−0.245）**，SAVI（−0.223）**，TSAVI（−0.263）**，MSAVI2（−0.240）**，RDVI（−0.224）**，CCII（−0.237）**，TCARI（−0.254）**，CRI1（0.266）**，CRI2（0.270）**，NDNI（−0.246）**，SG（−0.269）** |

注：$n=30$ 时，$P<0.05$，$R^2>0.122$；$P<0.01$，$R^2>0.202$。$n=150$ 时，$P<0.05$，$R^2>0.025$；$P<0.01$，$R^2>0.043$。

现为 K2＞K1＞K4＞K3、K0。而蓝边幅值（Db）、蓝边面积（SDb）、黄边面积（SDy）、红边幅值（Dr）、红边面积（SDr）、绿峰幅值（Rg）、红光吸收谷幅值（Rr）与 5 个处理氮含量均为极显著相关的变量，且均为负相关关系。相关性最大为合计钾处理 Rg（$r=-0.267$），K0 处理 Dr（$r=-0.762$），K1 处理 Rg（$r=-0.906$），K2 处理 Rg（$r=-0.923$），K3 处理 Rg（$r=-0.778$），K4 处理 Rg（$r=-0.683$）。

植被指数 TSAVI、CCII、TCARI、CRI1、CRI2、NDNI、SG 与 5 个处理氮含量均极显著相关，其中 CRI1、CRI2 与氮含量正相关，TSAVI、CCII、TCARI、NDNI、SG 与氮含量负相关。相关性最大为合计钾处理 CRI2（$r=0.270$），K0 处理 DVI（$r=-0.769$），K1 处理 SG（$r=-0.898$），K2 处理 TCARI（$r=-0.916$），K3 处理 NDNI（$r=-0.786$），K4 处理 CRI1（$r=0.692$）。

### 三、打顶期烟叶氮含量光谱遥感监测模型建立

表 4-12 为打顶期不同钾肥处理条件下鲜烟叶氮含量光谱遥感监测模型。发现应用原始光谱反射率和一阶微分光谱反射率建立的模型拟合度最高，其次为位置变量和植被指数。在原始光谱反射率建立的所有模型中，可以看到其特征波段在 700 nm 附近，表明 700 nm 波段为打顶期不同钾处理氮含量诊断的关键波段。在位置变量建立的所有模型中，除 K0 外，其他钾肥处理特征变量均为绿峰幅值 Rg，可尝试结合 Rg 和氮含量对烟叶钾处理做定量监测。

结合相关分析结果和回归方程筛选不同钾处理氮含量特征光谱变量，表明 K0 处理烟叶氮含量原始光谱特征波段为 727 nm，一阶微分光谱特征波段为 709 mn，位置变量特征变量为 Dr、λv，植被指数特征变量为 DVI、CRI2。K1 处理原始光谱特征波段 713 nm，一阶微分光谱特征波段为 526 nm，位置变量特征变量为 Rg，植被指数特征变量为 SG。K2 处理烟叶氮含量原始光谱特征波段为 713 nm，一阶微分光谱特征波段为 698 nm，位置变量特征变量为 Rg，植被指数特征变量为 TCARI。K3 处理烟叶氮含量原始光谱特征波段为 714 nm，一阶微分光谱的特征波长为 570 nm，位置变量特征变量为 Rg，植被指数特征变量为 NDNI。K4 处理烟叶氮含量原始光谱特征波段为 711 nm、2 350 nm，一阶微分光谱特征波段为 964 nm，位置变量特征变量为 Rg，植被指数特征变量为 CRI1。合计钾处理烟叶氮含量原始光谱反射率的特征波长为 628 nm，一阶微分光谱特征波段为 557 nm、805 nm、983 nm，位置变量特征变量为 Rg，植被指数的特征变量为 CRI2、PSSRa。

**表 4 - 12　打顶期不同钾肥处理下鲜烟叶氮含量光谱遥感监测模型**

| 处理 | 建模变量 | 回归方程 | 特征变量 | $R^2$ | $P$ |
|---|---|---|---|---|---|
| K0<br>($n=30$) | 原始光谱 | $y=5.053-3.716x_{727\,nm}$ | 727 nm | 0.713 | <0.01 |
| | 一阶光谱 | $y=5.089-148.13x_{709\,nm}$ | 709 nm | 0.734 | <0.01 |
| | 位置变量 | $y=50.088-116.233x_{Dr}-0.068x_{\lambda v}$ | Dr、λv | 0.786 | <0.01 |
| | 植被指数 | $y=3.897-1.78x_{DVI}+0.047x_{CRI2}$ | DVI、CRI2 | 0.766 | <0.01 |
| K1<br>($n=30$) | 原始光谱 | $y=3.643-2.271x_{713\,nm}$ | 713 nm | 0.851 | <0.01 |
| | 一阶光谱 | $y=3.595-228.472x_{526\,nm}$ | 526 nm | 0.856 | <0.01 |
| | 位置变量 | $y=3.559-4.306x_{Rg}$ | Rg | 0.82 | <0.01 |
| | 植被指数 | $y=3.544-5.65x_{SG}$ | SG | 0.807 | <0.01 |
| K2<br>($n=30$) | 原始光谱 | $y=3.498-3.847x_{713\,nm}$ | 713 nm | 0.910 | <0.01 |
| | 一阶光谱 | $y=3.418-110.868x_{698\,nm}$ | 698 nm | 0.882 | <0.01 |
| | 位置变量 | $y=3.34-7.116x_{Rg}$ | Rg | 0.852 | <0.01 |
| | 植被指数 | $y=3.383-3.522x_{TCARI}$ | TCARI | 0.838 | <0.01 |
| K3<br>($n=30$) | 原始光谱 | $y=3.171-3.947x_{714\,nm}$ | 714 nm | 0.628 | <0.01 |
| | 一阶光谱 | $y=3.109+561.37x_{570\,nm}$ | 570 nm | 0.676 | <0.01 |
| | 位置变量 | $y=3.024-7.872x_{Rg}$ | Rg | 0.606 | <0.01 |
| | 植被指数 | $y=3.937-9.82x_{NDNI}$ | NDNI | 0.618 | <0.01 |
| K4<br>($n=30$) | 原始光谱 | $y=2.466-4.28x_{711\,nm}+3.318x_{2350\,nm}$ | 711 nm、2 350 nm | 0.565 | <0.01 |
| | 一阶光谱 | $y=1.512-610.118x_{964\,nm}$ | 964 nm | 0.617 | <0.01 |
| | 位置变量 | $y=2.286-5.448x_{Rg}$ | Rg | 0.466 | <0.01 |
| | 植被指数 | $y=1.253+0.039x_{CRI1}$ | CRI1 | 0.479 | <0.01 |
| 合计钾<br>($n=150$) | 原始光谱 | $y=3.449-17.115x_{628\,nm}$ | 628 nm | 0.074 | <0.01 |
| | 一阶光谱 | $y=4.599+1\,290.303x_{557\,nm}+$<br>$2\,052.911x_{805\,nm}-1\,514.005x_{983\,nm}$ | 557 nm、<br>805 nm、<br>983 nm | 0.251 | <0.01 |
| | 位置变量 | $y=3.537-8.655x_{Rg}$ | Rg | 0.071 | <0.01 |
| | 植被指数 | $y=2.411+0.132x_{CRI2}-0.087x_{PSSRa}$ | CRI2、PSSRa | 0.104 | <0.01 |

注：$n=30$ 时，$P<0.05$，$R^2>0.122$；$P<0.01$，$R^2>0.202$。$n=150$ 时，$P<0.05$，$R^2>0.025$；$P<0.01$，$R^2>0.043$。

## 四、打顶期烟叶氮含量光谱遥感监测模型评价

通过对以上所建立的模型进行评价（图 4 - 6），发现 K0 处理氮含量精度最高模型为基于 DVI、CRI2 植被指数监测模型 $y=3.897-1.78x_{DVI}+$

$0.047x_{CRI2}$，$R^2=0.766$，$RMSE=0.414$，$RE=-12.57\%$；K1 处理氮含量精度最高模型为基于 526 nm 一阶微分光谱反射率监测模型 $y=3.595-228.472x_{526\,nm}$，$R^2=0.856$，$RMSE=0.286$，$RE=-8.45\%$；K2 处理氮含量精度最高模型为基于 698 nm 一阶微分光谱反射率监测模型 $y=3.418-$

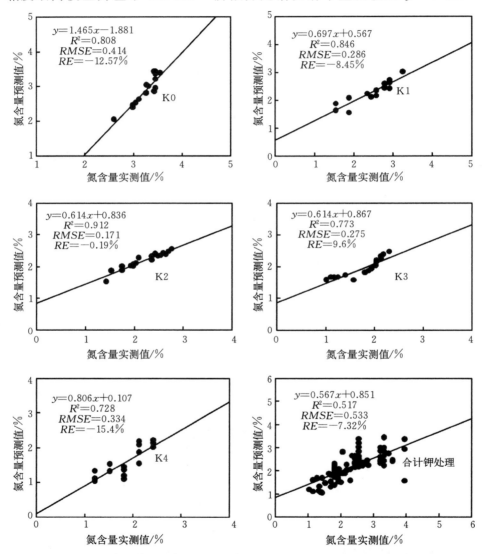

图 4-6　打顶期不同钾肥处理下鲜烟叶氮含量光谱遥感监测模型评价

（注：$n=18$ 时，$P<0.05$，$R^2>0.197$；$P<0.01$，$R^2>0.315$。$n=90$ 时，$P<0.05$，$R^2>0.042$；$P<0.01$，$R^2>0.071$）

$110.868x_{698\,nm}$，$R^2=0.882$，$RMSE=0.171$，$RE=-0.19\%$；K3 处理氮含量精度最高模型为基于 714 nm 原始光谱反射率监测模型 $y=3.171-3.947x_{714\,nm}$，$R^2=0.628$，$RMSE=0.275$，$RE=9.6\%$；K4 处理氮含量精度最高模型为基于 964 nm 一阶微分光谱反射率监测模型 $y=1.512-610.118x_{964\,nm}$，$R^2=0.617$，$RMSE=0.334$，$RE=-15.4\%$；合计钾处理氮含量精度最高模型为基于557 nm、805 nm 和983 nm 一阶微分光谱反射率监测模型 $y=4.599+1\,290.303x_{557\,nm}+2\,052.911x_{805\,nm}-1\,514.005x_{983\,nm}$，$R^2=0.251$，$RMSE=0.533$，$RE=-7.32\%$。

# 第四节　烟叶氮含量光谱遥感监测方法比较

以贾方方（2013）的研究内容为例，利用光谱指数法、逐步回归法、BP神经网络法监测烟叶叶片氮含量，比较分析得出各个模型的优缺点，以此提高烟叶氮含量的监测精度。

## 一、光谱指数法

分别计算比值植被指数（SRI）和归一化植被指数（NDVI）与烟叶氮含量的决定系数（$R^2$）。结果表明，SRI 的 $R^2$ 为 0.770，NDVI 的 $R^2$ 为 0.762，SRI 稍优于 NDVI。同时，决定系数高的比值植被指数（SRI）组合其相应的归一化植被指数（NDVI）组合表现也好。虽然相关性最好的波段达到 $P<0.01$ 的极显著水平，但是 350～2 500 nm 波段的总体相关性并不高。比值植被指数较好的组合波段为 450～700 nm 和 1 820～2 500 nm、700～750 nm 和 1 450～1 850 nm 的组合，归一化植被指数较好的组合波段在 420～455 nm 和 635～660 nm、460～500 nm 和 420～450 nm、1 950～2 150 nm 和 480～680 nm、2 300～2 500 nm 和 540～660 nm 的组合。与烟叶氮含量相关性最好的两个光谱指数分别为 SRI（590，1980）和 NDVI（1970，650）。图 4-7 直观地表现了烟叶氮含量同 SRI（590，1980）和 NDVI（1970，650）的关系。

基于烟叶氮含量的 SRI（a）和 NDVI（b）的关系分别筛选出了最优光谱指数，并建立了线性回归模型。SRI（590，1980）和 NDVI（1970，650）的决定系数（$R^2$）分别为 0.770 和 0.762，均方根误差（$RMSE$）分别为 0.26 和 0.51，相对误差绝对平均值（$\bar{K}$）分别为 0.05 和 0.11（图 4-7）。

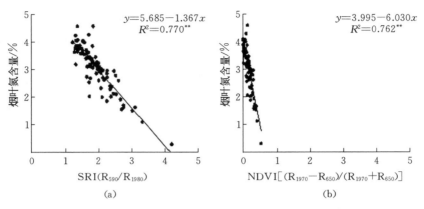

图 4-7 烟叶氮含量的 SRI（a）和 NDVI（b）的关系

图 4-8 和表 4-13 直观显示了各模型的监测能力。由此可见，监测烟叶氮含量的线性模型 SRI（590，1980）和 NDVI（1970，650）的实测值和监测值的决定系数 $R^2$ 分别为 0.805 和 0.838，说明监测的准确性较好。

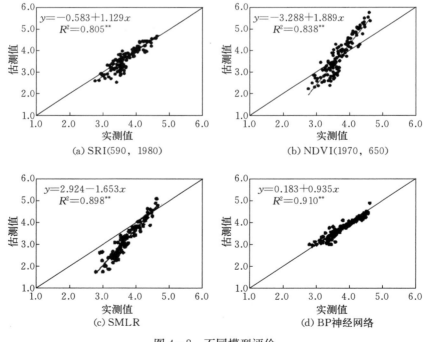

图 4-8 不同模型评价

表 4 - 13　不同建模方法比较

| 模型类型 | 方程 | 决定系数 $(R^2)$ | 均方根误差 $(RMSE)$ | 相对误差绝对平均值 $(\bar{K})$ |
|---|---|---|---|---|
| SRI | $y = 5.69 - 1.37x$ | $0.77^{**}$ | 0.26 | 0.05 |
| NDVI | $y = 4.00 - 6.03x$ | $0.76^{**}$ | 0.51 | 0.11 |
| SMLR | $y = 5.34 - 74.12\ [(R_{1570} - R_{730})/(R_{1570} + R_{730})] + 14.24\ (R_{550}/R_{2050}) - 1.93\ (R_{590}/R_{1970}) + 59.43\ [(R_{1600} - R_{730})/(R_{1600} + R_{730})] - 11.74\ (R_{550}/R_{2080}) - 4.15\ [(R_{1980} - R_{660})/(R_{1980} + R_{660})]$ | $0.86^{**}$ | 0.60 | 0.14 |
| BP | — | $0.90^{**}$ | 0.13 | 0.02 |

## 二、逐步回归法

根据烟叶氮含量的 SRI 和 NDVI 决定系数等势图，分别选取决定系数 $(R^2)$ 最高的前 20 个 SRI 和前 20 个 NDVI 作为逐步回归方程（SMLR）的自变量。经筛选，进入 SMLR 模型的光谱指数分别为：$(R_{1570} - R_{730})/(R_{1570} + R_{730})$、$R_{550}/R_{2050}$、$R_{590}/R_{1970}$、$(R_{1600} - R_{730})/(R_{1600} + R_{730})$、$R_{550}/R_{2080}$、$(R_{1980} - R_{660})/(R_{1980} + R_{660})$。SMLR 模型的 $R^2$ 为 0.86，明显高于 SRI（590，1980）和 NDVI（1970，650）的线性模型，$RMSE$ 和 $\bar{K}$ 分别为 0.60 和 0.14。图 4 - 8 和表 4 - 13 直接表明 SMLR 模型具有较高的精度，但其稳定性较低。

## 三、BP 神经网络法

以 SMLR 模型中的自变量作为输入层，烟叶氮含量作为输出层。BP 神经网络模型监测效果的 $R^2$ 为 0.86，$RMSE$ 为 0.28，$\bar{K}$ 为 0.02。其验证结果 $R^2$ 为 0.90，$RMSE$ 为 0.13，$\bar{K}$ 为 0.02。图 4 - 8 和表 4 - 13 直观表明了 BP 神经网络模型的准确性及稳定性更好。BP 神经网络模型产生了最大的 $R^2$ 和最小的 $RMSE$ 和 $\bar{K}$，监测效果和验证效果均最好。

# 第五节　烟碱含量光谱遥感监测

以贾方方（2013）的研究内容为例，利用光谱指数模型、SMLR 模型、BP 神经网络模型监测烟碱含量，比较分析得出各个模型的优缺点，以此提高烟碱含量的监测精度。

## 一、光谱指数模型监测

分别计算不同遮阳条件下烟叶烟碱含量的比值光谱指数（SRI）和归一化植被指数（NVDI）的决定系数。在 460～520 nm 和 420～460 nm、1 350～1 850 nm 和 500～730 nm、2 000～2 400 nm 和 500～730 nm 范围内 SRI 值与烟碱含量的决定系数较大，而在 510～750 nm 和 1 400～1 800 nm、420～470 nm 和 460～515 nm 范围内 NDVI 值与烟碱含量的决定系数较大。对选定的光谱范围进一步分析，最终选定与烟碱含量相关性最好的指数分别是 SRI（$R_{610}$，$R_{2150}$）和 NDVI（$R_{500}$，$R_{450}$），建立了监测烟叶烟碱含量的 SRI（$R_{450}$，$R_{500}$）模型和 NDVI（$R_{2150}$，$R_{610}$）模型（图 4 - 9）。决定系数分别为 0.810 和 0.796，表明线性模型监测烟碱含量的精确度较好。

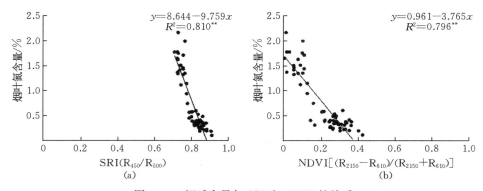

图 4 - 9　烟碱含量与 SRI 和 NDVI 的关系

## 二、SMLR 模型监测

选取决定系数 $R^2$ 值最大的前 20 个 SRI 值和前 20 个 NDVI 值作为独立的自变量来建立监测烟叶烟碱含量的 SMLR 模型，通过逐步回归筛选的光谱指数为 NDVI（$R_{2140}$，$R_{630}$）和 NDVI（$R_{2160}$，$R_{610}$）。SMLR 模型的 $R^2$ 为 0.842，高于 NDVI（2 150，610）和 SRI（450，500）两个线性模型的 $R^2$，因此，SMLR 模型监测烟碱含量具有较高的准确度。

## 三、BP 神经网络模型监测

BP 神经网络是一种按误差逆传播算法训练的多层前馈网络。采用了一个三层 BP 神经网络来监测烟叶的烟碱含量。这个 BP 神经网络由输入层（SMLR 模型中的独立变量）、隐藏层和输出层（烟碱含量）三层组成，可以模拟任意非线性的映射。

图 4-10 显示了 BP 神经网络模型的监测结果。BP 神经网络监测的决定系数 $R^2$ 为 0.956，均方根误差 $RMSE$ 为 0.120。表明 BP 神经网络在监测烟碱含量时精确度较好。

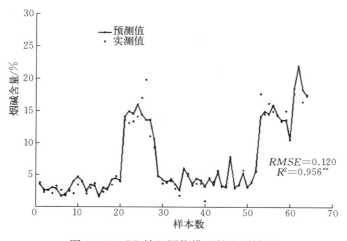

图 4-10 BP 神经网络模型的监测结果

# 第五章　烟叶磷钾含量与 SPAD 光谱遥感监测

## 第一节　不同生育期烟叶磷含量光谱遥感监测模型

### 一、团棵期烟叶磷含量光谱遥感监测模型

#### 1. 团棵期烟叶训练样本和测试样本磷含量

　　磷是核酸、核蛋白和磷脂的主要成分，参与了光合、呼吸过程。磷在保持细胞结构稳定、正常分裂、能量转化和遗传中发挥着不可替代的作用。它能促进脂肪合成和氮代谢，增强碳水化合物的合成和运输，增强烟株抗环境胁迫能力，促进叶片成熟，提高烟叶颜色和品质。从表 5-1、表 5-2 中可知，团棵期测试集和训练集五个钾处理与烟叶磷含量关系表现为负相关，即施钾量越高，烟叶磷含量越低。训练集五个钾处理中，磷含量平均值中的最大值在 K0 处理，为 0.346%，最小值在 K4 处理，为 0.184%。测试集五个钾处理中，磷含量平均值中的最大值在 K0 处理，为 0.335%，最小值在 K4 处理，为 0.189%。合计钾处理训练集中磷含量平均值为 0.251%，合计钾处理测试集磷含量平均值为 0.263%。

表 5-1　团棵期不同钾肥处理下鲜烟叶训练样本磷含量

单位：%

| 处理 | 样本数 $n$ | 最大值 | 最小值 | 平均值 | 标准差 | 标准误差 |
|------|-----------|--------|--------|--------|--------|----------|
| K0 | 30 | 0.401 | 0.288 | 0.346 | 0.029 | 0.005 |
| K1 | 30 | 0.320 | 0.220 | 0.278 | 0.024 | 0.004 |
| K2 | 30 | 0.295 | 0.185 | 0.236 | 0.025 | 0.005 |
| K3 | 30 | 0.240 | 0.180 | 0.211 | 0.017 | 0.003 |
| K4 | 30 | 0.215 | 0.135 | 0.184 | 0.020 | 0.004 |
| 合计钾 | 150 | 0.401 | 0.135 | 0.251 | 0.061 | 0.005 |

表 5-2　团棵期不同钾肥处理下鲜烟叶测试样本磷含量

单位：%

| 处理 | 样本数 $n$ | 最大值 | 最小值 | 平均值 | 标准差 | 标准误差 |
|------|-----------|--------|--------|--------|--------|----------|
| K0 | 18 | 0.400 | 0.220 | 0.335 | 0.042 | 0.010 |
| K1 | 18 | 0.330 | 0.250 | 0.292 | 0.022 | 0.005 |
| K2 | 18 | 0.400 | 0.190 | 0.264 | 0.051 | 0.012 |
| K3 | 18 | 0.280 | 0.190 | 0.237 | 0.024 | 0.006 |
| K4 | 18 | 0.230 | 0.150 | 0.189 | 0.023 | 0.005 |
| 合计钾 | 90 | 0.400 | 0.150 | 0.263 | 0.060 | 0.006 |

**2. 团棵期光谱参数与烟叶磷含量相关性分析**

图 5-1 表明，团棵期不同钾肥处理原始光谱反射率与磷含量呈极显著负相关，且不同处理相关性差异明显，相关性大小表现为 K4＞K0＞K1＞K3＞K2。团棵期合计处理原始光谱反射率与磷含量之间最大相关系数为 2 348 nm，$r=-0.318$；K0 处理原始光谱反射率与磷含量最大相关系数为 411 nm，$r=-0.72$；K1 处理原始光谱反射率与磷含量最大相关系数为 2 392 nm，$r=-0.672$；K2 处理原始光谱反射率与磷含量之间最大相关系数为 2 380 nm，$r=-0.22$；K3 处理原始光谱反射率与磷含量之间最大相关系数为 2 257 nm，$r=-0.573$；K4 处理原始光谱反射率与磷含量之间最大相关系数为 1 344 nm，$r=-0.918$。微分变换后光谱反射率与叶片磷含量的相关性增强。团棵期合计处理一阶微分光谱反射率与磷含量最大相关系数为 541 nm、584 nm、1 602 nm，$r=\pm0.454$；K0 处理一阶微分光谱反射率与磷含量最大相关系数为 677 nm，$r=-0.819$；K1 处理一阶微分光谱反射率与磷含量之间最大相关系数为 739 nm，$r=-0.75$；K2 处理一阶微分光谱反射率与磷含量最大相关系数为 745 nm，$r=-0.831$；K3 处理一阶微分光谱反射率与磷含量最大相关系数为 1 591 nm，$r=-0.663$；K4 处理一阶微分光谱反射率与磷含量之间最大相关系数为 1 591 nm，$r=-0.663$。

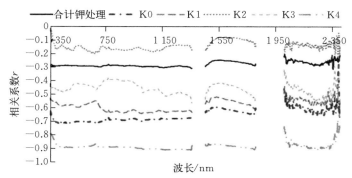

图 5-1　团棵期原始光谱与烟叶磷含量相关性分析

（注：$n=30$ 时，$P<0.05$，$|r|>0.349$；$P<0.01$，$|r|>0.449$。$n=150$ 时，$P<0.05$，$|r|>0.159$；$P<0.01$，$|r|>0.208$。下同）

由表 5-3 可知，不同钾肥处理下磷含量与位置变量相关性差异较大，总体来说相关性达到 0.01 显著水平的位置，变量数遵循 K4＞K0＞K1＞K2、K3。其中蓝边幅值（Db）、蓝边面积（SDb）、黄边面积（SDy）、红边幅值（Dr）、红边面积（SDr）、绿峰幅值（Rg）、红光吸收谷幅值（Rr）与 K0、K1、K4 处理磷含量均极显著相关，且均为负相关关系。K2、K3 处理相关性

表5-3　团棵期不同钾肥处理下植被变量与烟叶磷含量相关性分析

| 处理 | 位置变量 | 植被指数 |
|---|---|---|
| K0 (n=30) | Db (-0.693)**, SDb (-0.696)**, Dy (0.554)**, SDy (-0.699)**, Dr (-0.691)**, SDr (-0.708)**, Rg (-0.706)**, Rr (-0.719)** | DVI (-0.682)**, SAVI (-0.678)**, TSAVI (-0.715)**, MSAVI2 (-0.681)**, RDVI (-0.675)**, GM2 (0.481)**, CCII (-0.702)**, TCARI (-0.697)**, OSAVI (-0.662)**, Vog1 (0.637)**, Vog2 (-0.646)**, Vog3 (-0.647)**, PRI (-0.592)**, PRI2 (0.623)**, PRII (0.592)**, CRI1 (0.757)**, CRI2 (0.750)**, SG (-0.708)**, NDVI705 (0.493)**, mNDVI705 (0.526)**, NDII (0.503)** |
| K1 (n=30) | Db (-0.602)**, SDb (-0.596)**, SDy (-0.610)**, Dr (-0.635)**, SDr (-0.657)**, Rg (-0.601)**, Rr (-0.554)** | DVI (-0.644)**, SAVI (-0.675)**, TSAVI (-0.562)**, MSAVI2 (-0.653)**, RDVI (-0.664)**, CCII (-0.582)**, TCARI (-0.601)**, OSAVI (-0.638)**, CRI1 (0.583)**, CRI2 (0.599)**, NDNI (-0.622)**, SG (-0.593)** |
| K2 (n=30) | λy (-0.489)** | NPCI (0.365)* |
| K3 (n=30) | Rr (-0.472)** | TSAVI (-0.475)**, NDNI (-0.535)**, DVI (-0.390)*, MSAVI2 (-0.373)*, GM2 (0.399)*, CCII (-0.424)*, TCARI (-0.402)*, NDWI (0.447)*, Vog1 (0.438)*, Vog2 (-0.376)*, Vog3 (-0.382)*, PRI (-0.416)*, PRII (0.455)*, PRI2 (0.416)*, CRI1 (0.402)*, CRI2 (0.393)*, SG (-0.430)*, NDVI705 (0.421)*, mNDVI705 (0.416)*, NDII (0.391)* |

（续）

| 处理 | 位置变量 | 植被指数 |
|---|---|---|
| K4<br>($n=30$) | $\lambda g$ (−0.590)**, Db (−0.881)**, SDb (−0.872)**, Dy (0.717)**, SDy (−0.884)**, Dr (−0.894)**, SDr (−0.892)**, Rg (−0.896)**, Rr (−0.872)**, SDr/SDb (0.521)**, SDr/SDy (0.615)**, (SDr−SDb)/(SDr+SDb) (0.515)**, (SDr−SDy)/(SDr+SDy) (0.609)** | DVI (−0.893)**, SAVI (−0.866)**, TSAVI (−0.881)**, MSAVI2 (−0.887)**, RDVI (−0.872)**, CCII (−0.882)**, TCARI (−0.880)**, OSAVI (−0.780)**, NDWI (0.617)**, Vog1 (0.761)**, Vog2 (−0.816)**, Vog3 (−0.812)**, PRI (−0.488)**, PRI1 (0.714)**, PRI2 (0.488)**, CRI1 (0.841)**, CRI2 (0.848)**, NPCI (0.525)**, NDNI (−0.698)**, SG (−0.896)**, mND-VI705 (0.572)**, NDII (0.756)** |
| 合计钾<br>($n=150$) | $\lambda g$ (−0.263)**, Db (−0.290)**, SDb (−0.288)**, SDy (−0.291)**, Dr (−0.291)**, SDr (−0.299)**, Rg (−0.296)**, Rr (−0.299)** | DVI (−0.290)**, SAVI (−0.279)**, TSAVI (−0.279)**, MSAVI2 (−0.287)**, RDVI (−0.282)**, CCII (−0.295)**, TCARI (−0.291)**, OSAVI (−0.248)**, Vog1 (0.268)**, Vog2 (−0.256)**, Vog3 (−0.257)**, PRI (−0.216)**, PRI1 (0.287)**, PRI2 (0.216)**, CRI1 (0.277)**, CRI2 (0.271)**, NDNI (−0.261)**, SG (−0.295)**, mNDVI705 (0.251)** |

注：$n=30$ 时，$P<0.05$，$R^2>0.122$；$P<0.01$，$R^2>0.202$。$n=150$ 时，$P<0.05$，$R^2>0.025$；$P<0.01$，$R^2>0.043$。

达到 0.01，极显著负相关的变量分别为 λy、Rr。相关系数最大变量分别为合计钾处理 SDr、Rr（$r=-0.299$），K0 处理 Rr（$r=-0.719$），K1 处理 SDr（$r=-0.657$），K2 处理 λy（$r=-0.489$），K3 处理 Rr（$r=-0.472$），K4 处理 Rg（$r=-0.896$）。

植被指数 DVI、SAVI、TSAVI、MSAVI2、RDVI、CCII、TCARI、OSAVI、CRI1、CRI2、SG 与 K0、K1、K4 处理磷含量均极显著相关，其中 CRI1、CRI2 与磷含量正相关，DVI、SAVI、TSAVI、MSAVI2、RDVI、CCII、TCARI、OSAVI、SG 与磷含量负相关。相关性最大为合计钾处理 TSAVI（$r=-0.300$），K0 处理 CRI1（$r=0.757$），K1 处理 RDVI（$r=-0.664$），K2 处理 NPCI（$r=0.365$），K3 处理 NDNI（$r=-0.535$），K4 处理 SG（$r=-0.896$）。

**3. 团棵期烟叶磷含量光谱遥感监测模型建立**

表 5-4 为团棵期不同钾肥处理条件下鲜烟叶磷含量光谱遥感监测模型。对比不同变量建立的模型精度可知，应用一阶光谱建立的模型拟合精度最高，而位置变量和植被指数建立的模型精度随处理不同波动较大。在所有处理中，光谱变量与磷含量相关性规律表现为 K4＞K3＞K0＞K1＞K2。

结合相关分析结果和回归方程筛选团棵期不同钾处理磷含量特征光谱变量。K0 处理磷含量原始光谱特征波段为 411 nm，一阶微分光谱特征波段为 677 nm、1 528 nm，位置变量特征变量为 Rr、λb，植被指数特征变量为 CRI1。K1 处理磷含量一阶导数光谱的特征波长为 739 nm、1 673 nm，位置变量的特征变量为 SDr、Dy。K2 处理鲜烟叶磷含量一阶导数光谱的特征波长为 437 nm、2 185 nm、2 245 nm。K3 处理原始光谱特征波段为 2 257 nm、2 133 nm，一阶微分光谱特征波段为 1 047 nm、1 591 nm、2 348 nm，植被指数的特征变量为 NDNI、PRI1。K4 处理原始光谱特征波段为 1 344 nm，一阶微分光谱特征波段为 1 552 nm，位置变量的特征变量为 Rg，植被指数的特征变量为 SG。合计钾处理磷含量原始光谱特征波段为 2 348 nm，一阶微分光谱特征波段为 1 202 nm、1 602 nm、2 343 nm，植被指数特征变量为 TSAVI、NDII。

**表 5-4 团棵期不同钾肥处理下鲜烟叶磷含量光谱遥感监测模型**

| 处理 | 建模变量 | 回归方程 | 特征变量 | $R^2$ | $P$ |
|---|---|---|---|---|---|
| K0 ($n=30$) | 原始光谱 | $y=0.43-1.864x_{411\,nm}$ | 411 nm | 0.519 | ＜0.01 |
| | 一阶光谱 | $y=0.433-254.11x_{677\,nm}+43.256x_{1528\,nm}$ | 677 nm、1 528 nm | 0.778 | ＜0.01 |
| | 位置变量 | $y=-2.286-2.086x_{Rr}+0.005x_{\lambda b}$ | Rr、λb | 0.589 | ＜0.01 |
| | 植被指数 | $y=0.248+0.012x_{CRI1}$ | CRI1 | 0.573 | ＜0.01 |

（续）

| 处理 | 建模变量 | 回归方程 | 特征变量 | $R^2$ | $P$ |
|---|---|---|---|---|---|
| K1<br>($n=30$) | 原始光谱 | $y=0.3-0.796x_{2392\,nm}$ | 2 392 nm | 0.451 | $<0.01$ |
| | 一阶光谱 | $y=0.394-31.456x_{739\,nm}-53.415x_{1673\,nm}$ | 739 nm、<br>1 673 nm | 0.711 | $<0.01$ |
| | 位置变量 | $y=0.348-0.18x_{SDr}-160.423x_{Dy}$ | SDr、Dy | 0.524 | $<0.01$ |
| | 植被指数 | $y=0.365-0.142x_{SAVI}$ | SAVI | 0.456 | $<0.01$ |
| K2<br>($n=30$) | 原始光谱 | / | / | / | $<0.01$ |
| | 一阶光谱 | $y=0.241-222.385x_{437\,nm}$<br>$-13.6x_{2185\,nm}-18.822x_{2245\,nm}$ | 437 nm、<br>2 185 nm、<br>2 245 nm | 0.695 | $<0.01$ |
| | 位置变量 | $y=6.939-0.011x_{\lambda y}$ | λy | 0.239 | $<0.01$ |
| | 植被指数 | $y=0.227+0.423x_{NPCI}$ | NPCI | 0.133 | $<0.01$ |
| K3<br>($n=30$) | 原始光谱 | $y=0.273+2.228x_{2133\,nm}-2.649x_{2257\,nm}$ | 2 257 nm、<br>2 133 nm | 0.788 | $<0.01$ |
| | 一阶光谱 | $y=0.249+20.901x_{1047\,nm}-$<br>$61.212x_{1591\,nm}+4.496x_{2348\,nm}$ | 1 047 nm、<br>1 591 nm、<br>2 348 nm | 0.749 | $<0.01$ |
| | 位置变量 | $y=0.238-0.619x_{Rr}$ | Rr | 0.222 | $<0.01$ |
| | 植被指数 | $y=0.368-0.739x_{NDNI}+1.216x_{PRI1}$ | NDNI、PRI1 | 0.555 | $<0.01$ |
| K4<br>($n=30$) | 原始光谱 | $y=0.222-0.155x_{1344\,nm}$ | 1 344 nm | 0.843 | $<0.01$ |
| | 一阶光谱 | $y=0.218-40.06x_{1552\,nm}$ | 1 552 nm | 0.825 | $<0.01$ |
| | 位置变量 | $y=0.233-0.322x_{Rg}$ | Rg | 0.802 | $<0.01$ |
| | 植被指数 | $y=0.233-0.433x_{SG}$ | SG | 0.803 | $<0.01$ |
| 合计钾<br>($n=150$) | 原始光谱 | $y=0.278-0.78x_{2348\,nm}$ | 2 348 nm | 0.101 | $<0.01$ |
| | 一阶光谱 | $y=0.281+105.4x_{1202\,nm}-108.271x_{1602\,nm}$<br>$-7.063x_{2343\,nm}$ | 1 202 nm、<br>1 602 nm、<br>2 343 nm | 0.257 | $<0.01$ |
| | 位置变量 | $y=0.314-0.137x_{SDr}$ | SDr | 0.090 | $<0.01$ |
| | 植被指数 | $y=1.625-1.191x_{TSAVI}-0.182x_{NDII}$ | TSAVI、NDII | 0.117 | $<0.01$ |

注：$n=30$ 时，$P<0.05$，$R^2>0.122$；$P<0.01$，$R^2>0.202$。$n=150$ 时，$P<0.05$，$R^2>0.025$；$P<0.01$，$R^2>0.043$。

### 4. 团棵期烟叶磷含量光谱遥感监测模型评价

通过对以上所建立的模型进行评价（图 5-2），发现 K0 处理磷含量精度最高模型为基于 677 nm 和 1 528 nm 一阶微分光谱反射率监测模型 $y=0.433-254.11x_{677\,nm}+43.256x_{1528\,nm}$，$R^2=0.778$，$RMSE=0.051$，$RE=-7.91\%$；K1 处理磷含量精度最高模型为基于 739 nm 和 1 673 nm 一阶微分光谱反射率监测模型 $y=0.394-31.456x_{739\,nm}-53.415x_{1673\,nm}$，$R^2=0.711$，$RMSE=$

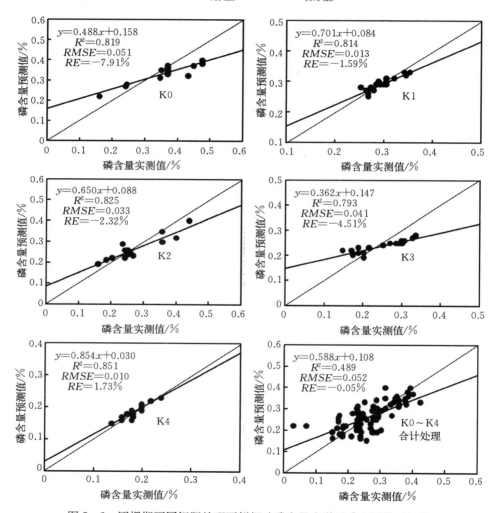

图 5-2　团棵期不同钾肥处理下鲜烟叶磷含量光谱遥感监测模型评价

（注：$n=18$ 时，$P<0.05$，$R^2>0.197$；$P<0.01$，$R^2>0.315$。$n=90$ 时，$P<0.05$，$R^2>0.042$；$P<0.01$，$R^2>0.071$）

0.013，$RE=-1.59\%$；K2 处理磷含量精度最高模型为基于 437 nm、2 185 nm 和 2 245 nm 一阶微分光谱反射率监测模型 $y=0.241-222.385x_{437\,nm}-13.6x_{2185\,nm}-18.822x_{2245\,nm}$，$R^2=0.695$，$RMSE=0.033$，$RE=-2.32\%$；K3 处理磷含量精度最高模型为基于 1 047 nm、1 591 nm 和 2 348 nm 一阶微分光谱反射率监测模型 $y=0.249+20.901x_{1047\,nm}-61.212x_{1591\,nm}+4.496x_{2348\,nm}$，$R^2=0.749$，$RMSE=0.041$，$RE=-4.51\%$；K4 处理磷含量精度最高模型为基于 1 552 nm 一阶微分光谱反射率监测模型 $y=0.218-40.06x_{1552\,nm}$，$R^2=0.825$，$RMSE=0.010$，$RE=1.73\%$；K0～K4 合计钾处理磷含量精度最高模型为基于 1 202 nm、1 602 nm 和 2 343 nm 一阶微分光谱反射率监测模型 $y=0.281+105.4x_{1202\,nm}-108.271x_{1602\,nm}-7.063x_{2343\,nm}$，$R^2=0.257$，$RMSE=0.052$，$RE=-0.05\%$。

## 二、旺长期烟叶磷含量光谱遥感监测模型

### 1. 旺长期烟叶训练样本和测试样本磷含量

由表 5-5、表 5-6 可知，不同钾肥处理下鲜烟叶训练样本和测试样本磷含量均表现为随施钾量的增加磷含量下降。训练集五个处理中，磷含量平均值中的最大值在 K0 处理，为 0.294%，平均值中的最小值在 K4 处理，为 0.147%。测试集五个处理中，磷含量平均值中的最大值在 K0 处理，为 0.306%，平均值中的最小值在 K4 处理，为 0.167%。

表 5-5 旺长期不同钾肥处理下鲜烟叶训练样本磷含量

单位：%

| 处理 | 样本数 $n$ | 最大值 | 最小值 | 平均值 | 标准差 | 标准误差 |
|---|---|---|---|---|---|---|
| K0 | 30 | 0.343 | 0.250 | 0.294 | 0.028 | 0.005 |
| K1 | 30 | 0.270 | 0.190 | 0.238 | 0.021 | 0.004 |
| K2 | 30 | 0.230 | 0.166 | 0.196 | 0.015 | 0.003 |
| K3 | 30 | 0.200 | 0.151 | 0.175 | 0.014 | 0.003 |
| K4 | 30 | 0.171 | 0.120 | 0.147 | 0.015 | 0.003 |
| 合计钾 | 150 | 0.343 | 0.120 | 0.210 | 0.055 | 0.005 |

表 5-6 旺长期不同钾肥处理下鲜烟叶测试样本磷含量

单位：%

| 处理 | 样本数 $n$ | 最大值 | 最小值 | 平均值 | 标准差 | 标准误差 |
|---|---|---|---|---|---|---|
| K0 | 18 | 0.360 | 0.210 | 0.306 | 0.044 | 0.011 |
| K1 | 18 | 0.330 | 0.190 | 0.260 | 0.039 | 0.010 |

（续）

| 处理 | 样本数 $n$ | 最大值 | 最小值 | 平均值 | 标准差 | 标准误差 |
|------|------|------|------|------|------|------|
| K2 | 18 | 0.280 | 0.170 | 0.228 | 0.031 | 0.008 |
| K3 | 18 | 0.280 | 0.160 | 0.212 | 0.030 | 0.007 |
| K4 | 18 | 0.200 | 0.140 | 0.167 | 0.017 | 0.004 |
| 合计钾 | 90 | 0.360 | 0.140 | 0.234 | 0.057 | 0.006 |

**2. 旺长期光谱参数与烟叶磷含量相关性分析**

由图 5-3 可知，旺长期 K0、K1、K3、K4 处理鲜烟叶原始冠层光谱反射率与磷含量正相关；K2 处理相关性在不同波段差异较大，在 518~571 nm、700~1 138 nm 波段负相关，其他波段正相关。五个处理原始光谱反射率与磷含量相关性极显著的波段为 350~390 nm、2 365 nm。K0 处理原始光谱反射率与磷含量相关性极显著的波段为 356~399 nm。K1 处理原始光谱反射率与磷含量相关性极显著的波段为 383~417 nm、657~688 nm、1 448~1 513 nm、1 776~1 780 nm、1 786~1 800 nm、2 025~2 032 nm、2 052~2 061 nm、2 085~2 088 nm、2 094~2 116 nm、2 122~2 131 nm、2 160~2 164 nm、2 172~2 176 nm、2 247~2 250 nm、2 262~2 265 nm、2 275~2 279 nm、2 325~2 335 nm、2 340~2 349 nm、2 377~2 379 nm。K2 处理原始光谱反射率与磷含量相关性极显著的波段为 350~392 nm。K3 处理原始光谱反射率与磷含量相关性极显著的波段为 350~377 nm。K4 处理原始光谱反射率与磷含量相关性极显著的波段为 350~359 nm。不同钾处理烟叶磷含量与原始光谱反射率相关性最大波段分别为合计处理在 350 nm、358 nm（$r=0.262$），K0 处理在 382 nm（$r=0.508$），K1 处理在 2 342 nm（$r=0.538$），K2 处理在 351 nm（$r=0.649$），K3 处理在 350 nm、351 nm（$r=0.652$），K4 处理在 350 nm（$r=0.511$）。

微分变换后光谱反射率与叶片磷含量的相关性增强。旺长期合计处理一阶微分光谱反射率与钾含量之间最大相关系数在 2 064 nm（$r=0.301$）；K0 处理冠层反射率与钾含量之间最大相关系数在 1 775 nm（$r=-0.525$）；K1 处理冠层反射率与钾含量之间最大相关系数在 1 763 nm（$r=-0.614$）；K2 处理冠层反射率与钾含量之间最大相关系数在 984 nm（$r=-0.623$）；K3 处理冠层反射率与钾含量之间最大相关系数在 1 473 nm（$r=-0.604$）；K4 处理冠层反射率与钾含量之间最大相关系数在 674 nm（$r=0.589$）。

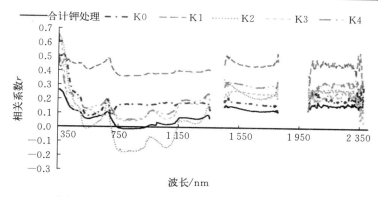

图 5-3 旺长期原始光谱与烟叶磷含量相关性分析

　　由表 5-7 可知，旺长期不同钾肥处理下鲜烟叶磷含量与植被指数相关性整体较弱。五个钾肥处理磷含量与植被指数相关性显著的有 NDWI、WI、NDII、RVI、PPR、SR、SIPI、PSSRa、mSR705、PSADc；K0 处理与磷含量显著相关的植被指数为 PPR；K1 处理与磷含量相关性显著的植被指数为 TSAVI、CCII、TCARI、CRI1、CRI2、SG；K2 处理与磷含量相关性显著的植被指数为 NDWI、WI、NDII、PPR、mSR705；K3 处理与磷含量相关性显著的植被指数为 WI、NDWI、NDII；K4 处理与钾含量相关性极显著的植被指数为 PPR、NDII、NDWI、WI、Lic2。相关性最大为五个处理 NDII（$r=-0.25$），K0 处理 PPR（$r=-0.371$），K1 处理 TSAVI（$r=0.471$），K2 处理 WI（$r=-0.546$），K3 处理 WI（$r=-0.559$），K4 处理 NDII（$r=-0.502$）。

表 5-7　旺长期不同钾肥处理下植被变量与鲜烟叶磷含量相关性分析

| 处理 | 位置变量 | 植被指数 |
|---|---|---|
| K0 ($n=30$) | Rr（0.528）**、Rg/Rr（−0.551）**、(Rg−Rr)/(Rg+Rr)（−0.555）** | PPR（−0.371）* |
| K1 ($n=30$) | Rr（0.435）*、SDr/SDy（−0.367）*、(SDr−SDy)/(SDr+SDy)（−0.361）* | TSAVI（0.471）**、CCII（0.395）*、TCARI（0.377）*、CRI1（−0.459）*、CRI2（−0.405）*、SG（0.417）* |
| K2 ($n=30$) | Rr（0.399）*、Rg/Rr（−0.435）*、(Rg−Rr)/(Rg+Rr)（−0.424）* | NDWI（−0.474）**、WI（−0.546）**、NDII（−0.470）**、PPR（−0.361）*、mSR705（−0.391）* |
| K3 ($n=30$) | λv（−0.369）*、Rg/Rr（−0.439）*、(Rg−Rr)/(Rg+Rr)（−0.425）* | WI（−0.559）**、NDWI（−0.382）*、NDII（−0.395）* |

（续）

| 处理 | 位置变量 | 植被指数 |
|---|---|---|
| K4<br>($n=30$) | / | PPR（$-0.489$）**、NDII（$-0.502$）**、NDWI（$-0.417$）*、WI（$-0.452$）*、Lic2（$0.384$）* |
| 合计钾<br>($n=150$) | λr（$-0.174$）*、Rr（$0.167$）*、Rg/Rr（$-0.204$）*、（Rg－Rr）/（Rg＋Rr）（$-0.178$）* | NDWI（$-0.234$）**、WI（$-0.229$）**、NDII（$-0.250$）**、RVI（$-0.172$）*、PPR（$-0.176$）*、SR（$-0.173$）*、SIPI（$-0.169$）*、PSSRa（$-0.177$）*、mSR705（$-0.196$）*、PSADc（$-0.187$）* |

注：$n=30$ 时，$P<0.05$，$R^2>0.122$；$P<0.01$，$R^2>0.202$。$n=150$ 时，$P<0.05$，$R^2>0.025$；$P<0.01$，$R^2>0.043$。

**3. 旺长期烟叶磷含量光谱遥感监测模型建立**

表 5－8 为旺长期不同钾肥处理下鲜烟叶磷含量光谱遥感监测模型。由表中可知，应用原始光谱和一阶微分光谱建立的模型拟合精度最高，植被指数监测模型精度不高。

结合相关分析结果和回归方程筛选旺长期磷含量特征光谱变量分别为 K0 处理原始光谱特征波段为 382 nm、2 351 nm、2 387 nm，一阶微分光谱特征波段为 358 nm、1 343 nm、1 775 nm。K1 处理原始光谱特征波段为 2 340 nm、2 342 nm、2 357 nm，一阶微分光谱特征波段为 483 nm、771 nm、1 763 nm。K2 处理原始光谱特征波段为 351 nm、2 295 nm、2 347 nm，一阶微分光谱特征波段为 984 nm、1 069 nm、1 165 nm。K3 处理原始光谱特征波段为 351 nm、1 800 nm、2 354 nm，一阶微分光谱特征波段为 909 nm、1 473 nm、1 493 nm。K4 处理原始光谱特征波段为 350 nm、2 392 nm，一阶微分光谱特征波段为 674 nm、875 nm、1 685 nm。合计钾处理一阶微分光谱特征波段为 460 nm、772 nm、2 064 nm。

**表 5－8 旺长期不同钾肥处理下鲜烟叶磷含量光谱遥感监测模型**

| 处理 | 建模变量 | 回归方程 | 特征变量 | $R^2$ | $P$ |
|---|---|---|---|---|---|
| K0<br>($n=30$) | 原始光谱 | $y=0.218+2.926x_{382\,nm}+1.463x_{2351\,nm}-2.053x_{2387\,nm}$ | 382 nm、2 351 nm、2 387 nm | 0.64 | $<0.01$ |
| | 一阶光谱 | $y=0.263+72.388x_{358\,nm}-9.335x_{1343\,nm}-38.785x_{1775\,nm}$ | 358 nm、1 343 nm、1 775 nm | 0.675 | $<0.01$ |
| | 位置变量 | / | / | / | / |
| | 植被指数 | $y=0.417-0.234x_{PPR}$ | PPR | 0.138 | $<0.01$ |

（续）

| 处理 | 建模变量 | 回归方程 | 特征变量 | $R^2$ | $P$ |
|---|---|---|---|---|---|
| K1<br>($n=30$) | 原始光谱 | $y=0.199-3.463x_{2340\,nm}+5.376x_{2342\,nm}-1.237x_{2357\,nm}$ | 2 340 nm、2 342 nm、2 357 nm | 0.600 | $<0.01$ |
| | 一阶光谱 | $y=0.236-111.627x_{483\,nm}-96.903x_{771\,nm}-38.295x_{1763\,nm}$ | 483 nm、771 nm、1 763 nm | 0.749 | $<0.01$ |
| | 位置变量 | / | / | / | / |
| | 植被指数 | $y=-0.306+0.513x_{TSAVI}$ | TSAVI | 0.222 | $<0.01$ |
| K2<br>($n=30$) | 原始光谱 | $y=0.158+1.823x_{351\,nm}+0.75x_{2295\,nm}-1.119x_{2347\,nm}$ | 351 nm、2 295 nm、2 347 nm | 0.654 | $<0.01$ |
| | 一阶光谱 | $y=0.22-46.433x_{984\,nm}+34.862x_{1069\,nm}-29.64x_{1165\,nm}$ | 984 nm、1 069 nm、1 165 nm | 0.728 | $<0.01$ |
| | 位置变量 | / | / | / | / |
| | 植被指数 | $y=0.531-0.297x_{WI}$ | WI | 0.298 | $<0.01$ |
| K3<br>($n=30$) | 原始光谱 | $y=0.122+2.749x_{351\,nm}+0.194x_{1800\,nm}-0.905x_{2354\,nm}$ | 351 nm、1 800 nm、2 354 nm | 0.683 | $<0.01$ |
| | 一阶光谱 | $y=0.169+31.524x_{909\,nm}-19.281x_{1473\,nm}+38.592x_{1493\,nm}$ | 909 nm、1 473 nm、1 493 nm | 0.746 | $<0.01$ |
| | 位置变量 | / | / | / | / |
| | 植被指数 | $y=0.535-0.316x_{WI}$ | WI | 0.313 | $<0.01$ |
| K4<br>($n=30$) | 原始光谱 | $y=0.112+2.333x_{350\,nm}-0.506x_{2392\,nm}$ | 350 nm、2 392 nm | 0.558 | $<0.01$ |
| | 一阶光谱 | $y=0.141+141.075x_{674\,nm}+62.972x_{875\,nm}+56.395x_{1685\,nm}$ | 674 nm、875 nm、1 685 nm | 0.804 | $<0.01$ |
| | 位置变量 | / | / | / | / |
| | 植被指数 | $y=0.094-0.159x_{NDII}+0.197x_{Lic2}$ | NDII、Lic2 | 0.545 | $<0.01$ |
| 合计钾<br>($n=150$) | 原始光谱 | $y=0.159+34.489x_{358\,nm}-32.5x_{360\,nm}$ | 358 nm、360 nm | 0.095 | $<0.01$ |
| | 一阶光谱 | $y=0.206-289.64x_{460\,nm}-129.21x_{772\,nm}+22.771x_{2064\,nm}$ | 460 nm、772 nm、2 064 nm | 0.207 | $<0.01$ |
| | 位置变量 | / | / | / | / |
| | 植被指数 | $y=0.311-0.235x_{NDII}$ | NDII | 0.063 | $<0.01$ |

注：$n=30$ 时，$P<0.05$，$R^2>0.122$；$P<0.01$，$R^2>0.202$。$n=150$ 时，$P<0.05$，$R^2>0.025$；$P<0.01$，$R^2>0.043$。

**4. 旺长期烟叶磷含量光谱遥感监测模型评价**

通过对以上所建立的模型进行评价（图5-4），发现K0处理磷含量精度

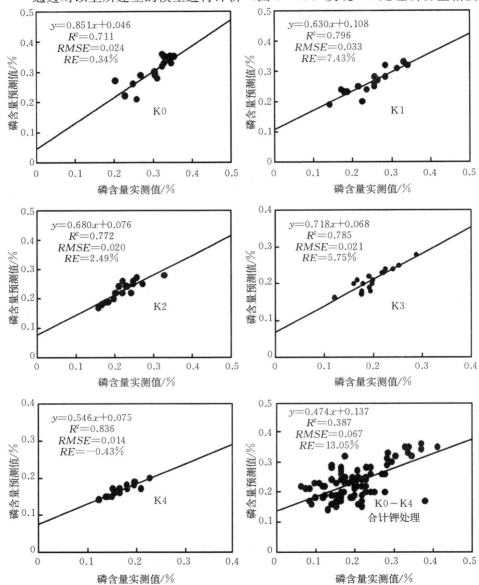

图5-4 旺长期不同钾肥处理下鲜烟叶磷含量光谱遥感监测模型评价

（注：$n=18$ 时，$P<0.05$，$R^2>0.197$；$P<0.01$，$R^2>0.315$。$n=90$ 时，$P<0.05$，$R^2>0.042$；$P<0.01$，$R^2>0.071$）

最高模型为基于 358 nm、1 343 nm 和 1 775 nm 一阶微分光谱反射率估测模型 $y=0.263+72.388x_{358\,nm}-9.335x_{1343\,nm}-38.785x_{1775\,nm}$，$R^2=0.675$，$RMSE=0.024$，$RE=0.34\%$；K1 处理磷含量精度最高模型为基于 483 nm、771 nm 和 1 763 nm 一阶微分光谱反射率监测模型 $y=0.236-111.627x_{483\,nm}-96.903x_{771\,nm}-38.295x_{1763\,nm}$，$R^2=0.749$，$RMSE=0.033$，$RE=7.43\%$；K2 处理磷含量精度最高模型为基于 984 nm、1 069 nm 和 1 165 nm 一阶微分光谱反射率监测模型 $y=0.22-46.433x_{984\,nm}+34.862x_{1069\,nm}-29.64x_{1165\,nm}$，$R^2=0.728$，$RMSE=0.020$，$RE=2.49\%$；K3 处理磷含量精度最高模型为基于 909 nm、1 473 nm 和 1 493 nm 一阶微分光谱反射率监测模型 $y=0.169+31.524x_{909\,nm}-19.281x_{1473\,nm}+38.592x_{1493\,nm}$，$R^2=0.746$，$RMSE=0.021$，$RE=5.75\%$；K4 处理磷含量精度最高模型为基于 674 nm、875 nm 和 1 685 nm 一阶微分光谱反射率监测模型 $y=0.141+141.075x_{674\,nm}+62.972x_{875\,nm}+56.395x_{1685\,nm}$，$R^2=0.804$，$RMSE=0.014$，$RE=-0.43\%$；K0～K4 合计钾处理磷含量精度最高模型为基于 460 nm、772 nm 和 2 064 nm 一阶微分光谱反射率监测模型 $y=0.206-289.64x_{460\,nm}-129.21x_{772\,nm}+22.771x_{2064\,nm}$，$R^2=0.207$，$RMSE=0.067$，$RE=13.05\%$。

## 三、打顶期烟叶磷含量光谱遥感监测模型

### 1. 打顶期烟叶训练样本和测试样本磷含量

表 5-9、表 5-10 可知，打顶期不同钾肥处理下鲜烟叶训练集和测试集磷含量均表现为随施钾量增加磷含量下降。训练集五个处理中，磷含量平均值最大值在 K0 处理，为 0.229%，最小值在 K4 处理，为 0.140%。测试集五个处理中，磷含量平均值最大值在 K0 处理，为 0.220%，最小值在 K4 处理，为 0.142%。比较两样本数据，合计钾处理的平均值基本相等，均为 0.18%。

表 5-9 打顶期不同钾肥处理下鲜烟叶训练样本磷含量

单位：%

| 处理 | 样本数 $n$ | 最大值 | 最小值 | 平均值 | 标准差 | 标准误差 |
|------|-----------|--------|--------|--------|--------|----------|
| K0 | 30 | 0.260 | 0.190 | 0.229 | 0.018 | 0.003 |
| K1 | 30 | 0.253 | 0.170 | 0.194 | 0.018 | 0.003 |
| K2 | 30 | 0.270 | 0.150 | 0.182 | 0.025 | 0.005 |
| K3 | 30 | 0.199 | 0.135 | 0.163 | 0.015 | 0.003 |
| K4 | 30 | 0.170 | 0.110 | 0.140 | 0.017 | 0.003 |
| 合计钾 | 150 | 0.270 | 0.110 | 0.181 | 0.035 | 0.003 |

**表 5-10  打顶期不同钾肥处理下鲜烟叶测试样本磷含量**

单位：%

| 处理 | 样本数 $n$ | 最大值 | 最小值 | 平均值 | 标准差 | 标准误差 |
|------|------|------|------|------|------|------|
| K0 | 18 | 0.260 | 0.170 | 0.220 | 0.026 | 0.006 |
| K1 | 18 | 0.240 | 0.160 | 0.199 | 0.022 | 0.005 |
| K2 | 18 | 0.250 | 0.120 | 0.182 | 0.037 | 0.009 |
| K3 | 18 | 0.200 | 0.110 | 0.157 | 0.028 | 0.007 |
| K4 | 18 | 0.180 | 0.110 | 0.142 | 0.024 | 0.006 |
| 合计钾 | 90 | 0.260 | 0.110 | 0.180 | 0.040 | 0.004 |

### 2. 打顶期光谱参数与烟叶磷含量相关性分析

图 5-5 表明打顶期不同钾肥处理下原始光谱反射率与磷含量相关性极显著，且均为负相关。K0～K4 合计钾处理光谱反射率与磷含量相关性极显著的波段为 350～1 350 nm、1 446～1 800 nm、2 001～2 400 nm；K0 处理与磷含量相关性极显著的波段为 350～1 350 nm、1 446～1 800 nm、2 006～2 344 nm、2 349～2 364 nm、2 368～2 374 nm；K1 处理与磷含量相关性极显著的波段为 350～1 350 nm、1 446～1 800 nm、2 001～2 400 nm；K2 处理与磷含量相关性极显著的波段为 350～1 350 nm、1 446～1 800 nm、2 001～2 400 nm；K3 处理与磷含量相关性极显著的波段为 350～1 350 nm、1 446～1 800 nm、2 001～2 400 nm；K4 处理与磷含量相关性极显著的波段为 350～1 350 nm、1 446～1 800 nm、2 001～2 400 nm。打顶期不同钾处理烟叶磷含量与原始光谱反射率相关性最强波段分别为合计钾处理在 735～741 nm（$r=-0.518$），K0 处理在 722～724 nm（$r=-0.883$），K1 处理在 735～737 nm（$r=-0.838$），K2 处理在 712～714 nm（$r=-0.954$），K3 处理在 965～969 nm、973～985 nm（$r=-0.961$），K4 处理在 1 708～1 712 nm（$r=-0.921$）。

微分变换后光谱反射率与叶片磷含量的相关性增强。打顶期不同钾处理烟叶磷含量与一阶微分光谱反射率相关性最强波段分别为合计钾处理在 1 533 nm（$r=-0.535$），K0 处理在 707 nm、708 nm（$r=-0.898$），K1 处理在 712 nm

（$r=-0.842$），K2 处理在 1 529 nm，（$r=-0.900$），K3 处理在 713 nm（$r=-0.929$），K4 处理在 1 503 nm（$r=-0.935$）。

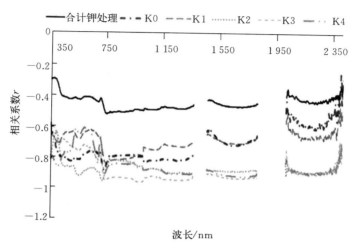

图 5-5　打顶期原始光谱与烟叶磷含量相关性分析

由表 5-11 可知，打顶期不同钾肥处理下磷含量与位置变量相关性较强，多数变量的相关性均达到 0.01 极显著水平。而蓝边幅值（Db）、蓝边面积（SDb）、黄边面积（SDy）、红边幅值（Dr）、红边面积（SDr）、绿峰幅值（Rg）、红光吸收谷幅值（Rr）则是与五个处理磷含量均极显著相关的变量，且均为负相关。相关性最大为合计钾处理 SDr（$r=-0.496$），K0 处理 Rg（$r=-0.813$），K1 处理 SDr（$r=-0.816$），K2 处理 SDr（$r=-0.845$），K3 处理 Dr（$r=-0.907$），K4 处理 Rr（$r=-0.821$）。

植被指数 DVI、SAVI、TSAVI、MSAVI2、RDVI、TCARI、OSAVI、CRI1、CRI2、NDNI、SG 与五个处理磷含量均极显著相关，其中 CRI1、CRI2 与磷含量正相关，DVI、SAVI、TSAVI、MSAVI2、RDVI、TCARI、OSAVI、NDNI、SG 与磷含量负相关。相关性最大为五个处理，合计钾处理 DVI（$r=-0.498$），K0 处理 SG（$r=-0.802$），K1 处理 MSAVI2（$r=-0.817$），K2 处理 DVI（$r=-0.836$），K3 处理 DVI（$r=-0.918$），K4 处理 NDII（$r=0.878$）。

表 5-11 打顶期不同钾肥处理下植被变量与鲜烟叶磷含量相关性分析

| 处理 | 位置变量 | 植被指数 |
|---|---|---|
| K0 (n=30) | Db (-0.758)**, SDb (-0.756)**, SDy (-0.798)**, Dr (-0.768)**, SDr (-0.759)**, Rg (-0.813)**, Rr (-0.765)** | DVI (-0.764)**, SAVI (-0.700)**, TSAVI (-0.779)**, MSAVI2 (-0.745)**, RDVI (-0.712)**, CCII (-0.721)**, TCARI (-0.786)**, OSAVI (-0.542)**, CRI1 (0.750)**, CRI2 (0.751)**, NDNI (-0.733)**, SG (-0.802)** |
| K1 (n=30) | Db (-0.717)**, SDb (-0.673)**, SDy (-0.691)**, Dr (-0.810)**, SDr (-0.816)**, Rg (-0.682)**, Rr (-0.646)** | DVI (-0.816)**, SAVI (-0.815)**, TSAVI (-0.656)**, MSAVI2 (-0.817)**, RDVI (-0.812)**, CCII (-0.601)**, TCARI (-0.674)**, OSAVI (-0.719)**, CRI1 (0.573)**, CRI2 (0.570)**, NDNI (-0.714)**, SG (-0.660)** |
| K2 (n=30) | λy (-0.475)**, λg (-0.677)**, Db (-0.836)**, SDb (-0.790)**, SDy (-0.816)**, Dr (-0.819)**, SDr (-0.845)**, Rg (-0.812)**, Rr (-0.794)**, Rg/Rr (0.625)**, (Rg-Rr)/(Rg+Rr) (0.559)** | RVI (0.659)**, NDVI (0.535)**, DVI (-0.836)**, SAVI (-0.760)**, TSAVI (-0.804)**, MSAVI2 (-0.822)**, RDVI (-0.764)**, GMI (0.484)**, GM2 (0.522)**, CCII (-0.741)**, TCARI (-0.804)**, OSAVI (-0.506)**, NRI (0.578)**, NDWI (0.751)**, WI (0.815)**, Vog1 (0.548)**, Vog2 (-0.554)**, Vog3 (-0.556)**, SR (0.654)**, PRI (0.546)**, PRI1 (0.593)**, PRI2 (0.546)**, SIPI (0.523)**, CRI1 (0.803)**, CRI2 (0.784)**, PSSRa (0.671)**, PSSRb (0.531)**, NDNI (-0.779)**, SG (-0.787)**, NDVI705 (0.495)**, mSR705 (0.493)**, Lic1 (0.552)**, VARI_green (0.543)**, VARI_700 (0.586)**, NDII (0.795)**, PSADa (0.552)**, PSADc (0.493)** |

（续）

| 处理 | 位置变量 | 植被指数 |
|---|---|---|
| K3 （$n=30$） | $\lambda$g （−0.540）**, Db （−0.724）**, SDb （−0.685）**, SDy （−0.672）**, Dr （−0.907）**, SDr （−0.921）**, Rg （−0.757）**, Rr （−0.793）**, Rg/Rr （0.485）**, （Rg−Rr）/（Rg+Rr） （0.464）** | DVI （−0.918）**, SAVI （−0.870）**, TSAVI （−0.818）**, MSAVI2 （−0.908）**, RDVI （−0.873）**, CCII （−0.561）**, TCARI （−0.691）**, OSAVI （−0.707）**, NRI （0.483）**, CRI1 （0.682）**, CRI2 （0.670）**, NDNI （−0.827）**, SG （−0.745）**, VARI_700 （0.495）**, NDII （0.659）** |
| K4 （$n=30$） | Db （−0.613）**, SDb （−0.501）**, SDy （−0.593）**, Dr （−0.808）**, SDr （−0.811）**, Rg （−0.649）**, Rr （−0.821）** | DVI （−0.818）**, SAVI （−0.749）**, TSAVI （−0.838）**, MSAVI2 （−0.800）**, RDVI （−0.758）**, TCARI （−0.563）**, OSAVI （−0.567）**, NDWI （0.767）**, WI （0.733）**, PRII （0.521）**, CRII （0.624）**, CRI2 （0.592）**, NDNI （−0.821）**, SG （−0.635）**, NDII （0.878）** |
| 合计钾 （$n=150$） | $\lambda$g （−0.254）**, Db （−0.418）**, SDb （−0.397）**, SDy （−0.407）**, Dr （−0.482）**, SDr （−0.496）**, Rg （−0.428）**, Rr （−0.438）**, Rg/Rr （0.237）**, （Rg−Rr）/（Rg+Rr） （0.220）** | RVI （0.237）**, DVI （−0.498）**, SAVI （−0.469）**, TSAVI （−0.446）**, MSAVI2 （−0.492）**, RDVI （−0.471）**, CCII （0.353）**, TCARI （−0.402）**, OSAVI （−0.364）**, NRI （0.212）**, NDWI （0.227）**, SR （0.238）**, PRI （0.227）**, PRI1 （0.228）**, PRI2 （0.227）**, CRI1 （0.406）**, CRI2 （0.403）**, PSSRa （0.242）**, NDNI （−0.473）**, SG （−0.421）**, Licl （0.214）**, VARI_700 （0.258）**, NDII （0.306）**, PSADa （0.214）** |

注：$n=30$ 时，$P<0.05$，$R^2>0.122$；$P<0.01$，$R^2>0.202$。$n=150$ 时，$P<0.05$，$R^2>0.025$；$P<0.01$，$R^2>0.043$。

### 3. 打顶期烟叶磷含量光谱遥感监测模型建立

表 5 - 12 为打顶期不同钾肥处理下鲜烟叶磷含量光谱遥感监测模型。表中可知不同变量建立的模型精度均较高,其中原始光谱反射率和一阶光谱反射率建立的模型拟合精度比较高,其次为位置变量和植被指数建立的模型。

结合相关分析结果和回归方程筛选打顶期烟叶磷含量特征光谱变量分别为 K0 处理原始光谱特征波段为 723 nm,一阶微分光谱特征波段为 707 nm,位置变量特征变量为 Rg、Dr,植被指数特征变量为 SG、SAVI。K1 处理原始光谱特征波段为 736 nm,一阶微分光谱特征波段为 712 nm,位置变量特征变量为 SDr,植被指数特征变量为 MSAVI2。K2 处理原始光谱特征波段为 726 nm,一阶微分光谱特征波段为 1 529 nm,位置变量特征变量为 SDr,植被指数特征变量为 DVI。K3 处理原始光谱特征波段为 978 nm,一阶微分谱特征波段为 713 nm,位置变量特征变量为 SDr,植被指数特征变量为 DVI。K4 处理原始光谱特征波段为 1 711 nm,一阶微分光谱特征波段为 1 503 nm,位置变量特征变量为 Rr,植被指数特征变量为 NDII。K0~K4 合计钾处理原始光谱特征波段为 740 nm,一阶微分光谱特征波段为 1 533 nm、805 nm、932 nm,位置变量特征变量为 SDr、SDb、(SDr-SDb)/(SDr+SDb),植被指数特征变量为 DVI。

表 5 - 12 打顶期不同钾肥处理下鲜烟叶磷含量光谱遥感监测模型

| 处理 | 建模变量 | 回归方程 | 特征变量 | $R^2$ | $P$ |
|---|---|---|---|---|---|
| K0<br>($n=30$) | 原始光谱 | $y=0.339-0.318x_{723\,nm}$ | 723 nm | 0.780 | <0.01 |
| | 一阶光谱 | $y=0.34-11.657x_{707\,nm}$ | 707 nm | 0.807 | <0.01 |
| | 位置变量 | $y=0.341-0.507x_{Rg}-4.952x_{Dr}$ | Rg、Dr | 0.780 | <0.01 |
| | 植被指数 | $y=0.395-0.745x_{SG}-0.157x_{SAVI}$ | SG、SAVI | 0.774 | <0.01 |
| K1<br>($n=30$) | 原始光谱 | $y=0.287-0.206x_{736\,nm}$ | 736 nm | 0.702 | <0.01 |
| | 一阶光谱 | $y=0.284-8.668x_{712\,nm}$ | 712 nm | 0.708 | <0.01 |
| | 位置变量 | $y=0.29-0.194x_{SDr}$ | SDr | 0.666 | <0.01 |
| | 植被指数 | $y=0.336-0.129x_{MSAVI2}$ | MSAVI2 | 0.668 | <0.01 |
| K2<br>($n=30$) | 原始光谱 | $y=0.328-0.376x_{726\,nm}$ | 726 nm | 0.835 | <0.01 |
| | 一阶光谱 | $y=0.267-80.312x_{1529\,nm}$ | 1 529 nm | 0.810 | <0.01 |
| | 位置变量 | $y=0.34-0.308x_{SDr}$ | SDr | 0.714 | <0.01 |
| | 植被指数 | $y=0.339-0.309x_{DVI}$ | DVI | 0.699 | <0.01 |

（续）

| 处理 | 建模变量 | 回归方程 | 特征变量 | $R^2$ | $P$ |
|---|---|---|---|---|---|
| K3<br>（$n=30$） | 原始光谱 | $y=0.269-0.221x_{978\,nm}$ | 978 nm | 0.924 | ＜0.01 |
| | 一阶光谱 | $y=0.283-10.543x_{713\,nm}$ | 713 nm | 0.862 | ＜0.01 |
| | 位置变量 | $y=0.272-0.21x_{SDr}$ | SDr | 0.849 | ＜0.01 |
| | 植被指数 | $y=0.274-0.213x_{DVI}$ | DVI | 0.843 | ＜0.01 |
| K4<br>（$n=30$） | 原始光谱 | $y=0.198-0.301x_{1711\,nm}$ | 1 711 nm | 0.848 | ＜0.01 |
| | 一阶光谱 | $y=0.193-56.165x_{1503\,nm}$ | 1 503 nm | 0.874 | ＜0.01 |
| | 位置变量 | $y=0.205-2.167x_{Rr}$ | Rr | 0.674 | ＜0.01 |
| | 植被指数 | $y=0.017+0.262x_{NDII}$ | NDII | 0.770 | ＜0.01 |
| 合计钾<br>（$n=150$） | 原始光谱 | $y=0.313-0.267x_{740\,nm}$ | 740 nm | 0.268 | ＜0.01 |
| | 一阶光谱 | $y=0.315+124.004x_{805\,nm}+26.976x_{932\,nm}-97.488x_{1533\,nm}$ | 1 533 nm、<br>805 nm、<br>932 nm | 0.421 | ＜0.01 |
| | 位置变量 | $y=-0.903-0.744x_{SDr}+1.525x_{(SDr-SDb)/(SDr+SDb)}+4.303x_{SDb}$ | SDr、SDb、<br>（SDr−SDb）/<br>（SDr+SDb） | 0.293 | ＜0.01 |
| | 植被指数 | $y=0.307-0.248x_{DVI}$ | DVI | 0.248 | ＜0.01 |

注：$n=30$ 时，$P<0.05$，$R^2>0.122$；$P<0.01$，$R^2>0.202$。$n=150$ 时，$P<0.05$，$R^2>0.025$；$P<0.01$，$R^2>0.043$。

### 4. 打顶期烟叶磷含量光谱遥感监测模型评价

通过对以上所建立的模型进行评价（图 5 - 6），发现 K0 处理磷含量精度最高模型为基于 707 nm 一阶微分光谱反射率监测模型 $y=0.34-11.657x_{707\,nm}$，$R^2=0.807$，$RMSE=0.024$，$RE=-0.68\%$；K1 处理磷含量精度最高模型为基于 712 nm 一阶微分光谱反射率监测模型 $y=0.284-8.668x_{712\,nm}$，$R^2=0.708$，$RMSE=0.015$，$RE=1.55\%$；K2 处理磷含量精度最高模型为基于 1 529 nm 一阶微分光谱反射率监测模型 $y=0.267-80.312x_{1529\,nm}$，$R^2=0.810$，$RMSE=0.023$，$RE=-5.14\%$；K3 处理磷含量精度最高模型为基于 978 nm 原始光谱反射率估侧模型 $y=0.269-0.221x_{978\,nm}$，$R^2=0.924$，$RMSE=0.014$，$RE=6.85\%$；K4 处理磷含量精度最高模型为基于 1 503 nm 一阶微分光谱反射率监测模型 $y=0.193-$

$56.165x_{1503\,nm}$，$R^2=0.874$，$RMSE=0.021$，$RE=-6.61\%$；合计钾处理磷含量精度最高模型为基于 805 nm、932 nm 和 1 533 nm 一阶微分光谱反射率监测模型 $y=0.315+124.004x_{805\,nm}+26.976x_{932\,nm}-97.488x_{1533\,nm}$，$R^2=0.421$，$RMSE=0.044$，$RE=2.92\%$。

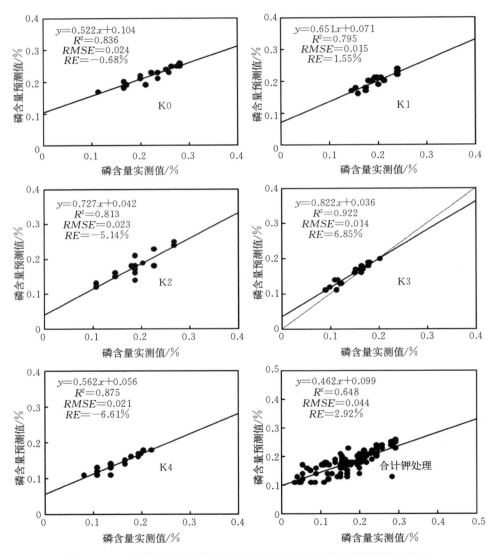

图 5-6　打顶期不同钾肥处理下鲜烟叶磷含量光谱遥感监测模型评价

（注：$n=18$ 时，$P<0.05$，$R^2>0.197$；$P<0.01$，$R^2>0.315$。$n=90$ 时，$P<0.05$，$R^2>0.042$；$P<0.01$，$R^2>0.071$）

# 第二节　不同生育期烟叶钾含量光谱遥感监测模型

## 一、团棵期烟叶钾含量光谱遥感监测模型

### 1. 团棵期烟叶训练样本和测试样本钾含量

钾在烟株体内主要以离子形态存在，是植物体内光合成酶类、氧化还原酶类和转移酶类等的活化剂，参与糖、蛋白质与核酸等物质代谢过程以及光合作用、能量代谢、烟株体内的物质合成和转运以及调控烟株生长。有利于促进烟叶的光合作用，提高呼吸效率，增强烟株保水和吸水能力，提高烟株抗逆境胁迫能力。从表 5-13、表 5-14 中可知，团棵期训练样本和测试样本五个钾处理与烟叶钾含量关系基本一致，均表现为除 K4 处理外其他钾肥处理与烟叶钾含量基本呈正相关，即施钾量越高，烟叶钾含量越高。钾含量平均值最高在 K3 处理，最低在 K0 处理。同一处理样本间的标准差和标准误差均较低，表明同一处理间样本差异较小；不同处理间烟叶钾含量存在差异。

表 5-13　团棵期不同钾肥处理下鲜烟叶训练样本钾含量

单位：%

| 处理 | 样本数 $n$ | 最大值 | 最小值 | 平均值 | 标准差 | 标准误差 |
|------|------|--------|--------|--------|--------|----------|
| K0 | 30 | 5.121 | 3.196 | 3.862 | 0.441 | 0.082 |
| K1 | 30 | 5.435 | 4.197 | 4.805 | 0.325 | 0.060 |
| K2 | 30 | 5.590 | 4.810 | 5.169 | 0.233 | 0.043 |
| K3 | 30 | 6.321 | 4.960 | 5.512 | 0.355 | 0.066 |
| K4 | 30 | 6.110 | 4.568 | 5.419 | 0.295 | 0.055 |
| 合计钾 | 150 | 6.321 | 3.196 | 4.953 | 0.686 | 0.056 |

表 5-14　团棵期不同钾肥处理下鲜烟叶测试样本钾含量

单位：%

| 处理 | 样本数 $n$ | 最大值 | 最小值 | 平均值 | 标准差 | 标准误差 |
|------|------|--------|--------|--------|--------|----------|
| K0 | 18 | 5.230 | 3.710 | 4.531 | 0.380 | 0.092 |
| K1 | 18 | 5.640 | 4.730 | 5.168 | 0.213 | 0.052 |
| K2 | 18 | 5.640 | 4.870 | 5.266 | 0.203 | 0.049 |
| K3 | 18 | 6.340 | 5.450 | 6.035 | 0.195 | 0.047 |
| K4 | 18 | 6.210 | 5.210 | 5.812 | 0.261 | 0.063 |
| 合计钾 | 90 | 6.340 | 3.710 | 5.362 | 0.588 | 0.062 |

**2. 团棵期光谱参数与烟叶钾含量相关性分析**

从图 5-7 可知团棵期钾处理鲜烟叶原始光谱反射率与钾含量相关性极显著，且均为负相关。合计钾处理原始光谱反射率与钾含量相关性极显著的波段为 350～1 350 nm、1 446～1 800 nm、2 001～2 400 nm；K0 处理与钾含量相关性极显著的波为 350～1 350 nm、1 446～1 800 nm、2 007～2 377 nm、2 391 nm、2 397～2 400 nm；K1 处理与钾含量相关性极显著的波段为 350～1 350 nm、1 446～1 800 nm、2 001～2 400 nm；K2 处理与钾含量相关性极显著的波段为366～1 350 nm、1 446～1 511 nm、1 723～1 800 nm、2 003～2 005 nm、2 016～2 298 nm、2 303～2 318 nm、2 322～2 335 nm、2 344～2 345 nm、2 357～2 364 nm、2 378～2 383 nm、2 391～2 398 nm；K3 处理与钾含量相关性极显著的波段为350～1 350 nm、1 446～1 800 nm、2 001～2 400 nm；K4 处理与钾含量相关性极显著的波段为 350～1 350 nm、1 446～1 800 nm、2 001～2 400 nm。不同钾处理烟叶钾含量与原始光谱反射率最大相关性波段分别为合计钾处理在 1 347～1 348 nm（$r=0.443$），K0 处理在 429～430 nm、671 nm（$r=0.756$），K1 处理在 999～1 012 nm（$r=0.793$），K2 处理在 661 nm（$r=0.558$），K3 处理在2 259 nm（$r=0.849$），K4 处理在 1 008～1 011 nm（$r=0.703$）。

微分变换后光谱反射率与叶片钾含量的相关性增强。团棵期不同钾处理烟叶钾含量与一阶微分光谱反射率最大相关性波段分别为合计钾处理在 541 nm、584 nm、1 602 nm（$r=\pm0.454$），K0 处理在 584 nm（$r=-0.807$），K1 处理在 739 nm（$r=0.881$），K2 处理在 938 nm（$r=-0.679$），K3 处理在 1 591 nm（$r=0.854$），K4 处理在 1 574 nm（$r=0.745$）。

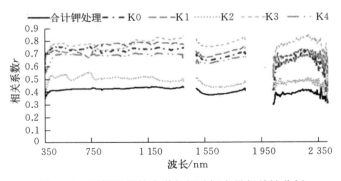

图 5-7 团棵期原始光谱与烟叶钾含量相关性分析

由表 5-15 可知，团棵期不同钾肥处理下鲜烟叶钾含量与位置变量相关性差异不明显。团棵期合计钾处理与钾含量相关性显著的位置变量为 λg、λv、Db、SDb、Dy、SDy、Dr、SDr、Rg、Rr、SDr/SDy；K0 处理与钾含量相关

**表 5 - 15 团棵期不同钾肥处理下植被变量与鲜烟叶钾含量相关性分析**

| 处理 | 位置变量 | 植被指数 |
|---|---|---|
| K0 (n=30) | λy (−0.602)**, Db (0.710)**, SDb (0.711)**, Dy (−0.595)**, SDy (0.717)**, Dr (0.720)**, SDr (0.742)**, Rg (0.729)**, Rr (0.756)** | DVI (0.716)**, SAVI (0.700)**, TSAVI (0.755)**, MSAVI2 (0.709)**, RDVI (0.704)**, CCII (0.716)**, TCARI (0.716)**, OSAVI (0.668)**, NDWI (−0.483)**, Vog1 (−0.579)**, Vog2 (0.589)**, Vog3 (0.589)**, PRI (0.636)**, PRI2 (−0.636)**, CRI1 (−0.736)**, CRI2 (−0.731)**, NDNI (0.520)**, SG (0.731)**, mNDVI705 (−0.465)**, NDII (−0.502)** |
| K1 (n=30) | Db (0.745)**, SDb (0.732)**, Dy (−0.544)**, SDy (0.752)**, Dr (0.776)**, SDr (0.802)**, Rg (0.736)**, Rr (0.670)** | DVI (0.782)**, SAVI (0.797)**, TSAVI (0.683)**, MSAVI2 (0.786)**, RDVI (0.794)**, CCII (0.716)**, TCARI (0.740)**, OSAVI (0.755)**, CRI1 (−0.694)**, CRI2 (−0.716)**, NDNI (0.779)**, SG (0.726)** |
| K2 (n=30) | SDb (0.466)**, Dr (0.491)**, SDr (0.524)**, Rg (0.494)**, Rr (0.547)** | DVI (0.508)**, TSAVI (0.553)**, MSAVI2 (0.486)**, RDVI (0.482)**, CCII (0.475)**, TCARI (0.476)**, PRI (0.516)**, PRI2 (−0.516)**, CRI1 (−0.484)**, CRI2 (−0.472)**, SG (0.505)** |

第五章　烟叶磷钾含量与 SPAD 光谱遥感监测

· 135 ·

（续）

| 处理 | 位置变量 | 植被指数 |
|---|---|---|
| K3 (n=30) | λg (0.468)**, Db (0.732)**, SDb (0.721)**, SDy (0.736)**, Dr (0.716)**, SDr (0.734)**, Rg (0.762)**, Rr (0.777)** | DVI (0.719)**, SAVI (0.669)**, TSAVI (0.784)**, MSAVI2 (0.704)**, RDVI (0.683)**, GM2 (−0.534)**, CCII (0.753)**, TCARI (0.734)**, OSAVI (0.583)**, NDWI (−0.504)**, Vog1 (−0.715)**, Vog2 (0.695)**, Vog3 (0.697)**, PRI (0.668)**, PRI1 (−0.697)**, PRI2 (−0.668)**, CRI1 (−0.720)**, CRI2 (−0.712)**, NPCI (−0.544)**, NDNI (0.485)**, SG (0.765)**, NDVI705 (−0.548)**, mNDVI705 (−0.620)**, NDII (−0.675)** |
| K4 (n=30) | λy (0.530)**, Db (0.692)**, SDb (0.677)**, SDy (0.688)**, Dr (0.687)**, SDr (0.699)**, Rg (0.695)**, Rr (0.671)** | DVI (0.679)**, SAVI (0.665)**, TSAVI (0.678)**, MSAVI2 (0.672)**, RDVI (0.668)**, CCII (0.689)**, TCARI (0.683)**, OSAVI (0.616)**, Vog1 (−0.564)**, Vog2 (0.593)**, Vog3 (0.592)**, PRI1 (−0.540)**, CRI1 (−0.649)**, CRI2 (−0.655)**, NDNI (0.655)**, SG (0.694)**, NDII (−0.489)** |
| 合计钾 (n=150) | λg (0.358)**, λv (0.239)**, Db (0.417)**, SDb (0.414)**, Dy (−0.259)**, SDy (0.415)**, Dr (0.421)**, SDr (0.435)**, Rg (0.423)**, Rr (0.422)**, SDr/SDy (−0.214)** | DVI (0.421)**, SAVI (0.408)**, TSAVI (0.425)**, MSAVI2 (0.418)**, RDVI (0.412)**, GM2 (−0.239)**, CCII (0.239)**, TCARI (0.417)**, OSAVI (0.371)**, NDWI (−0.216)**, Vog1 (−0.354)**, Vog3 (0.350)**, PRI (0.350)**, PRI1 (0.316)**, PRI2 (−0.399)**, CRI1 (−0.316)**, CRI2 (−0.401)**, NPCI (−0.285)**, NDNI (0.350)**, SG (0.423)**, NDVI705 (−0.250)**, mNDVI705 (−0.314)**, Lic2 (−0.244)**, NDII (−0.245)** |

注：$n=30$ 时，$P<0.05$，$R^2>0.122$，$P<0.01$，$R^2>0.202$。$n=150$ 时，$P<0.05$，$R^2>0.025$；$P<0.01$，$R^2>0.043$。

性显著的位置变量为 λy、Db、SDb、Dy、SDy、Dr、SDr、Rg、Rr；K1 处理与钾含量相关性极显著的位置变量为 Db、SDb、Dy、SDy、Dr、SDr、Rg、Rr；K2 处理与钾含量相关性极显著的位置变量为 SDb、Dr、SDr、Rg、Rr；K3 处理与钾含量相关性极显著的位置变量为 λg、Db、SDb、SDy、Dr、SDr、Rg、Rr；K4 处理与钾含量相关性极显著的位置变量为 λy、Db、SDb、SDy、Dr、SDr、Rg、Rr。从以上可知，SDb、Dr、SDr、Rg、Rr 为钾处理共同的极显著相关位置变量。其中相关性最大的为合计钾处理 SDr（$r=0.435$），K0 处理 Rr（$r=0.756$），K1 处理 SDr（$r=0.802$），K2 处理 Rr（$r=0.547$），K3 处理 Rr（$r=0.777$），K4 处理 SDr（$r=0.699$）。

团棵期不同钾处理间叶片钾含量与植被指数相关性较强。合计钾处理叶片钾含量与植被指数相关性极显著的有 25 个，分别为 DVI、SAVI、TSAVI、MSAVI2、RDVI、GM2、CCII、TCARI、OSAVI、NDWI、Vog1、Vog2、Vog3、PRI、PRI1、PRI2、CRI1、CRI2、NPCI、NDNI、SG、NDVI705、mNDVI705、Lic2、NDII；K0 处理与钾含量显著相关的植被指数有 21 个，分别为 DVI、SAVI、TSAVI、MSAVI2、RDVI、CCII、TCARI、OSAVI、NDWI、Vog1、Vog2、Vog3、PRI、PRI1、PRI2、CRI1、CRI2、NDNI、SG、mNDVI705、NDII；K1 处理与钾含量相关性显著的植被指数有 12 个，分别为 DVI、SAVI、TSAVI、MSAVI2、RDVI、CCII、TCARI、OSAVI、CRI1、CRI2、NDNI、SG；K2 处理与钾含量相关性极显著的植被指数有 11 个，分别为 DVI、TSAVI、MSAVI2、RDVI、CCII、TCARI、PRI、PRI2、CRI1、CRI2、SG；K3 处理与钾含量相关性极显著的植被指数有 24 个，分别为 DVI、SAVI、TSAVI、MSAVI2、RDVI、GM2、CCII、TCARI、OSAVI、NDWI、Vog1、Vog2、Vog3、PRI、PRI1、PRI2、CRI1、CRI2、NPCI、NDNI、SG、NDVI705、mNDVI705、NDII；K4 处理与钾含量相关性极显著的植被指数有 17 个，分别为 DVI、SAVI、TSAVI、MSAVI2、RDVI、CCII、TCARI、OSAVI、Vog1、Vog2、Vog3、PRI1、CRI1、CRI2、NDNI、SG、NDII。从以上可知，DVI、TSAVI、MSAVI2、RDVI、CCII、TCARI、CRI1、CRI2、SG 为五个钾处理共同的极显著相关植被指数。其中相关性最大为合计钾处理 TSAVI（$r=0.425$），K0 处理 TSAVI（$r=0.755$），K1 处理 SAVI（$r=0.797$），K2 处理 TSAVI（$r=0.553$），K3 处理 TSAVI（$r=0.784$），K4 处理 SG（$r=0.694$）。

### 3. 团棵期烟叶钾含量光谱遥感监测模型建立

表 5-16 为团棵期不同钾肥处理条件下鲜烟叶钾含量光谱遥感监测模型。由表中可知，应用一阶微分光谱建立的模型拟合精度最高。

　　从特征变量来看，不同处理的特征变量差异较大，表明不同钾肥水平对钾含量的影响较大。结合相关分析结果和回归方程筛选出的自变量对应的波长，得出 K0 处理鲜烟叶钾含量原始光谱反射率的特征波长为 429 nm，一阶导数光谱的特征波长为 584 nm，位置变量的特征变量为 Rr，植被指数的特征变量为 TSAVI。K1 处理鲜烟叶钾含量原始光谱反射率的特征波长为 1 003 nm，一阶导数光谱的特征波长为 739 nm，位置变量的特征变量为 SDr，植被指数的特征变量为 SAVI、NDNI。K2 处理鲜烟叶钾含量一阶微分光谱的特征波长为 938 nm、2 156 nm，位置变量的特征变量为 Rr、λy、（SDr－SDy）/（SDr＋SDy），植被指数的特征变量为 TSAVI、Vog3。K3 处理鲜烟叶钾含量原始光谱反射率的特征波长为 2 259 nm，一阶导数光谱的特征波长为 1 591 nm，位置变量的特征变量为 Rr，植被指数的特征变量为 TSAVI。K4 处理鲜烟叶钾含量原始光谱反射率的特征波长为 1 009 nm、1 025 nm，一阶导数光谱的特征波长为 1 193 nm、1 574 nm，位置变量的特征变量为 Rr、λy。合计钾处理鲜烟叶钾含量原始光谱反射率的特征波长为 1 348 nm、1 622 nm，一阶微分光谱的特征波长为 541 nm、1 202 nm、1 602 nm，位置变量的特征变量为 SDr、Dy。

表 5－16　团棵期不同钾肥处理下鲜烟叶钾含量光谱遥感监测模型

| 处理 | 建模变量 | 回归方程 | 特征变量 | $R^2$ | $P$ |
|---|---|---|---|---|---|
| K0<br>（$n=30$） | 原始光谱 | $y=2.555+29.326x_{429\,nm}$ | 429 nm | 0.572 | $<0.01$ |
| | 一阶光谱 | $y=2.514-1\,279.61x_{584\,nm}$ | 584 nm | 0.651 | $<0.01$ |
| | 位置变量 | $y=2.681+30.871x_{Rr}$ | Rr | 0.572 | $<0.01$ |
| | 植被指数 | $y=-13.459+16.246x_{TSAVI}$ | TSAVI | 0.570 | $<0.01$ |
| K1<br>（$n=30$） | 原始光谱 | $y=4.131+1.621x_{1003\,nm}$ | 1 003 nm | 0.629 | $<0.01$ |
| | 一阶光谱 | $y=3.386+416.49x_{739\,nm}$ | 739 nm | 0.776 | $<0.01$ |
| | 位置变量 | $y=4.036+1.73x_{SDr}$ | SDr | 0.643 | $<0.01$ |
| | 植被指数 | $y=2.54+1.439x_{SAVI}+6.573x_{NDNI}$ | SAVI、NDNI | 0.752 | $<0.01$ |
| K2<br>（$n=30$） | 原始光谱 | $y=4.572+17.065x_{661\,nm}-7.939x_{2387\,nm}$ | 661 nm、<br>2 387 nm | 0.473 | $<0.01$ |
| | 一阶光谱 | $y=4.838-297.958x_{938\,nm}+158.549x_{2156\,nm}$ | 938 nm、<br>2 156 nm | 0.625 | $<0.01$ |
| | 位置变量 | $y=-47.461+0.077x_{\lambda y}+15.223x_{Rr}$<br>$+5.055x_{(SDr-SDy)/(SDr+SDy)}$ | Rr、λy、（SDr－<br>SDy）/（SDr＋<br>SDy） | 0.623 | $<0.01$ |
| | 植被指数 | $y=-9.86+12.773x_{TSAVI}-20.177x_{Vog3}$ | TSAVI、<br>Vog3 | 0.516 | $<0.01$ |

（续）

| 处理 | 建模变量 | 回归方程 | 特征变量 | $R^2$ | $P$ |
|---|---|---|---|---|---|
| K3<br>（$n=30$） | 原始光谱 | $y=4.88+9.296x_{2259\,nm}$ | 2 259 nm | 0.720 | <0.01 |
| | 一阶光谱 | $y=4.643+1\,322.595x_{1591\,nm}$ | 1 591 nm | 0.729 | <0.01 |
| | 位置变量 | $y=4.609+21.108x_{Rr}$ | Rr | 0.603 | <0.01 |
| | 植被指数 | $y=-6.733+11.394x_{TSAVI}$ | TSAVI | 0.615 | <0.01 |
| K4<br>（$n=30$） | 原始光谱 | $y=4.971+57.766x_{1009\,nm}-55.425x_{1025\,nm}$ | 1 009 nm、<br>1 025 nm | 0.626 | <0.01 |
| | 一阶光谱 | $y=4.678-955.724x_{1193\,nm}+723.379x_{1574\,nm}$ | 1 193 nm、<br>1 574 nm | 0.738 | <0.01 |
| | 位置变量 | $y=-8.194+13.496x_{Rr}+0.021x_{\lambda y}$ | Rr、<br>λy | 0.755 | <0.01 |
| | 植被指数 | $y=4.851+5.013x_{SG}$ | SG | 0.482 | <0.01 |
| 合计钾<br>（$n=150$） | 原始光谱 | $y=3.879+11.058x_{1348\,nm}-10.59x_{1622\,nm}$ | 1 348 nm、<br>1 622 nm | 0.271 | <0.01 |
| | 一阶光谱 | $y=4.268+856.257x_{541\,nm}-1\,336.85x_{1202\,nm}+763.884x_{1602\,nm}$ | 541 nm、<br>1 202 nm、<br>1 602 nm | 0.322 | <0.01 |
| | 位置变量 | $y=3.555+3.438x_{SDr}+2\,216.558x_{Dy}$ | SDr、Dy | 0.217 | <0.01 |
| | 植被指数 | $y=-6.486+10.66x_{TSAVI}$ | TSAVI | 0.181 | <0.01 |

注：$n=30$ 时，$P<0.05$，$R^2>0.122$；$P<0.01$，$R^2>0.202$。$n=150$ 时，$P<0.05$，$R^2>0.025$；$P<0.01$，$R^2>0.043$。

**4. 团棵期烟叶钾含量光谱遥感监测模型评价**

利用 2016 年数据对所建立的模型进行评价。由图 5-8 可知，K0 处理钾含量精度最高模型为基于 584 nm 一阶微分反射光谱遥感监测模型 $y=2.514-1\,279.61x_{584\,nm}$，$R^2=0.651$，$RMSE=0.322$，$RE=0.58\%$；K1 处理钾含量精度最高模型为基于 739 nm 一阶微分反射光谱遥感监测模型 $y=3.386+416.49x_{739\,nm}$，$R^2=0.776$，$RMSE=0.277$，$RE=0.48\%$；K2 处理钾含量精度最高模型为基于 938 nm 和 2 156 nm 一阶微分反射光谱遥感监测模型 $y=4.838-297.958x_{938\,nm}+158.549x_{2156\,nm}$，$R^2=0.625$，$RMSE=0.141$，$RE=-1.08\%$；K3 处理钾含量精度最高模型为基于 2 259 nm 原始光谱反射率监测模型 $y=4.88+9.296x_{2259\,nm}$，$R^2=0.720$，$RMSE=0.28$，$RE=4.41\%$；K4 处理钾含量精度最高模型为基于 1 193 nm 和 1 574 nm 一阶微分光谱反射率监测模型 $y=4.678-955.724x_{1193\,nm}+723.379x_{1574\,nm}$，$R^2=0.738$，$RMSE=0.143$，$RE=-0.54\%$；合计钾处理鲜烟叶钾含量精度最高模型为基于 541 nm、1 202 nm 和

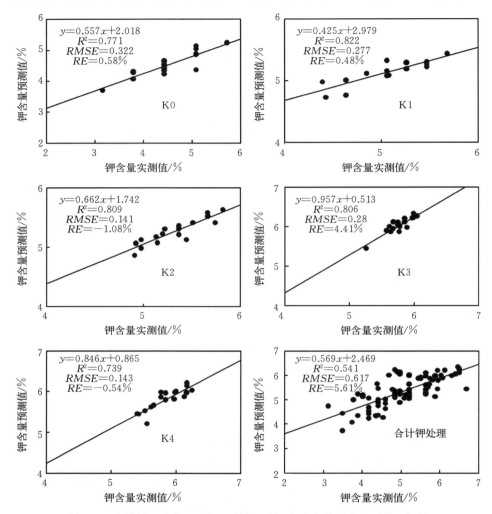

图 5-8　团棵期不同钾肥处理下鲜烟叶钾含量光谱遥感监测模型评价

（注：$n=18$ 时，$P<0.05$，$R^2>0.197$；$P<0.01$，$R^2>0.315$。$n=90$ 时，$P<0.05$，$R^2>0.042$；$P<0.01$，$R^2>0.071$）

$1\,602\,\text{nm}$ 一阶微分反射光谱遥感监测模型 $y=4.268+856.257x_{541\,\text{nm}}-1\,336.85x_{1\,202\,\text{nm}}+763.884x_{1\,602\,\text{nm}}$，$R^2=0.322$，$RMSE=0.617$，$RE=5.61\%$。

## 二、旺长期烟叶钾含量光谱遥感监测模型

### 1. 旺长期烟叶训练样本和测试样本钾含量

从表 5-17、表 5-18 中可知，旺长期训练样本五个钾处理与烟叶钾含量

关系表现为除 K4 处理外其他钾肥处理与烟叶钾含量基本呈正相关，钾含量平均值最高在 K3 处理，最低在 K0 处理，K4 处理与 K3 处理钾肥含量差异较小。同一处理样本间的标准差和标准误差均较低，表明同一处理间样本差异较小；不同处理间烟叶钾含量存在差异。测试样本五个钾处理与烟叶钾含量呈正相关，钾含量平均值最高在 K4 处理，最低在 K0 处理。

表 5-17　旺长期不同钾肥处理下鲜烟叶训练样本钾含量

单位：%

| 处理 | 样本数 $n$ | 最大值 | 最小值 | 平均值 | 标准差 | 标准误差 |
|---|---|---|---|---|---|---|
| K0 | 30 | 3.458 | 2.734 | 3.036 | 0.184 | 0.034 |
| K1 | 30 | 4.252 | 3.350 | 3.836 | 0.273 | 0.051 |
| K2 | 30 | 5.213 | 4.107 | 4.722 | 0.293 | 0.054 |
| K3 | 30 | 5.760 | 4.432 | 5.275 | 0.289 | 0.054 |
| K4 | 30 | 5.640 | 4.697 | 5.244 | 0.243 | 0.045 |
| 合计钾 | 150 | 5.760 | 2.734 | 4.423 | 0.905 | 0.074 |

表 5-18　旺长期不同钾肥处理下鲜烟叶测试样本钾含量

单位：%

| 处理 | 样本数 $n$ | 最大值 | 最小值 | 平均值 | 标准差 | 标准误差 |
|---|---|---|---|---|---|---|
| K0 | 18 | 4.090 | 2.960 | 3.304 | 0.315 | 0.076 |
| K1 | 18 | 4.210 | 3.120 | 3.808 | 0.311 | 0.075 |
| K2 | 18 | 5.380 | 3.430 | 4.775 | 0.438 | 0.106 |
| K3 | 18 | 6.450 | 4.220 | 5.174 | 0.575 | 0.139 |
| K4 | 18 | 5.630 | 4.950 | 5.262 | 0.175 | 0.043 |
| 合计钾 | 90 | 6.450 | 2.960 | 4.465 | 0.867 | 0.092 |

**2. 旺长期光谱参数与烟叶钾含量相关性分析**

从图 5-9 可知，旺长期 K0、K3、K4 处理鲜烟叶原始光谱反射率与钾含量负相关；K1 处理在 728～1 319 nm 光谱反射率与钾含量正相关，其余波段负相关；K2 处理在 705～1 139 nm 光谱反射率与钾含量正相关，其余波段负相关。合计钾处理与钾含量相关性极显著的波段为 350～394 nm、2 364～2 366 nm。K0 处理与钾含量相关性极显著的波段为 358～411 nm。K1 处理与钾含量相关性极显著的波段为 350～392 nm。K2 处理与钾含量相关性极显著的波段为 350～414 nm。K3 处理与钾含量相关性极显著的波段为 350～740 nm、908～

1 350 nm、1 446～1 800 nm、2 001～2 384 nm。K4 处理与钾含量相关性极显著的波段为 350～718 nm、1 121～1 350 nm、1 446～1 800 nm、2 001～2 299 nm、2 300～2 389 nm。旺长期不同钾处理烟叶钾含量与原始光谱反射率相关性最大波段分别为合计钾处理在 357 nm、358 nm（$r=-0.277$），K0 处理在 388 nm、389 nm（$r=-0.533$），K1 处理在 359 nm（$r=-0.619$），K2 处理在 353 nm（$r=-0.769$），K3 处理在 376 nm（$r=-0.830$），K4 处理在 354 nm（$r=-0.805$）。

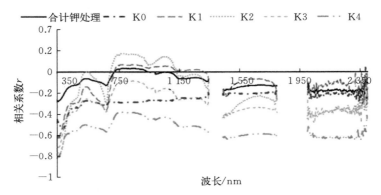

图 5 - 9　旺长期原始光谱与烟叶钾含量相关性分析

旺长期不同钾处理烟叶钾含量与一阶微分光谱反射率相关性最大波段分别为合计钾处理在 2 063 nm（$r=-0.355$），K0 处理在 1 006 nm（$r=-0.592$），K1 处理在 2 063 nm（$r=-0.627$），K2 处理在 932 nm（$r=-0.602$），K3 处理在 1 602 nm（$r=-0.708$），K4 处理在 1 647 nm（$r=-0.671$）。

由表 5 - 19 可知，旺长期烟叶钾含量与位置变量相关性因不同钾肥处理差异较大，K4 处理钾含量与位置变量相关性最强，其次为 K1 处理，K2 处理与钾含量相关性不显著。旺长期合计钾处理与钾含量相关性显著的位置变量为 λr、Rg/Rr、（Rg－Rr）/（Rg＋Rr）；K0 处理与钾含量相关性显著的位置变量为 λv；K1 处理与钾含量相关性极显著的位置变量为 Rg/Rr、（Rg－Rr）/（Rg＋Rr）、λr、λg、Rr、SDr/SDb、（SDr－SDb）/（SDr＋SDb）；K2 处理与钾含量相关性不显著；K3 处理与钾含量相关性极显著的位置变量为 Rg、Rr；K4 处理与钾含量相关性极显著的位置变量为 Db、Dy、Rg、Rr、SDr/SDb、SDr/SDy、（SDr－SDb）/（SDr＋SDb）、（SDr－SDy）/（SDr＋SDy）。相关性最大的为合计钾处理 Rg/Rr（$r=0.181$），K0 处理 λv（$r=-0.459$），K1 处理 Rg/Rr（$r=0.493$），K2 处理 Rg/Rr（$r=0.318$），K3 处理 Rr（$r=-0.605$），K4 处理 Rr（$r=-0.554$）。

表 5－19　旺长期不同钾肥处理下植被变量与鲜烟叶钾含量相关性分析

| 处理 | 位置变量 | 植被指数 |
|---|---|---|
| K0 (n=30) | λv (－0.459)* | CRI1 (0.455)*, CRI2 (0.451)*, PSSRb (0.362)* |
| K1 (n=30) | Rg/Rr (0.493)**, (Rg－Rr)/(Rg＋Rr) (0.479)**, λr (0.362)*, λg (－0.433)*, Rr (－0.363)*, SDr/SDb (0.437)*, (SDr－SDb)/(SDr＋SDb) (0.448)* | RVI (0.637)**, NDVI (0.535)**, GM1 (0.517)**, GM2 (0.550)**, Vog1 (0.535)**, Vog2 (－0.526)**, Vog3 (－0.526)**, SR (0.621)**, PRI (－0.519)**, PRI1 (0.486)**, PRI2 (0.519)*, SIPI (0.555)**, PSSRa (0.627)**, PSSRb (0.567)**, NDVI705 (0.545)**, mSR705 (0.570)**, mNDVI705 (0.506)**, Lic1 (0.527)**, VARI_green (0.466)*, VARI_700 (0.491)**, PSADa (0.527)**, PSADb (0.534)**, PSADc (0.567)** |
| K2 (n=30) | / | WI (0.533)**, mSR705 (0.483)**, NDII (0.491)**, PPR (0.445)**, NDWI (0.441)**, SIPI (0.392)*, PSADc (0.456)* |
| K3 (n=30) | Rg (－0.508)**, Rr (－0.605)* | RVI (0.471)**, NDVI (0.475)**, WI (0.511)**, SIPI (0.511)**, TSAVI (－0.607)**, CCII (－0.471)**, TCARI (－0.464)**, SG (－0.519)**, mSR705 (0.549)**, CRI1 (0.482)**, CRI2 (0.473)**, PSSRa (0.470)**, PSADc (0.521)**, NDII (0.471)**, Lic1 (0.471)**, PSADa (0.476)** |
| K4 (n=30) | Db (－0.466)**, Dy (0.466)**, Rg (－0.498)**, Rr (－0.554)**, SDr/SDy (0.504)**, SDb (0.494)**, SDr/(SDr＋SDb) (0.512)**, (SDr－SDb)/(SDr＋SDb) (0.512)**, (SDr－SDy)/(SDr＋SDy) (0.512)** | RVI (0.579)**, NDVI (0.475)**, TSAVI (－0.549)**, GM1 (0.557)**, GM2 (0.547)**, CCII (－0.505)**, TCARI (－0.469)**, NDWI (0.524)**, WI (0.649)**, Vog1 (0.560)**, Vog2 (－0.552)**, Vog3 (－0.552)**, SR (0.585)**, PRI1 (0.480)**, SIPI (0.548)**, CRI1 (0.564)**, CRI2 (0.556)**, PSSRb (0.548)**, PSSRb (0.591)**, SG (－0.507)**, NDVI705 (0.547)**, mSR705 (0.600)**, mNDVI705 (0.521)**, Lic1 (0.488)**, NDII (0.610)**, PSADa (0.488)**, PSADb (0.498)**, PSADc (0.591)** |
| 合计钾 (n=150) | λr (0.179)**, Rg/Rr (0.181)**, (Rg－Rr)/(Rg＋Rr) (0.166)* | RVI (0.210)**, NDWI (0.266)**, WI (0.265)**, SR (0.210)**, SIPI (0.221)**, PSSRa (0.214)**, mSR705 (0.246)**, NDII (0.283)**, PSADc (0.239)** |

注: $n=30$ 时, $P<0.05$, $R^2>0.122$; $P<0.01$, $R^2>0.202$。$n=150$ 时, $P<0.05$, $R^2>0.025$; $P<0.01$, $R^2>0.043$。

旺长期烟叶钾含量与植被指数相关性因不同钾处理差异较大，K4 处理钾含量与植被指数相关性最强，其次为 K1 处理，再次为 K3 处理，K0 处理相关性最低。旺长期五个钾肥处理下钾含量与植被指数相关性极显著的有 RVI、NDWI、WI、SR、SIPI、PSSRa、mSR705、NDII、PSADc；K0 处理与钾含量显著相关的植被指数为 CRI1、CRI2、PSSRb；K1 处理与钾含量相关性显著的植被指数 23 个，分别为 RVI、NDVI、GM1、GM2、Vog1、Vog2、Vog3、SR、PRI、PRI1、PRI2、SIPI、PSSRa、PSSRb、NDVI705、mSR705、mNDVI705、Lic1、VARI _ green、VARI _ 700、PSADa、PSADb、PSADc；K2 处理与钾含量相关性极显著的植被指数为 WI、mSR705、NDII；K3 处理与钾含量相关性极显著的植被指数为 RVI、NDVI、TSAVI、CCII、TCARI、WI、SIPI、CRI1、CRI2、PSSRa、SG、mSR705、Lic1、NDII、PSADa、PSADc；K4 处理与钾含量相关性极显著的植被指数 28 个，分别为 RVI、NDVI、TSAVI、GM1、GM2、CCII、TCARI、NDWI、WI、Vog1、Vog2、Vog3、SR、PRI1、SIPI、CRI1、CRI2、PSSRa、PSSRb、SG、NDVI705、mSR705、mNDVI705、Lic1、NDII、PSADa、PSADb、PSADc。相关性最大为合计处理 NDII（$r=0.283$），K0 处理 CRI1（$r=0.455$），K1 处理 RVI（$r=0.637$），K2 处理 WI（$r=0.533$），K3 处理 TSAVI（$r=-0.607$），K4 处理 WI（$r=0.649$）。

**3. 旺长期烟叶钾含量光谱遥感监测模型建立**

表 5 - 20 为旺长期不同钾肥处理下鲜烟叶钾含量光谱遥感监测模型，由表中可知，K0、K1、K4 处理应用一阶微分光谱建立的模型拟合精度最高，K2、K3 处理拟合精度最高为原始光谱建立的模型。

表 5 - 20 旺长期不同钾肥处理下鲜烟叶钾含量光谱遥感监测模型

| 处理 | 建模变量 | 回归方程 | 特征变量 | $R^2$ | $P$ |
|---|---|---|---|---|---|
| K0<br>（$n=30$） | 原始光谱 | $y=3.532-19.971x_{388\,nm}-8.941x_{2351\,nm}+13.529x_{2387\,nm}$ | 388 nm、2 351 nm、2 387 nm | 0.683 | <0.01 |
| | 一阶光谱 | $y=3.163-375.983x_{1006\,nm}+615.942x_{1209\,nm}-109.498x_{2313\,nm}$ | 1 006 nm、1 209 nm、2 313 nm | 0.725 | <0.01 |
| | 位置变量 | $y=34.212-0.047x_{\lambda v}$ | $\lambda v$ | 0.211 | <0.01 |
| | 植被指数 | $y=2.812+0.025x_{CRI1}$ | CRI1 | 0.207 | <0.01 |

（续）

| 处理 | 建模变量 | 回归方程 | 特征变量 | $R^2$ | $P$ |
|---|---|---|---|---|---|
| K1<br>($n=30$) | 原始光谱 | $y=4.652-50.272x_{359\,nm}+13.068x_{2359\,nm}-8.961x_{2399\,nm}$ | 359 nm、<br>2 359 nm、<br>2 399 nm | 0.630 | <0.01 |
| | 一阶光谱 | $y=3.782+1\,402.996x_{801\,nm}-124.402x_{1785\,nm}-181.41x_{2063\,nm}$ | 801 nm、<br>1 785 nm、<br>2 063 nm | 0.722 | <0.01 |
| | 位置变量 | $y=2.773+0.416x_{Rg/Rr}-146.235x_{Db}$ | Rg/Rr、Db | 0.418 | <0.01 |
| | 植被指数 | $y=3.025+0.049x_{RVI}$ | RVI | 0.406 | <0.01 |
| K2<br>($n=30$) | 原始光谱 | $y=5.345+179.288x_{350\,nm}-223.003x_{353\,nm}+1.51x_{1350\,nm}$ | 350 nm、<br>353 nm、<br>1 350 nm | 0.713 | <0.01 |
| | 一阶光谱 | $y=4.19+1\,271.938x_{433\,nm}-293.945x_{932\,nm}+1\,068.007x_{1252\,nm}$ | 433 nm、<br>932 nm、<br>1 252 nm | 0.691 | <0.01 |
| | 位置变量 | / | / | / | <0.01 |
| | 植被指数 | $y=-1.505+5.516x_{WI}$ | WI | 0.284 | <0.01 |
| K3<br>($n=30$) | 原始光谱 | $y=6.614-48.31x_{376\,nm}-16.094x_{2001\,nm}+5.801x_{2386\,nm}$ | 376 nm、<br>2 001 nm、<br>2 386 nm | 0.813 | <0.01 |
| | 一阶光谱 | $y=6.26-1\,148.555x_{1602\,nm}+1\,697.066x_{1680\,nm}-61.196x_{2347\,nm}$ | 1 602 nm、<br>1 680 nm、<br>2 347 nm | 0.777 | <0.01 |
| | 位置变量 | $y=5.852-14.84x_{Rr}$ | Rr | 0.366 | <0.01 |
| | 植被指数 | $y=16.541-10.606x_{TSAVI}-3.671x_{NPCI}$ | TSAVI、NPCI | 0.484 | <0.01 |
| K4<br>($n=30$) | 原始光谱 | $y=6.18-46.228x_{354\,nm}+22.091x_{2014\,nm}-15.385x_{2019\,nm}$ | 354 nm、<br>2 014 nm、<br>2 019 nm | 0.779 | <0.01 |
| | 一阶光谱 | $y=5.34-466.863x_{906\,nm}-676.119x_{1647\,nm}-161.523x_{2017\,nm}$ | 906 nm、<br>1 647 nm、<br>2 017 nm | 0.817 | <0.01 |
| | 位置变量 | $y=5.604-8.686x_{Rr}$ | Rr | 0.307 | <0.01 |
| | 植被指数 | $y=-1.072+5.567x_{WI}$ | WI | 0.421 | <0.01 |

（续）

| 处理 | 建模变量 | 回归方程 | 特征变量 | $R^2$ | $P$ |
|---|---|---|---|---|---|
| | 原始光谱 | $y=5.332-543.612x_{358\,nm}+507.93x_{360\,nm}$ | 358 nm、360 nm | 0.103 | <0.01 |
| 合计钾 $(n=150)$ | 一阶光谱 | $y=4.093+761.473x_{1039\,nm}+$ $1\,378.117x_{1669\,nm}-467.949x_{2063\,nm}$ | 1 039 nm、1 669 nm、2 063 nm | 0.239 | <0.01 |
| | 位置变量 | $y=3.095+0.369x_{Rg/Rr}$ | Rg/Rr | 0.033 | <0.01 |
| | 植被指数 | $y=2.528+4.379x_{NDII}$ | NDII | 0.080 | <0.01 |

注：$n=30$ 时，$P<0.05$，$R^2>0.122$；$P<0.01$，$R^2>0.202$。$n=150$ 时，$P<0.05$，$R^2>0.025$；$P<0.01$，$R^2>0.043$。

从特征变量来看，不同处理的特征变量差异较大，表明不同钾肥水平对钾含量的影响较大。结合相关分析结果和回归方程筛选出的自变量对应的波长，得出 K0 处理鲜烟叶钾含量原始光谱反射率的特征波长为 388 nm、2 351 nm、2 387 nm，一阶微分光谱反射率的特征波长为 1 006 nm、1 209 nm、2 313 nm。K1 处理鲜烟叶钾含量原始光谱反射率的特征波长为 359 nm、2 359 nm、2 399 nm，一阶微分光谱反射率的特征波长为 801 nm、1 785 nm、2 063 nm。K2 处理鲜烟叶钾含量原始光谱反射率的特征波长为 350 nm、353 nm、1 350 nm，一阶微分光谱反射率的特征波长为 433 nm、932 nm、1 252 nm。K3 处理鲜烟叶钾含量原始光谱反射率的特征波长为 376 nm、2 001 nm、2 386 nm，一阶微分光谱反射率的特征波长为 1 602 nm、1 680 nm、2 347 nm。K4 处理鲜烟叶钾含量原始光谱反射率的特征波长为 354 nm、2 014 nm、2 019 nm，一阶微分光谱反射率的特征波长为 906 nm、1 647 nm、2 017 nm。合计钾处理鲜烟叶钾含量原始光谱反射率的特征波长为 358 nm、360 nm，一阶微分光谱反射率的特征波长为 1 039 nm、1 669 nm、2 063 nm。

**4. 旺长期烟叶钾含量光谱遥感监测模型评价**

利用 2016 年数据对所建立的模型进行评价。图 5-10 表明 K0 处理钾含量精度最高模型为基于 1 006 nm、1 209 nm 和 2 313 nm 一阶微分光谱反射率预测模型 $y=3.163-375.983x_{1006\,nm}+615.942x_{1209\,nm}-109.498x_{2313\,nm}$，$R^2=0.725$，$RMSE=0.226$，$RE=1.48\%$；K1 处理钾含量精度最高模型为基于 801 nm、1 785 nm 和 2 063 nm 一阶微分光谱反射率预测模型 $y=3.782+1\,402.996x_{801\,nm}-124.402x_{1785\,nm}-181.41x_{2063\,nm}$，$R^2=0.722$，$RMSE=0.2$，$RE=0.24\%$；K2 处理钾含量精度最高模型为基于 350 nm、353 nm 和 1 350 nm 原始光谱反射率预测模型 $y=5.345+179.288x_{350\,nm}-223.003x_{353\,nm}+1.51x_{1350\,nm}$，$R^2=0.713$，$RMSE=0.264$，$RE=3.24\%$；K3 处理钾含量精度最高模型为基于 376 nm、2 001 nm、2 386 nm 原始光谱反射率预测模型 $y=$

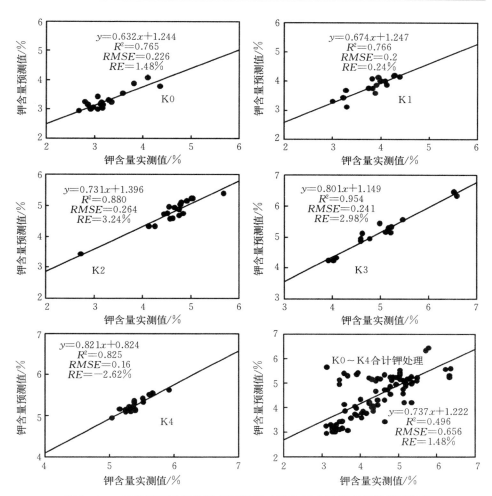

图 5 - 10 旺长期不同钾肥处理下鲜烟叶钾含量光谱遥感监测模型评价

(注：$n=18$ 时，$P<0.05$，$R^2>0.197$；$P<0.01$，$R^2>0.315$。$n=90$ 时，$P<0.05$，$R^2>0.042$；$P<0.01$，$R^2>0.071$)

$6.614-48.31x_{376\,nm}-16.094x_{2001\,nm}+5.801x_{2386\,nm}$，$R^2=0.813$，$RMSE=0.241$，$RE=2.98\%$；K4 处理钾含量精度最高模型为基于 906 nm、1 647 nm 和 2 017 nm 一阶微分光谱反射率预测模型 $y=5.34-466.863x_{906\,nm}-676.119x_{1647\,nm}-161.523x_{2017\,nm}$，$R^2=0.817$，$RMSE=0.16$，$RE=-2.62\%$；K0～K4 合计钾处理钾含量精度最高模型为基于 1 039 nm、1 669 nm 和 2 063 nm 一阶微分光谱反射率预测模型 $y=4.093+761.473x_{1039\,nm}+1\,378.117x_{1669\,nm}-467.949x_{2063\,nm}$，$R^2=0.239$，$RMSE=0.656$，$RE=1.48\%$。

## 三、打顶期烟叶钾含量光谱遥感监测模型

### 1. 打顶期烟叶训练样本和测试样本钾含量

从表 5-21 中可知,打顶期训练样本五个钾处理与烟叶钾含量呈正相关,即施钾量越高,烟叶钾含量越高。同一处理样本间的标准差和标准误差均较低,表明同一处理间样本差异较小;不同处理间烟叶钾含量存在差异。钾含量平均值最高在 K4 处理,最低在 K0 处理。表 5-22 表明打顶期测试样本除 K4 处理外其他钾肥处理与烟叶钾含量基本呈正相关,即施钾量越高,烟叶钾含量越高。钾含量最高在 K3 处理,最低在 K0 处理。总体来说打顶期烟叶钾含量低于团棵期和旺长期,究其原因是由于烟株在打顶后消除了茎顶端的库,导致地上部组织中的钾素回流到根部的比例增大,达到 50%～70%,造成叶片中钾含量的下降。出现这种情况,一方面与烟株体内钾的转移有关,另一方面可能是由于打顶后烟株根系活力下降所致。

表 5-21　打顶期不同钾肥处理下鲜烟叶训练样本钾含量

单位:%

| 处理 | 样本数 $n$ | 最大值 | 最小值 | 平均值 | 标准差 | 标准误差 |
|---|---|---|---|---|---|---|
| K0 | 30 | 2.520 | 1.690 | 2.103 | 0.244 | 0.045 |
| K1 | 30 | 3.260 | 2.421 | 2.768 | 0.214 | 0.040 |
| K2 | 30 | 4.183 | 2.804 | 3.354 | 0.274 | 0.051 |
| K3 | 30 | 4.657 | 3.434 | 3.991 | 0.203 | 0.038 |
| K4 | 30 | 4.580 | 3.650 | 4.173 | 0.263 | 0.049 |
| 合计钾 | 150 | 4.657 | 1.690 | 3.278 | 0.806 | 0.066 |

表 5-22　打顶期不同钾肥处理下鲜烟叶测试样本钾含量

单位:%

| 处理 | 样本数 $n$ | 最大值 | 最小值 | 平均值 | 标准差 | 标准误差 |
|---|---|---|---|---|---|---|
| K0 | 18 | 3.350 | 2.150 | 2.569 | 0.281 | 0.068 |
| K1 | 18 | 3.540 | 2.780 | 3.121 | 0.178 | 0.043 |
| K2 | 18 | 4.590 | 3.140 | 3.743 | 0.478 | 0.116 |
| K3 | 18 | 6.230 | 3.970 | 4.859 | 0.691 | 0.168 |
| K4 | 18 | 5.510 | 3.780 | 4.379 | 0.479 | 0.116 |
| 合计钾 | 90 | 6.230 | 2.150 | 3.734 | 0.944 | 0.100 |

### 2. 打顶期光谱参数与烟叶钾含量相关性分析

图 5-11 表明,打顶期五个钾处理鲜烟叶原始光谱反射率与钾含量相关性

极显著正相关。合计钾处理与钾含量相关性极显著的波段为 400～1 350 nm、1 446～1 800 nm、2 001～2 398 nm；K0 处理与钾含量相关性极显著的波段为 360～365 nm、367～421 nm、473～484 nm、486～488 nm、491 nm、493～497 nm、499 nm、350～640 nm、1 446～1 800 nm、2 001～2 396 nm；K1 处理与钾含量相关性极显著的波段为 350～501 nm、645～691 nm、702～1 350 nm、1 446～1 800 nm、2 001～2 400 nm；K2 处理与钾含量相关性极显著的波段为 350～368 nm、404～1 350 nm、1 446～1 800 nm、2 001～2 400 nm；K3 处理与钾含量相关性极显著的波段为 350～1 350 nm、1 446～1 800 nm、2 001～2 052 nm、2 059～2 356 nm、2 393～2 396 nm；K4 处理与钾含量相关性极显著的波段为 350～1 350 nm、1 446～1 800 nm、2 001～2 400 nm。打顶期不同钾肥处理烟叶钾含量与原始光谱反射率之间最大相关性波段分别为合计钾处理在 748～756 nm（$r=0.336$），K0 处理在 998 nm（$r=0.851$），K1 处理在 1 524～1 550 nm（$r=0.892$），K2 处理在 974～975 nm、984 nm（$r=0.948$），K3 处理在 555 nm、557 nm（$r=0.849$），K4 处理在 1 246 nm、1 277～1 307 nm、1 311～1 315 nm（$r=0.946$）。

　　微分变换后光谱反射率与叶片钾含量的相关性增强。打顶期不同钾处理烟叶钾含量与一阶微分光谱反射率之间最大相关性波段分别为合计钾处理在 1 533 nm（$r=0.395$）；K0 处理在 718 nm、722 nm（$r=0.823$）；K1 处理在 1 518 nm（$r=0.899$），K2 处理在 1 573 nm（$r=0.945$），K3 处理在 517 nm、637 nm（$r=\pm 0.857$），K4 处理在 711 nm（$r=0.947$）。

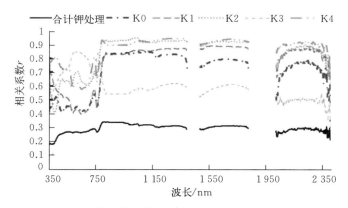

图 5-11　打顶期原始光谱与烟叶钾含量相关性分析

　　由表 5-23 可知，打顶期鲜烟叶钾含量与位置变量相关性较强。打顶期合计钾处理与钾含量相关性显著的位置变量为 Db、SDb、SDy、Dr、SDr、Rg、Rr；

表 5-23 打顶期不同钾肥处理下植被变量与鲜烟叶钾含量相关性分析

| 处理 | 位置变量 | 植被指数 |
| --- | --- | --- |
| K0<br>(n=30) | Dr (0.807)**, SDr (0.842)**, Rr (0.528)** | DVI (0.815)**, SAVI (0.797)**, TSAVI (0.548)**, MSAVI2 (0.817)**, RDVI (0.801)**, OSAVI (0.733)**, NDNI (0.672)** |
| K1<br>(n=30) | Dr (0.848)**, SDr (0.854)**, Rr (0.563)**, Rg/Rr (−0.570)**, (Rg−Rr)/(Rg+Rr) (−0.549)** | DVI (0.845)**, SAVI (0.846)**, TSAVI (0.577)**, MSAVI2 (0.851)**, RDVI (0.849)**, OSAVI (0.768)**, PPR (−0.506)**, NRI (−0.578)**, NDWI (−0.638)**, WI (−0.609)**, PSRI (0.556)**, NDNI (0.725)**, VARI_green (−0.562)**, VARI_700 (−0.543)**, NDII (−0.778)** |
| K2<br>(n=30) | λg (0.480)**, Db (0.767)**, SDb (0.687)**, SDy (0.736)**, Dr (0.910)**, SDr (0.922)**, Rg (0.703)**, Rr (0.682)**, Rg/Rr (−0.471)** | DVI (0.910)**, SAVI (0.851)**, TSAVI (0.701)**, MSAVI2 (0.898)**, RDVI (0.865)**, CCII (0.604)**, TCARI (0.698)**, OSAVI (0.659)**, NRI (−0.490)**, NDWI (−0.660)**, WI (−0.741)**, CRI1 (−0.626)**, CRI2 (−0.620)**, NDNI (0.826)**, SG (0.662)**, VARI_700 (−0.468)**, NDII (−0.733)** |
| K3<br>(n=30) | Db (0.692)**, SDb (0.638)**, SDy (0.626)**, Dr (0.865)**, SDr (0.871)**, Rg (0.695)**, Rr (0.716)** | DVI (0.870)**, SAVI (0.816)**, TSAVI (0.743)**, MSAVI2 (0.858)**, RDVI (0.826)**, CCII (0.510)**, TCARI (0.642)**, OSAVI (0.664)**, ND-WI (−0.501)**, CRI1 (−0.646)**, CRI2 (−0.636)**, NDNI (0.856)**, SG (0.680)**, NDII (−0.611)** |
| K4<br>(n=30) | Db (0.596)**, SDb (0.480)**, SDy (0.564)**, Dr (0.867)**, SDr (0.871)**, Rg (0.619)**, Rr (0.799)**, Rg/Rr (−0.467)** | DVI (0.873)**, SAVI (0.817)**, TSAVI (0.820)**, MSAVI2 (0.859)**, RDVI (0.823)**, TCARI (0.535)**, OSAVI (0.652)**, NDWI (−0.771)**, WI (−0.744)**, PRI1 (−0.495)**, CRI1 (−0.572)**, CRI2 (−0.534)**, NDNI (0.819)**, SG (0.602)**, VARI_700 (−0.506)**, NDII (−0.877)** |
| 合计钾<br>(n=150) | Db (0.244)**, SDb (0.234)**, SDy (0.229)**, Dr (0.325)**, SDr (0.345)**, Rg (0.256)**, Rr (0.290)** | DVI (0.343)**, SAVI (0.324)**, TSAVI (0.295)**, MSAVI2 (0.340)**, RDVI (0.326)**, TCARI (0.231)**, OSAVI (0.254)**, CRI1 (−0.259)**, CRI2 (−0.256)**, NDNI (0.315)**, SG (0.255)**, VARI_700 (−0.250)** |

注：$n=30$ 时，$P<0.05$，$R^2>0.122$；$P<0.01$，$R^2>0.202$。$n=150$ 时，$P<0.05$，$R^2>0.025$；$P<0.01$，$R^2>0.043$。

K0 处理与钾含量相关性显著的位置变量为 Dr、SDr、Rr；K1 处理与钾含量相关性极显著的位置变量为 Dr、SDr、Rr、Rg/Rr、（Rg－Rr）/（Rg＋Rr）；K2 处理与钾含量相关性极显著的位置变量为 λg、Db、SDb、SDy、Dr、SDr、Rg、Rr、Rg/Rr；K3 处理与钾含量相关性极显著的位置变量为 Db、SDb、SDy、Dr、SDr、Rg、Rr、Rg/Rr；K4 处理与钾含量相关性极显著的位置变量为 Db、SDb、SDy、Dr、SDr、Rg、Rr、Rg/Rr。由此可知，Dr、SDr、Rr 为五个钾肥处理共同的极显著相关位置变量。相关性最大位置变量分别为合计钾处理 SDr（$r=0.345$），K0 处理 SDr（$r=0.842$），K1 处理 SDr（$r=0.854$），K2 处理 SDr（$r=0.922$），K3 处理 SDr（$r=0.871$），K4 处理 SDr（$r=0.871$）。

打顶期叶片钾含量与植被指数极显著相关。合计钾处理的钾含量与植被指数相关性极显著的有 12 个，分别为 DVI、SAVI、TSAVI、MSAVI2、RDVI、TCARI、OSAVI、CRI1、CRI2、NDNI、SG、VARI_700；K0 处理与钾含量显著相关的植被指数 7 个，分别为 DVI、SAVI、TSAVI、MSAVI2、RDVI、OSAVI、NDNI；K1 处理与钾含量相关性显著的植被指数 15 个，分别为 DVI、SAVI、TSAVI、MSAVI2、RDVI、OSAVI、PPR、NRI、NDWI、WI、PSRI、NDNI、VARI_green、VARI_700、NDII；K2 处理与钾含量相关性极显著的植被指数 17 个，分别为 DVI、SAVI、TSAVI、MSAVI2、RDVI、CCII、TCARI、OSAVI、NRI、NDWI、WI、CRI1、CRI2、NDNI、SG、VARI_700、NDII；K3 处理与钾含量相关性极显著的植被指数 14 个，分别为 DVI、SAVI、TSAVI、MSAVI2、RDVI、CCII、TCARI、OSAVI、NDWI、CRI1、CRI2、NDNI、SG、NDII；K4 处理与钾含量相关性极显著的植被指数 16 个，分别为 DVI、SAVI、TSAVI、MSAVI2、RDVI、TCARI、OSAVI、NDWI、WI、PRI1、CRI1、CRI2、NDNI、SG、VARI_700、NDII。从以上可知，DVI、TSAVI、MSAVI2、NDNI 为钾处理共同的极显著相关植被指数。相关性最大植被指数分别为合计钾处理 DVI（$r=0.343$），K0 处理 MSAVI2（$r=0.817$），K1 处理 MSAVI2（$r=0.851$），K2 处理 DVI（$r=0.910$），K3 处理 DVI（$r=0.870$），K4 处理 NDII（$r=-0.877$）。

**3. 打顶期烟叶钾含量光谱遥感监测模型建立**

表 5-24 为打顶期不同钾肥处理条件下鲜烟叶钾含量光谱遥感监测模型。从表中可知，四种光谱变量建立的模型拟合精度都较高。

从特征变量来看，不同钾处理的原始光谱、一阶微分光谱特征变量均不相同，位置变量的特征变量主要是红边面积 SDr，植被指数的特征变量主要是 MSAVI2、DVI 和 NDII。结合相关分析结果和回归方程筛选出的自变量对应的波长，得出 K0 处理鲜烟叶钾含量原始光谱反射率的特征波长为 998 nm，一阶导数光谱的特征波长为 718 nm，位置变量的特征变量为 SDr，植被指数的特征变量为 MSAVI2。K1 处理鲜烟叶钾含量原始光谱反射率的特征波长为 1 526 nm，一阶导数光谱的特征波长为 1 518 nm，位置变量的特征变量为 SDr，植被指数的特征变量为 MSAVI2。K2 处理鲜烟叶钾含量原始光谱反射率的特征波长为 975 nm，一阶微分光谱的特征波长为 1 573 nm，位置变量的特征变量为 SDr，植被指数的特征变量为 DVI。K3 处理鲜烟叶钾含量原始光谱反射率的特征波长为 1 138 nm，一阶微分光谱的特征波长为 1 544 nm，位置变量的特征变量为 SDr，植被指数的特征变量为 DVI。K4 处理鲜烟叶钾含量原始光谱反射率的特征波长为 1 287 nm，一阶微分光谱的特征波长为 711 nm，位置变量的特征变量为 SDr，植被指数的特征变量为 NDII。合计钾处理鲜烟叶钾含量原始光谱反射率的特征波长为 771 nm，一阶微分光谱的特征波长为 805 nm、1 533 nm，位置变量的特征变量为 SDr，植被指数的特征变量为 DVI。

**表 5－24　打顶期不同钾肥处理下鲜烟叶钾含量光谱遥感监测模型**

| 处理 | 建模变量 | 回归方程 | 特征变量 | $R^2$ | $P$ |
|---|---|---|---|---|---|
| K0 ($n=30$) | 原始光谱 | $y=0.644+3.077x_{998\,nm}$ | 998 nm | 0.724 | $<0.01$ |
| | 一阶光谱 | $y=0.546+132.388x_{718\,nm}$ | 718 nm | 0.678 | $<0.01$ |
| | 位置变量 | $y=0.558+3.052x_{SDr}$ | SDr | 0.709 | $<0.01$ |
| | 植被指数 | $y=-0.063+1.935x_{MSAVI2}$ | MSAVI2 | 0.668 | $<0.01$ |
| K1 ($n=30$) | 原始光谱 | $y=2.153+5.402x_{1526\,nm}$ | 1 526 nm | 0.796 | $<0.01$ |
| | 一阶光谱 | $y=2.098+709.854x_{1518\,nm}$ | 1 518 nm | 0.808 | $<0.01$ |
| | 位置变量 | $y=1.604+2.356x_{SDr}$ | SDr | 0.730 | $<0.01$ |
| | 植被指数 | $y=1.045+1.561x_{MSAVI2}$ | MSAVI2 | 0.724 | $<0.01$ |
| K2 ($n=30$) | 原始光谱 | $y=1.729+3.441x_{975\,nm}$ | 975 nm | 0.898 | $<0.01$ |
| | 一阶光谱 | $y=2.496+1\,041.621x_{1573\,nm}$ | 1 573 nm | 0.893 | $<0.01$ |
| | 位置变量 | $y=1.473+3.654x_{SDr}$ | SDr | 0.850 | $<0.01$ |
| | 植被指数 | $y=1.487+3.66x_{DVI}$ | DVI | 0.828 | $<0.01$ |
| K3 ($n=30$) | 原始光谱 | $y=2.708+2.802x_{1138\,nm}$ | 1 138 nm | 0.877 | $<0.01$ |
| | 一阶光谱 | $y=3.216+783.357x_{1544\,nm}$ | 1 544 nm | 0.806 | $<0.01$ |
| | 位置变量 | $y=2.609+2.660x_{SDr}$ | SDr | 0.758 | $<0.01$ |
| | 植被指数 | $y=2.591+2.706x_{DVI}$ | DVI | 0.757 | $<0.01$ |

（续）

| 处理 | 建模变量 | 回归方程 | 特征变量 | $R^2$ | $P$ |
|---|---|---|---|---|---|
| K4<br>（$n=30$） | 原始光谱 | $y=2.815+3.483x_{1287\,nm}$ | 1 287 nm | 0.895 | <0.01 |
| | 一阶光谱 | $y=2.368+173.539x_{711\,nm}$ | 711 nm | 0.898 | <0.01 |
| | 位置变量 | $y=2.527+3.19x_{SDr}$ | SDr | 0.759 | <0.01 |
| | 植被指数 | $y=6.115-4.168x_{NDII}$ | NDII | 0.769 | <0.01 |
| 合计钾<br>（$n=150$） | 原始光谱 | $y=1.249+3.754x_{771\,nm}$ | 771 | 0.123 | <0.01 |
| | 一阶光谱 | $y=1.679-2\,999.938x_{805\,nm}+1\,566.350x_{1533\,nm}$ | 805 nm、<br>1 533 nm | 0.256 | <0.01 |
| | 位置变量 | $y=1.287+3.903x_{SDr}$ | SDr | 0.119 | <0.01 |
| | 植被指数 | $y=1.299+3.898x_{DVI}$ | DVI | 0.118 | <0.01 |

**4. 打顶期烟叶钾含量光谱遥感监测模型评价**

通过对以上所建立的模型进行评价（图 5 - 12），发现利用原始光谱和一

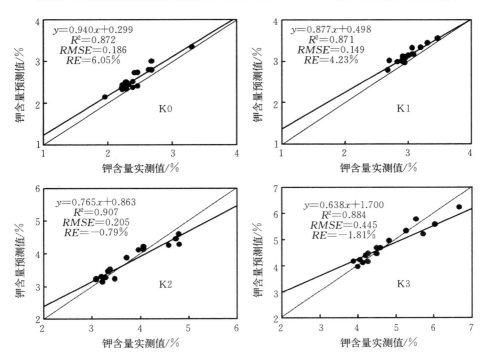

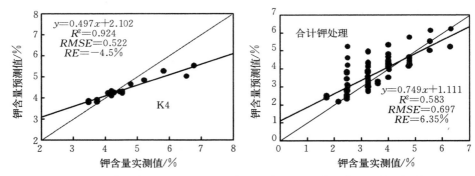

图 5-12 打顶期不同钾肥处理下鲜烟叶钾含量光谱遥感监测模型评价

阶微分光谱构建的评估模型精度较高，利用位置变量和植被指数建立的评估模型精度相对较低。K0 处理钾含量精度最高模型为基于 998 nm 原始光谱反射率预测模型 $y = 0.644 + 3.077x_{998\,nm}$，$R^2 = 0.724$，$RMSE = 0.186$，$RE = 6.05\%$；K1 处理钾含量精度最高模型为基于 1 526 nm 原始光谱反射率预测模型 $y = 2.153 + 5.402x_{1526\,nm}$，$R^2 = 0.796$，$RMSE = 0.149$，$RE = 4.23\%$；K2 处理钾含量精度最高模型为基于 975 nm 原始光谱反射率预测模型 $y = 1.729 + 3.441x_{975\,nm}$，$R^2 = 0.898$，$RMSE = 0.205$，$RE = -0.79\%$；K3 处理钾含量精度最高模型为基于 1 138 nm 原始光谱反射率预测模型 $y = 2.708 + 2.802x_{1138\,nm}$，$R^2 = 0.877$，$RMSE = 0.445$，$RE = -1.81\%$；K4 处理钾含量精度最高模型为基于 711 nm 一阶微分光谱反射率预测模型 $y = 2.368 + 173.539x_{711\,nm}$，其 $R^2 = 0.898$，$RMSE = 0.522$，$RE = -4.5\%$；合计钾处理钾含量精度最高模型为基于 805 nm 和 1 533 nm 一阶微分光谱反射率预测模型 $y = 1.679 - 2\ 999.938x_{805\,nm} + 1\ 566.350x_{1533\,nm}$，$R^2 = 0.256$，$RMSE = 0.697$，$RE = 6.35\%$。

# 第三节 烟叶 SPAD 光谱遥感监测

## 一、原始冠层光谱反射率与烟叶 SPAD 值间的相关性

利用 SPSS 25 对烟叶 SPAD 与烟叶冠层光谱反射率进行相关性分析，分析结果由表 5-25 可知，烟叶冠层光谱反射率与 SPAD 间存在着较高的相关性，在 695 nm 处达到了极显著的水平，其中相关系数（$r$）为 $-0.605$（$P < 0.01$）。

**表 5 - 25　烟叶冠层光谱反射率与 SPAD 的相关性系数** （$n=90$）

| | | SPAD | 反射率 |
| --- | --- | --- | --- |
| SPAD | 皮尔逊相关性 | 1 | −0.605** |
| | Sig.（双尾） | | 0.000 |
| | 个案数 | 90 | 90 |
| 光谱反射率 | 皮尔逊相关性 | −0.605** | 1 |
| | Sig.（双尾） | 0.000 | |
| | 个案数 | 90 | 90 |

## 二、一阶微分光谱与烟叶 SPAD 的相关性

为了实现烟叶 SPAD 与光谱之间最优化模型的确立，可使冠层原始光谱转化为一阶微分光谱，分析一阶微分光谱与 SPAD 间的相关性，由图 5 - 13 可知，在 585 nm 处，其相关性最高，$r$ 接近 0.3（$P<0.01$）。

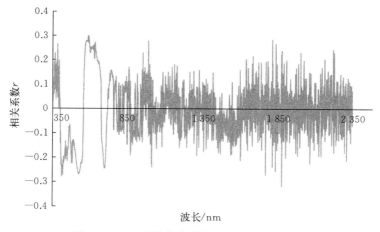

图 5 - 13　一阶微分光谱与 SPAD 间的相关性

## 三、光谱植被指数与烟叶 SPAD 的相关性

由表 5 - 26 可知，所选择的光谱植被指数与烟叶 SPAD 间存在着一定的相关性，其中，PRI 与 SPAD 的关系最为密切，其次是 NPCI，相关系数（$r$）分别为 0.665、−0.585。此外，与其他光谱植被指数间也存在着较高的相关性。

表 5 - 26　光谱植被指数与烟叶 SPAD 的相关性系数（$n=90$）

| | SPAD | NDVI | GNDVI | PRI | VOG1 | VOG2 | SIPI | NPCI | DVI | RVI | OSAVI | SRPI | GM1 |
|---|---|---|---|---|---|---|---|---|---|---|---|---|---|
| SPAD | 1 | | | | | | | | | | | | |
| NDVI | 0.062 | 1 | | | | | | | | | | | |
| GNDVI | 0.329 | 0.922 | 1 | | | | | | | | | | |
| PRI | 0.665 | 0.230 | 0.518 | 1 | | | | | | | | | |
| VOG1 | 0.495 | 0.632 | 0.835 | 0.641 | 1 | | | | | | | | |
| VOG2 | −0.480 | −0.586 | −0.787 | −0.622 | −0.994 | 1 | | | | | | | |
| SIPI | −0.133 | 0.930 | 0.805 | 0.031 | 0.555 | −0.531 | 1 | | | | | | |
| NPCI | −0.585 | −0.188 | −0.328 | −0.806 | −0.278 | 0.230 | 0.176 | 1 | | | | | |
| DVI | −0.497 | 0.249 | 0.055 | −0.696 | −0.223 | 0.236 | 0.434 | 0.601 | 1 | | | | |
| RVI | 0.051 | 0.969 | 0.901 | 0.312 | 0.677 | −0.643 | 0.934 | −0.129 | 0.191 | 1 | | | |
| OSAVI | −0.305 | 0.674 | 0.506 | −0.362 | 0.163 | −0.126 | 0.774 | 0.348 | 0.851 | 0.615 | 1 | | |
| SRPI | 0.582 | 0.167 | 0.305 | 0.793 | 0.250 | −0.202 | −0.197 | −0.998 | −0.588 | 0.109 | −0.352 | 1 | |
| GM1 | 0.313 | 0.671 | 0.832 | 0.378 | 0.932 | −0.924 | 0.694 | 0.014 | 0.057 | 0.726 | 0.397 | −0.040 | 1 |

## 四、烟叶 SPAD 光谱遥感监测模型

**1. 基于原始光谱和一阶微分光谱的 SPAD 监测模型建立**

根据上述分析结果，分别建立冠层光谱和一阶微分光谱与 SPAD 间的线性回归模型，由表 5 - 27 可知，冠层原始光谱反射率与 SPAD 的拟合效果更好，决定系数（$R^2$）达到 0.674，因此可以用该模型作为烟叶 SPAD 的监测模型。

表 5 - 27　烟叶 SPAD（$y$）与光谱参数（$x$）的回归分析（$n=76$）

| 光谱 | 线性回归模型 | |
|---|---|---|
| | 回归方程 | 决定系数（$R^2$） |
| 冠层原始光谱 | $y=-54.741x+41.079$ | 0.674 |
| 一阶微分光谱 | $y=4\,176.7x+45.824$ | 0.255 |

**2. 基于光谱植被指数的 SPAD 监测模型建立**

根据上述的植被指数与叶片 SPAD 间的分析，12 个植被指数当中共有 9 个植被指数与 SPAD 值在 0.01 水平呈现极显著的关系。为了有效地对烟叶 SPAD 值进行估算，从表 5 - 26 中筛选出 $|r|>0.4$ 的 6 个植被指数（PRI、

VOG1、VOG2、NPCI、DVI、SRPI）作为模型的自变量。由表 5 - 28 可知，PRI 与烟叶 SPAD 间的建模效果最好，$R^2$ 值为 0.808，$RMSE$ 为 2.68。

表 5 - 28　烟叶 SPAD 与植被指数的回归方程（$n=69$）

| 植被指数 | 线性回归模型 | | |
| --- | --- | --- | --- |
| | 回归方程 | 决定系数（$R^2$） | 均方误差（$RMSE$） |
| PRI | $y=318.71x+27.346$ | 0.808 | 2.68 |
| VOG1 | $y=36.007x-19.397$ | 0.541 | 5.79 |
| VOG2 | $y=-139.32x+21.413$ | 0.473 | 5.77 |
| NPCI | $y=-69.295x+36.221$ | 0.751 | 3.05 |
| DVI | $y=-11.497x+42.363$ | 0.620 | 3.77 |
| SRPI | $y=41.201x-4.8057$ | 0.750 | 3.06 |

### 3. 模型评价

对模型 SPAD 估测值与实测值进行分析，构建 SPAD 实测值和估测值的 1∶1 关系图，利用 $R^2$ 和 $RMSE$ 两个指标，对建立的烟叶 SPAD 估算模型进行评价。

如图 5 - 14 所示，由冠层原始光谱反射率和 PRI 建立的 SPAD 线性回归模型可知估测值与实测值之间具有较高的吻合度，$R^2$ 值分别为 0.863 6、0.882 4，$RMSE$ 分别为 1.98、1.53，因此利用冠层原始光谱反射率和 PRI 监测烟叶 SPAD 具有一定的可行性。

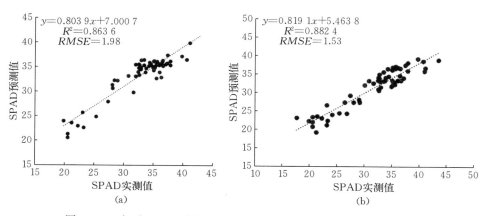

图 5 - 14　烟叶 SPAD 线性回归模型估测值与实测值的效果（$n=60$）

# 第六章　不同成熟度处理烟草化学指标光谱遥感监测

## 第一节　不同成熟度处理烟草化学指标光谱遥感监测方法

　　成熟采收是生产优质烟叶的重要环节,烟叶成熟度在很大程度上代表了烟叶质量的优劣。烟叶在成熟过程中,颜色、叶脉等叶片特征会发生相应变化,这些变化在烟叶的反射光谱上会得到反映。从烟叶光谱特征中提取烟叶成熟过程中的相关信息,可反推得到烟叶的成熟度状况,这为基于光谱特征分析判别烟叶成熟度提供了理论基础。目前大部分研究利用光谱遥感判别烟叶不同成熟度,但对不同成熟度烟叶化学指标监测模型研究较少。通过利用光谱遥感技术筛选不同品种和不同部位成熟度处理烟草光谱特征变量,建立烟草化学指标监测模型,同时利用光谱颜色特征参数建立了不同部位成熟度判别模型。

　　2016 年、2017 年在湖南桂阳县梧桐村烟草试验基地进行。设置 3 个品种,即 X5、K326、云烟 87,每个品种 1 亩。田间管理参照当地技术规范进行。从5 月 20 日起到 7 月 20 日进行取样,选取大田管理规范、个体与群体生长发育协调一致、落黄均匀的优质烟叶,按烟株叶位分成下、中、上三个部位(图6-1、图6-2),即从下到上分别为 1~5、6~13、14~20,每个部位的叶片

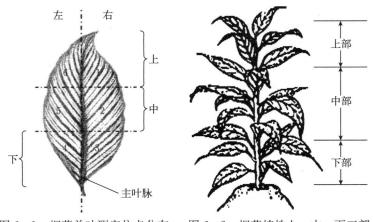

图 6-1　烟草单叶测定位点分布　　图 6-2　烟草植株上、中、下三部
（注：1~6 为测定位点）

成熟度均分成 4 个成熟度处理，即欠熟、尚熟、适熟、过熟，具体成熟度处理标准见表 6 - 1，实验过程中聘请富有经验的烟农或烟草技术人员进行成熟度等级评定。每个成熟度取田间有代表性鲜烟叶 5 片进行光谱数据采集，取 150 片进行实验室分析。烘烤时用同一种烘烤方法在同一烤房二层进行烘烤。

表 6 - 1　不同部位烟叶成熟度处理

| 部位 | 处理 | 主要外观特征 |
|---|---|---|
| 下部<br>（1～5 叶位） | 欠熟 | 叶面黄绿色，4～5 成黄；主脉开始变白 |
| | 尚熟 | 叶面黄绿色，5～6 成黄；主脉变白 1/3 以上 |
| | 适熟 | 叶面黄绿色，6～7 成黄；主脉变白 1/2 以上 |
| | 过熟 | 叶面黄绿色，7～8 成黄；主脉变白 2/3 以上 |
| 中部<br>（6～13 叶位） | 欠熟 | 叶面黄绿色，6～7 成黄；主脉变白 1/2 以上 |
| | 尚熟 | 叶面浅黄色，7～8 成黄；主脉变白 2/3 以上 |
| | 适熟 | 叶面浅黄色，8～9 成黄；主脉变白 3/4 以上 |
| | 过熟 | 叶面基本全黄，9～10 成黄；主脉全白 |
| 上部<br>（14～20 叶位） | 欠熟 | 叶面浅黄色，7～8 成黄；主脉变白 2/3 以上 |
| | 尚熟 | 叶面浅黄色，8～9 成黄；主脉变白 3/4 以上 |
| | 适熟 | 叶面基本全黄，9～10 成黄；主脉全白 |
| | 过熟 | 叶面全黄；主脉全白；有叶尖发白或焦尖现象 |

**1. 单叶光谱测定**

在室内借助卤素灯光外置光源，采用美国 ASD FIELDSPEC 2500 型野外便携式光谱仪进行单叶光谱数据采集，当天采样当天测完。分光计的前视角为 25°，波段范围为 350～2 500 nm。其中 350～1 000 nm 光谱间隔为 1.4 nm，光谱分辨率为 3 nm；1 000～2 500 nm 光谱间隔为 2 nm，光谱分辨率为 10 nm，使用前预热 15～30 min。在各处理测定前后，用 $BaSO_4$ 参考板进行校正。鲜烟叶光谱即为按部位分成熟度等级选取叶片的光谱，采集不同成熟度等级叶片后于室内逐个叶片进行光谱测定。每个成熟度选 5 片典型鲜烟叶，每片烟叶在叶缘与叶脉中间选取 5 个点进行光谱测定，每个点重复 10 次取平均值作为该点反射率光谱。

**2. 光谱颜色特征参数提取**

根据表 6 - 2 光谱波段划分，选取 B 为蓝光波段（420～450 nm）、G 为绿光波段（490～560 nm）、R 为红光波段（620～780 nm），并求取波段范围反射率的平均值得到 RGB 值，以此为基础计算颜色特征参数，参数计算公式见表 6 - 3。

**表 6 - 2　光谱波段划分**

| 波段名称 | | 波长范围/nm |
|---|---|---|
| 紫外区 | 真空紫外区 | 1～200 |
| | 远紫外区 | 200～300 |
| | 近紫外区 | 300～380 |
| 可见光区 | 紫光 | 380～420 |
| | 蓝光 | 420～450 |
| | 青光 | 450～490 |
| | 绿光 | 490～560 |
| | 黄光 | 560～590 |
| | 橙光 | 590～620 |
| | 红光 | 620～780 |
| 红外区 | 近红外 | 780～1 500 |
| | 中红外 | 1 500～10 000 |
| | 远红外 | 10 000～1 000 000 |

**表 6 - 3　颜色特征参数**

| 参数名称 | 提取算法 |
|---|---|
| 红光指数 | $R$ |
| 绿光指数 | $G$ |
| 蓝光指数 | $B$ |
| 归一化红光指数 | $NRI=R/(R+G+B)$ |
| 归一化绿光指数 | $NGI=G/(R+G+B)$ |
| 归一化蓝光指数 | $NBI=B/(R+G+B)$ |
| 绿红差值 | $GMR=G-R$ |
| 超绿值 | $ExG=2G-R-B$ |
| 超红值 | $ExR=1.4R-B$ |
| 归一化红绿差值指数 | $NDIg=R-G/R+G$ |
| 归一化红蓝差值指数 | $NDIb=R-B/R+B$ |

### 3. 化学参数测定

与光谱测量同步，每个成熟度选择 15 片烟叶进行生理生化含量测定。采用 $H_2SO_4 + H_2O_2$ 消煮法制备待测液，随后采用半微量蒸馏法测定烟叶全氮含量，采用钒钼黄吸光光度法测定烟叶全磷含量，采用火焰光度法测定烟叶全钾含量。烟碱含量采取盐酸提取活性炭脱色，紫外分光光度计比色测定。叶片叶绿素含量、类胡萝卜素含量采用分光光度计法测定，所得值为单位质量叶片的含量。

### 4. 数据分析

采用 Excel、SPSS 18.0 分析软件进行相关和线性、非线性回归分析，进行差异显著性检验。

回归模型包括①线性函数：$y = a + bx$；②指数函数：$y = a\exp(bx)$；③对数函数：$y = a + b\ln(x)$；④抛物线函数：$y = a + bx + cx^2$；⑤幂函数：$y = ax^b$；⑥三次函数：$y = a + bx + cx^2 + dx^3$；⑦复合函数：$y = ab^x$；⑧Logistic：$y = 1/(a + bc^x)$。

其中，$y$ 为生理生化指标含量的估计值；$x$ 为特征变量；$a$、$b$、$c$ 和 $d$ 为估计模型的待定系数，即常数。

利用 2017 年的实验数据建立叶绿素含量光谱遥感监测模型，利用 2016 年的实验数据对模型进行评价。模型的性能主要通过 $R^2$、均方根误差（$RMSE$）和相对误差（$RE$）进行评价，$R^2$ 值越高，$RMSE$ 和 $RE$ 值越低，模型估计叶绿素含量的精度越高。$RMSE$ 和 $RE$ 值分别用式（6-1）和式（6-2）进行计算：

$$RMSE = \sqrt{\frac{1}{n}\sum_{i=1}^{n}(y_i - \hat{y}_i)^2} \qquad (6-1)$$

$$RE(\%) = (y_i - \hat{y}_i)/y_i \times 100\% \qquad (6-2)$$

其中，$y_i$ 和 $\hat{y}_i$ 分别代表作物叶绿素含量的测量值和估算值，$n$ 代表样本数。

# 第二节　不同成熟度处理烟草化学指标光谱遥感监测模型研究

## 一、不同成熟度光谱反射率

烟草叶片的何时采收、何种程度采收成为限制烟草品质、把控烟草质量的核心限制因素。烟叶成熟度可分为生理成熟和工艺成熟。生理成熟期烟叶产量最高，但品质不是最好，属于欠熟或尚熟，不符合制烟标准。工艺成熟产量较高，品质最好，工业利用价值最高，适宜采收和烘烤。生产上需及时确定最适宜的工艺成熟期。目前在烟草成熟采收方面引进日本的比色卡方法，但比色卡较难准确呈现实际烟草叶片的色度分配。生产上较多采用有经验的农民或专家以叶片颜色结合叶龄的成熟度主观判断。为提出客观的方法，量化判别烟叶成熟度，基于上一年光谱试验数据结合本年度的试验数据对三个品种不同成熟度的鲜烟叶、不同叶位的鲜烟叶、不同位点进行光谱测定和分析，为提出量化指标并进行适时采收提供基础。

对于不同成熟度光谱反射率来说，图6-3为三个品种不同部位成熟度处理光谱曲线图。从图中可知云烟87三个部位欠熟、尚熟处理的光谱反射率值表现为中部叶＞上部叶＞下部叶，成熟、过熟处理表现为上部叶＞中部叶＞下部叶。在480～670 nm可见光波段范围三个部位不同成熟度处理均出现一个反射峰，在此波段范围不同成熟度处理光谱反射曲线表现为下部叶成熟＞尚熟＞欠熟＞过熟，中部叶尚熟＞欠熟＞成熟＞过熟，上部叶过熟＞成熟＞尚熟＞欠熟；在750～1 350 nm近红外波段范围不同成熟度处理反射曲线因部位不同出现差异，具体表现为下部叶的欠熟、尚熟、成熟差异不大但过熟与另外三个成熟度差异较大，中部叶欠熟、尚熟大于成熟、过熟，上部叶过熟大于另外三个处理。且下部叶四个成熟度处理最大反射率值在767 nm附近，中部叶欠熟、尚熟处理最大反射率值在1 037 nm，成熟、过熟处理最大反射率值在1 064 nm，上部叶欠熟、尚熟、成熟处理在1 065 nm出现最大反射峰，过熟处理最大反射率值在906 nm。

K326三个部位欠熟、尚熟处理的光谱反射率值表现为中部叶＞上部叶＞下部叶，成熟、过熟处理表现为上部叶＞中部叶＞下部叶。在480～670 nm可见光波段范围三个部位不同成熟度处理均出现一个反射峰，在此波段范围不同成熟度处理光谱反射曲线表现为下部叶过熟＞成熟＞尚熟＞欠熟，中部叶欠熟＞尚熟＞成熟＞过熟，上部叶尚熟＞成熟＞过熟＞欠熟；在750～1 350 nm近红外波段范围不同，成熟度处理反射曲线因部位不同出现差异，具体表现为下部叶的过熟大于欠熟、尚熟、成熟，中部叶欠熟＞尚熟＞成熟＞过熟，上部叶过熟大于另外三个处理。且下部叶欠熟、尚熟、成熟处理最大反射率值在767 nm，过熟最大反射率值在1 044 nm；中部叶欠熟、尚熟处理最大反射率值在1 037 nm，成熟处理最大反射率值在1 064 nm，过熟处理最大反射率值在841 nm；上部叶欠熟、尚熟、成熟处理在1 075 nm出现最大反射峰，过熟处理最大反射率值在837 nm。

X5三个部位欠熟、尚熟处理的光谱反射率值表现为中部叶＞上部叶＞下部叶，成熟、过熟处理表现为上部叶＞中部叶＞下部叶。在470～670 nm可见光波段范围三个部位不同成熟度处理均出现一个反射峰，在此波段范围不同成熟度处理光谱反射曲线表现为下部叶尚熟、过熟＞成熟＞欠熟，中部叶尚熟＞成熟＞欠熟＞过熟，上部叶成熟＞过熟＞尚熟、欠熟；在750～1 350 nm近红外波段范围不同成熟度处理反射曲线因部位不同出现差异，具体表现为下部叶的尚熟＞过熟＞成熟＞欠熟，中部叶欠熟＞尚熟＞成熟＞过熟，上部叶成熟＞欠熟、过熟＞尚熟。且下部叶欠熟、尚熟、过熟处理最大反射率值在767 nm附近，成熟最大反射率值在1 043 nm；中部叶欠熟、尚熟处理最大反射率值在817 nm，成熟、过熟处理在1 064 nm附近；上部叶欠熟、尚熟处理在1 065 nm出现最大反射峰，成熟、过熟处理最大反射率值在837 nm附近。

扫码看彩图

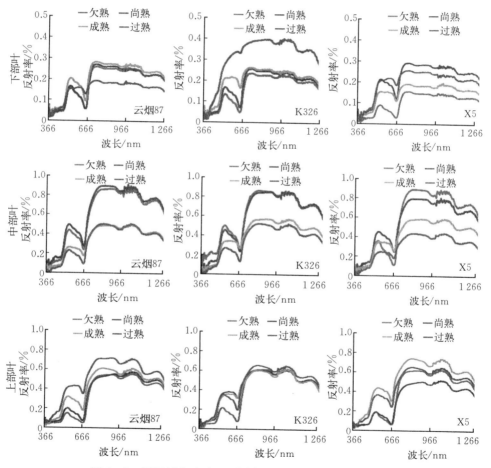

图 6-3　不同部位叶片、不同成熟度处理烟草光谱反射率

综上可知，利用光谱反射率区分烟草不同成熟度效果较好。其中下部叶欠熟、尚熟最佳区分波段在767 nm，随着成熟度推迟，波段向1 044 nm移动；

中部叶欠熟、尚熟最佳区分波段在 1 037 nm，成熟、过熟在 1 064 nm；上部叶欠熟、尚熟最佳区分波段在 1 065 nm，随着成熟度的推移，光谱反射波段向 837 nm 移动。下部叶成熟、过熟区分波段与中部叶欠熟、尚熟较为接近；中部叶成熟、过熟区分波段与上部叶欠熟、尚熟较为接近。表明相同熟度之间的光谱较为一致，对区分波段影响最大的是不同成熟度处理，可能是由于烟叶在成熟过程中最重要的变化就是叶绿素分解，叶片变黄与叶绿素含量变化有关。

## 二、不同品种烟叶化学含量光谱遥感监测模型

通过鲜烟叶单叶原始光谱、一阶微分光谱、位置变量及植被指数分别对 3 个品种不同成熟度处理条件下鲜烟叶的叶绿素含量、类胡萝卜素含量、氮含量、磷含量、钾含量、烟碱含量进行相关性分析，并建立及评价其监测模型。

不同品种烟叶化学成分含量有所不同，表 6 - 4 为训练样本不同烤烟品种在 3 个部位 4 个成熟度处理的化学指标，表明了同一指标在不同品种间有差异，但差异较小，在不同部位和处理之间的差异较大。从不同化学指标的平均值可知，云烟 87 叶绿素含量、类胡萝卜素含量、氮含量最高，磷含量三个品种相同，X5 钾含量最高，K326 烟碱含量最高。这可能是由于不同品种特征所导致的。而表 6 - 5 测试样本不同品种化学指标与训练集略有不同。

表 6 - 4　不同品种训练样本化学指标

| 品种 | 指标 | 样本数 $n$ | 最大值 | 最小值 | 平均值 | 标准差 | 标准误差 |
|---|---|---|---|---|---|---|---|
| 云烟 87 | 叶绿素/(mg/g) | 54 | 1.34 | 0.09 | 0.57 | 0.29 | 0.04 |
| | 类胡萝卜素/(mg/g) | 54 | 0.26 | 0.03 | 0.13 | 0.05 | 0.01 |
| | 氮/% | 54 | 4.39 | 2.03 | 2.74 | 0.54 | 0.07 |
| | 磷/% | 54 | 0.26 | 0.11 | 0.17 | 0.03 | 0.00 |
| | 钾/% | 54 | 3.76 | 1.95 | 2.97 | 0.42 | 0.06 |
| | 烟碱/% | 54 | 3.45 | 0.66 | 1.96 | 0.68 | 0.09 |
| K326 | 叶绿素/(mg/g) | 54 | 1.04 | 0.07 | 0.40 | 0.23 | 0.03 |
| | 类胡萝卜素/(mg/g) | 54 | 0.20 | 0.03 | 0.10 | 0.04 | 0.01 |
| | 氮/% | 54 | 3.90 | 0.79 | 2.65 | 0.59 | 0.08 |
| | 磷/% | 54 | 0.30 | 0.09 | 0.17 | 0.04 | 0.01 |
| | 钾/% | 54 | 3.07 | 1.75 | 2.43 | 0.32 | 0.04 |
| | 烟碱/% | 54 | 3.99 | 0.36 | 2.21 | 1.22 | 0.17 |

（续）

| 品种 | 指标 | 样本数 $n$ | 最大值 | 最小值 | 平均值 | 标准差 | 标准误差 |
|------|------|------|------|------|------|------|------|
| X5 | 叶绿素/(mg/g) | 51 | 1.12 | 0.03 | 0.42 | 0.25 | 0.04 |
| | 类胡萝卜素/(mg/g) | 51 | 0.19 | 0.03 | 0.11 | 0.05 | 0.01 |
| | 氮/% | 51 | 3.38 | 1.07 | 2.51 | 0.50 | 0.07 |
| | 磷/% | 51 | 0.27 | 0.11 | 0.17 | 0.03 | 0.00 |
| | 钾/% | 51 | 4.05 | 2.40 | 3.05 | 0.43 | 0.06 |
| | 烟碱/% | 51 | 4.07 | 0.31 | 2.13 | 1.04 | 0.15 |

表 6-5 不同品种测试样本化学指标

| 品种 | 指标 | 样本数 $n$ | 最大值 | 最小值 | 平均值 | 标准差 | 标准误差 |
|------|------|------|------|------|------|------|------|
| 云烟87 | 叶绿素/(mg/g) | 36 | 1.17 | 0.28 | 0.64 | 0.25 | 0.04 |
| | 类胡萝卜素/(mg/g) | 36 | 0.23 | 0.03 | 0.13 | 0.05 | 0.01 |
| | 氮/% | 36 | 3.67 | 2.06 | 2.83 | 0.44 | 0.07 |
| | 磷/% | 36 | 0.31 | 0.14 | 0.21 | 0.04 | 0.01 |
| | 钾/% | 36 | 3.50 | 2.66 | 3.04 | 0.23 | 0.04 |
| | 烟碱/% | 36 | 3.11 | 1.21 | 1.99 | 0.48 | 0.08 |
| K326 | 叶绿素/(mg/g) | 36 | 1.22 | 0.43 | 0.78 | 0.23 | 0.04 |
| | 类胡萝卜素/(mg/g) | 36 | 0.19 | 0.04 | 0.11 | 0.03 | 0.01 |
| | 氮/% | 36 | 3.13 | 1.46 | 2.09 | 0.48 | 0.08 |
| | 磷/% | 36 | 0.28 | 0.15 | 0.21 | 0.03 | 0.01 |
| | 钾/% | 36 | 2.54 | 1.96 | 2.27 | 0.14 | 0.02 |
| | 烟碱/% | 36 | 3.35 | 1.45 | 2.37 | 0.64 | 0.11 |
| X5 | 叶绿素/(mg/g) | 36 | 2.10 | 0.26 | 1.04 | 0.49 | 0.08 |
| | 类胡萝卜素/(mg/g) | 36 | 0.19 | 0.07 | 0.13 | 0.03 | 0.00 |
| | 氮/% | 36 | 3.22 | 1.87 | 2.69 | 0.32 | 0.05 |
| | 磷/% | 36 | 0.31 | 0.15 | 0.20 | 0.03 | 0.01 |
| | 钾/% | 36 | 3.61 | 2.38 | 3.16 | 0.34 | 0.06 |
| | 烟碱/% | 36 | 3.38 | 0.61 | 2.05 | 0.70 | 0.12 |

## 三、不同品种化学指标原始光谱遥感监测模型

### 1. 不同品种化学指标与原始光谱相关性

按照相关性最大原理，云烟 87 不同成熟度处理烟叶品质与原始光谱反射率最大相关波段分别为叶绿素含量 385 nm（$r=0.423$），类胡萝卜素含量 385 nm（$r=0.437$），氮含量 689 nm（$r=-0.316$），磷含量 381 nm（$r=0.429$），钾含量 760 nm（$r=-0.736$），烟碱含量 1 071 nm（$r=0.661$）。

K326 不同成熟度处理烟叶品质与原始光谱反射率最大相关波段分别为叶绿素含量 386 nm（$r=0.610$），类胡萝卜素含量 386 nm（$r=0.551$），氮含量 687 nm（$r=-0.550$），磷含量 1 048 nm（$r=0.475$），钾含量 1 099 nm（$r=-0.704$），烟碱含量 1 001 nm（$r=0.798$）。

X5 不同成熟度处理烟叶品质与原始光谱反射率最大相关波段分别为叶绿素含量 375 nm（$r=0.458$），类胡萝卜素含量 686 nm（$r=-0.528$），氮含量 684 nm（$r=-0.450$），磷含量 399 nm（$r=-0.287$），钾含量 393 nm（$r=-0.636$），烟碱含量 1 001 nm（$r=0.709$）。

从三个品种最大相关系数和相关波段可知，品种间各化学成分指标波段存在差异，叶绿素含量 385 nm、386 nm、375 nm，类胡萝卜素含量 385 nm、386 nm、686 nm，氮含量 689 nm、687 nm、684 nm，磷含量 381 nm、1 048 nm、399 nm，钾含量 760 nm、1 099 nm、393 nm，烟碱含量 1 071 nm、1 001 nm、1 001 nm。不同品种在不同化学指标波段各不相同（图 6 - 4）。

### 2. 不同品种烟草化学指标原始光谱遥感监测模型

按照相关性最大原理选取三个品种各指标的特征波段，再利用波段反射率建立各指标的回归方程，并以 $R^2$ 作为筛选模型的依据（表 6 - 6）。

云烟 87 不同成熟度处理叶绿素含量监测模型 $y=\exp(-0.169-0.02/x)$，$R^2=0.359$；类胡萝卜素含量监测模型 $y=0.253+0.041\ 3\lg x$，$R^2=0.211$；氮含量监测模型 $y=4.568-22.636x+76.241\ 6x^2-78.122x^3$，$R^2=0.275$；磷含量监测模型 $y=0.116+3.507x-92.358x^2+903.01x^3$，$R^2=0.210$；钾含量监测模型 $y=3.633-0.038x-5.082x^2+4.238x^3$，$R^2=0.562$；烟碱含量监测模型 $y=2.827x^{0.54}$，$R^2=0.585$。

K326 不同成熟度处理叶绿素含量监测模型 $y=0.147+6.548x-26.02x^2+36.998x^3$，$R^2=0.425$；类胡萝卜素含量监测模型 $y=0.068+0.894x-3.51x^2+5.103x^3$，$R^2=0.323$；氮含量监测模型 $y=3.829-8.055x+10.563x^2$，$R^2=$

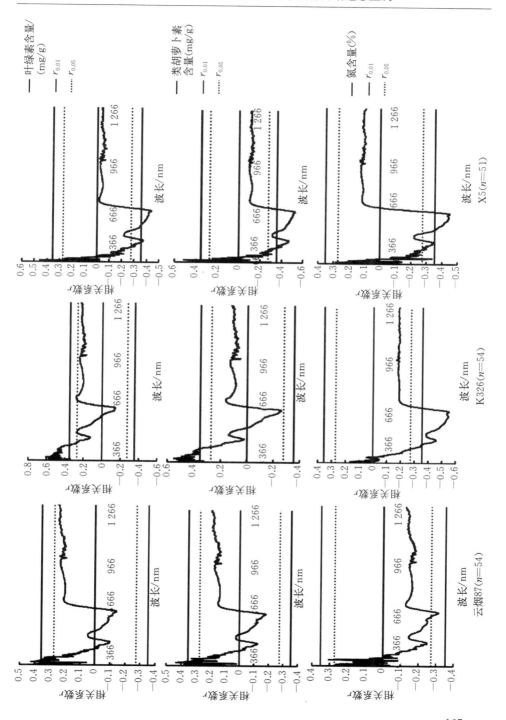

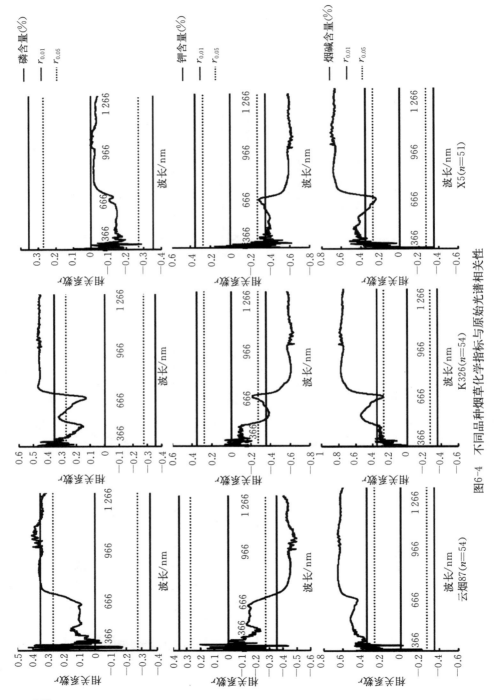

图6-4 不同品种烟草化学指标与原始谱相关性

0.402；磷含量监测模型 $y=0.164-0.245x+0.75x^2-0.498x^3$，$R^2=0.254$；钾含量监测模型 $y=2.688+1.472x-6.179x^2+4.310\,9x^3$，$R^2=0.538$；烟碱含量监测模型 $y=1.231-10.335x+41.861x^2-32.084x^3$，$R^2=0.797$。

X5 不同成熟度处理叶绿素含量监测模型 $y=0.11\exp\,(21.577x)$，$R^2=0.320$；类胡萝卜素含量监测模型 $y=0.189-0.774x+1.79x^2-1.411x^3$，$R^2=0.327$；氮含量监测模型 $y=3.318-9.235x+26.922x^2-26.176x^3$，$R^2=0.260$；磷含量监测模型 $y=0.271-6.465x+124.595x^2-754.698x^3$，$R^2=0.236$；钾含量监测模型 $y=3.516-4.366x-198.327x^2+1\,466.058x^3$，$R^2=0.477$；烟碱含量监测模型 $y=1.068-6.072x+31.34x^2-26.774x^3$，$R^2=0.650$。

从以上可以看出，不同品种原始光谱 $R^2$ 值较大的模型主要有钾含量、烟碱含量监测模型。

表 6-6　不同品种烟草化学指标原始光谱遥感监测模型

| 品种 | 指标 | 回归方程 | 特征波段 | $R^2$ | $P$ |
|---|---|---|---|---|---|
| 云烟 87<br>（$n=54$） | 叶绿素 | $y=\exp\,(-0.169-0.02/x)$ | 385 nm | 0.359 | $<0.01$ |
| | 类胡萝卜素 | $y=0.253+0.041\,3\lg x$ | 385 nm | 0.211 | $<0.01$ |
| | 氮 | $y=4.568-22.636x+76.241\,6x^2-78.122x^3$ | 689 nm | 0.275 | $<0.01$ |
| | 磷 | $y=0.116+3.507x-92.358x^2+903.01x^3$ | 381 nm | 0.210 | $<0.01$ |
| | 钾 | $y=3.633-0.038x-5.082x^2+4.238x^3$ | 1 070 nm | 0.562 | $<0.01$ |
| | 烟碱 | $y=2.827x^{0.54}$ | 1 071 nm | 0.585 | $<0.01$ |
| K326<br>（$n=54$） | 叶绿素 | $y=0.147+6.548x-26.02x^2+36.998x^3$ | 386 nm | 0.425 | $<0.01$ |
| | 类胡萝卜素 | $y=0.068+0.894x-3.51x^2+5.103x^3$ | 386 nm | 0.323 | $<0.01$ |
| | 氮 | $y=3.829-8.055x+10.563x^2$ | 687 nm | 0.402 | $<0.01$ |
| | 磷 | $y=0.164-0.245x+0.75x^2-0.498x^3$ | 1 048 nm | 0.254 | $<0.01$ |
| | 钾 | $y=2.688+1.472x-6.179x^2+4.310\,9x^3$ | 1 001 nm | 0.538 | $<0.01$ |
| | 烟碱 | $y=1.231-10.335x+41.861x^2-32.084x^3$ | 1 001 nm | 0.797 | $<0.01$ |
| X5<br>（$n=51$） | 叶绿素 | $y=0.11\exp\,(21.577x)$ | 375 nm | 0.320 | $<0.01$ |
| | 类胡萝卜素 | $y=0.189-0.774x+1.79x^2-1.411x^3$ | 686 nm | 0.327 | $<0.01$ |
| | 氮 | $y=3.318-9.235x+26.922x^2-26.176x^3$ | 684 nm | 0.260 | $<0.01$ |
| | 磷 | $y=0.271-6.465x+124.595x^2-754.698x^3$ | 399 nm | 0.236 | $<0.01$ |
| | 钾 | $y=3.516-4.366x-198.327x^2+1\,466.058x^3$ | 1 071 nm | 0.477 | $<0.01$ |
| | 烟碱 | $y=1.068-6.072x+31.34x^2-26.774x^3$ | 1 001 nm | 0.650 | $<0.01$ |

## 四、不同品种化学指标一阶微分光谱遥感监测模型

### 1. 不同品种化学指标与一阶微分光谱相关性

按照相关性最大原则，云烟 87 不同成熟度处理烟叶品质与一阶微分光谱反射率最大相关波段分别为叶绿素含量 1 006 nm（$r=0.628$）、类胡萝卜素含量 1 200 nm（$r=0.623$）、氮含量 975 nm（$r=-0.595$）、磷含量 1 141 nm（$r=-0.750$）、钾含量 1 332 nm（$r=0.794$）和烟碱含量 536 nm（$r=0.774$）。

K326 不同成熟度处理烟叶品质与一阶微分光谱反射率最大相关波段分别为叶绿素含量 455 nm（$r=-0.756$）、类胡萝卜素含量 454 nm（$r=-0.776$）、氮含量 488 nm（$r=-0.632$）、磷含量 535 nm（$r=0.638$）、钾含量 736 nm（$r=-0.764$）和烟碱含量 806 nm（$r=0.884$）。

X5 不同成熟度处理烟叶品质与一阶微分光谱反射率最大相关波段分别为叶绿素含量 559 nm（$r=-0.666$）、类胡萝卜素含量 559 nm（$r=-0.689$）、氮含量 559 nm（$r=-0.693$）、磷含量 443 nm（$r=-0.409$）、钾含量 736 nm（$r=-0.779$）和烟碱含量 788 nm（$r=0.907$）。

从三个品种最大相关系数和相关波段可知，云烟 87 与 K326、X5 的叶绿素含量、类胡萝卜素含量、氮含量、磷含量的特征波段差异较大。三个品种化学指标敏感波段分别为叶绿素含量 1 006 nm、455 nm、559 nm，类胡萝卜素含量 1 200 nm、454 nm、559 nm，氮含量 975 nm、488 nm、559 nm，磷含量 1 141 nm、535 nm、443 nm，钾含量 1 332 nm、736 nm、736 nm，烟碱含量 536 nm、806 nm、788 nm。同品种不同化学指标波段各不相同（图 6-5）。

### 2. 不同品种化学指标一阶微分光谱遥感监测模型

按照相关性最大原则选取三个品种各指标的特征波段，再利用波段反射率建立各指标回归方程，并以 $R^2$ 值最大作为模型筛选的依据，一阶微分光谱遥感监测模型见表 6-7。

云烟 87 不同成熟度处理叶绿素含量拟合精度最高为一元三次模型 $y=0.448+44.907x-549.731x^2+2\,131\,664.299x^3$，$R^2=0.424$；类胡萝卜素含量拟合精度最高为一元三次模型 $y=0.1+47.722x+10\,723.73x^2-6\,585\,592.421x^3$，$R^2=0.409$；氮含量拟合精度最高为一元二次模型 $y=2.543-662.112x+426\,137.394x^2$，$R^2=0.388$；磷含量拟合精度最高为一元三次模型 $y=0.131-10.92x+8\,637.179x^2+1\,424\,550.907x^3$，$R^2=0.583$；钾含量拟合精度最高为一元三次模型 $y=3.547+349.49x+37\,663.068x^2+7\,468\,397.486x^3$，$R^2=0.629$；烟碱含量拟合精度最高为一元三次模型 $y=0.983+290.084x+854\,297.557x^2-288\,732\,567.233x^3$，$R^2=0.645$。

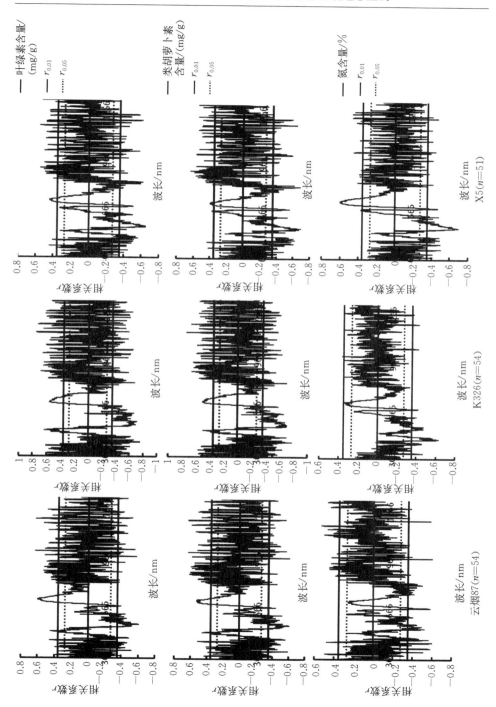

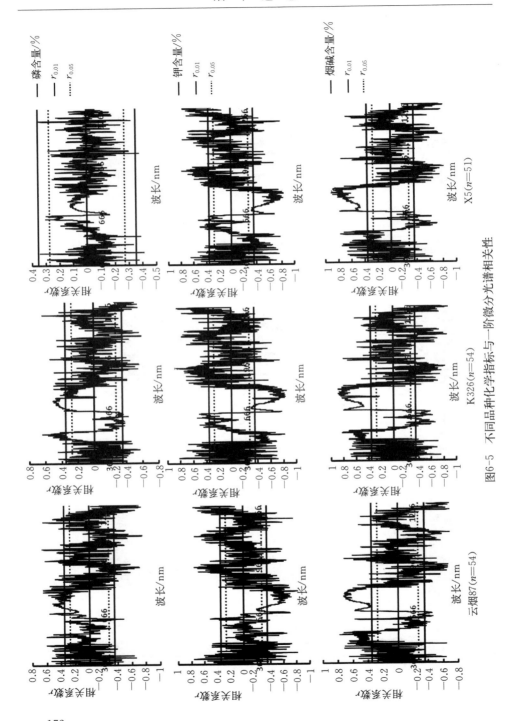

图6-5 不同品种化学指标与一阶微分光谱相关性

K326 不同成熟度处理叶绿素含量拟合精度最高为一元三次模型 $y=0.494-129.744x-2\,391.029x^2+3\,136\,048.661x^3$，$R^2=0.425$；类胡萝卜素含量拟合精度最高为一元三次模型 $y=0.126-26.724x-4\,125.092x^2+1\,774\,658.746x^3$，$R^2=0.323$；氮含量拟合精度最高为一元三次模型 $y=3.152-732.32x+182\,153.039x^2-12\,601\,525.947x^3$，$R^2=0.402$；磷含量拟合精度最高为指数模型 $y=0.121\exp(192.822x)$，$R^2=0.254$；钾含量拟合精度最高为指数模型 $y=2.752\exp(-71.908x)$，$R^2=0.598$；烟碱含量拟合精度最高为一元三次模型 $y=1.843+3\,570.189x+799\,667.808x^2-3\,546\,369\,723x^3$，$R^2=0.802$。

X5 不同成熟度处理叶绿素含量拟合精度最高为一元三次模型 $y=0.355-241.597x+23\,416.483x^2+19\,864\,777.196x^3$，$R^2=0.444$；类胡萝卜素含量拟合精度最高为一元三次模型 $y=0.098-67.34x+2\,194.677x^2+13\,795\,307.881x^3$，$R^2=0.507$；氮含量拟合精度最高为一元三次模型 $y=2.346-534.004x+132\,638.369x^2+94\,076\,105.785x^3$，$R^2=0.505$；磷含量监测模型 $y=0.178-13.015x+2\,701.111x^2-587\,243.514x^3$，$R^2=0.193$；钾含量拟合精度最高为一元三次模型 $y=3.388+317.598x-280\,517.751x^2+36\,014\,694.927x^3$，$R^2=0.652$；烟碱含量拟合精度最高为一元三次模型 $y=1.341+1\,916.945x+354\,503.407x^2-454\,774\,182.837x^3$，$R^2=0.830$。

从以上可以看出，不同品种原始光谱 $R^2$ 值较大的模型主要有钾含量、烟碱含量监测模型。

表 6-7　不同品种化学指标一阶微分光谱遥感监测模型

| 品种 | 指标 | 回归方程 | 特征波段 | $R^2$ | $P$ |
|---|---|---|---|---|---|
| 云烟 87 ($n=54$) | 叶绿素 | $y=0.448+44.907x-549.731x^2+2\,131\,664.299x^3$ | 1 006 nm | 0.424 | <0.01 |
| | 类胡萝卜素 | $y=0.1+47.722x+10\,723.73x^2-6\,585\,592.421x^3$ | 1 200 nm | 0.409 | <0.01 |
| | 氮 | $y=2.543-662.112x+426\,137.394x^2$ | 975 nm | 0.388 | <0.01 |
| | 磷 | $y=0.131-10.92x+8\,637.179x^2+1\,424\,550.907x^3$ | 1 141 nm | 0.583 | <0.01 |
| | 钾 | $y=3.547+349.49x+37\,663.068x^2+7\,468\,397.486x^3$ | 805 nm | 0.629 | <0.01 |
| | 烟碱 | $y=0.983+290.084x+854\,297.557x^2-288\,732\,567.233x^3$ | 536 nm | 0.645 | <0.01 |

（续）

| 品种 | 指标 | 回归方程 | 特征波段 | $R^2$ | $P$ |
|---|---|---|---|---|---|
| K326 ($n=54$) | 叶绿素 | $y=0.494-129.744x-2\,391.029x^2+3\,136\,048.661x^3$ | 455 nm | 0.425 | <0.01 |
| | 类胡萝卜素 | $y=0.126-26.724x-4\,125.092x^2+1\,774\,658.746x^3$ | 454 nm | 0.323 | <0.01 |
| | 氮 | $y=3.152-732.32x+182\,153.039x^2-12\,601\,525.947x^3$ | 488 nm | 0.402 | <0.01 |
| | 磷 | $y=0.121\exp(192.822x)$ | 535 nm | 0.254 | <0.01 |
| | 钾 | $y=2.752\exp(-71.908x)$ | 946 nm | 0.598 | <0.01 |
| | 烟碱 | $y=1.843+3\,570.189x+799\,667.808x^2-3\,546\,369\,723x^3$ | 806 nm | 0.802 | <0.01 |
| X5 ($n=51$) | 叶绿素 | $y=0.355-241.597x+23\,416.483x^2+19\,864\,777.196x^3$ | 559 nm | 0.444 | <0.01 |
| | 类胡萝卜素 | $y=0.098-67.34x+2\,194.677x^2+13\,795\,307.881x^3$ | 559 nm | 0.507 | <0.01 |
| | 氮 | $y=2.346-534.004x+132\,638.369x^2+94\,076\,105.785x^3$ | 559 nm | 0.505 | <0.01 |
| | 磷 | $y=0.178-13.015x+2\,701.111x^2-587\,243.514x^3$ | 443 nm | 0.193 | <0.01 |
| | 钾 | $y=3.388+317.598x-280\,517.751x^2+36\,014\,694.927x^3$ | 805 nm | 0.652 | <0.01 |
| | 烟碱 | $y=1.341+1\,916.945x+354\,503.407x^2-454\,774\,182.837x^3$ | 788 nm | 0.830 | <0.01 |

## 五、不同品种化学指标位置变量监测模型

### 1. 不同品种化学指标与位置变量相关性

云烟 87 不同成熟度处理烟叶品质与位置变量最大相关性光谱特征变量分别为叶绿素含量 λr（$r=0.615$）、类胡萝卜素含量 λb（$r=0.609$）、氮含量 λr（$r=0.492$）、磷含量 λv（$r=-0.571$）、钾含量 Rg（$r=-0.633$）和烟碱含量（SDr－SDy）/（SDr＋SDy）（$r=0.608$）（表 6-8）。

K326 不同成熟度处理烟叶品质与位置变量最大相关性光谱特征变量分别为叶绿素含量 λg（$r=-0.661$）、类胡萝卜素含量 λg（$r=-0.740$）、氮含量 Rg/Rr（$r=0.621$）、磷含量 SDr（$r=0.459$）、钾含量 SDr（$r=-0.611$）和

烟碱含量 SDr（$r=0.651$）（表 6-9）。

X5 不同成熟度处理烟叶品质与位置变量最大相关性光谱特征变量分别为叶绿素含量 λg（$r=-0.588$）、类胡萝卜素含量 λg（$r=-0.709$）、氮含量 Rg/Rr（$r=0.656$）、磷含量 λv（$r=-0.264$）、钾含量 SDr（$r=-0.670$）和烟碱含量 SDr（$r=0.594$）（表 6-10）。

从三个品种最大相关系数和相关光谱特征变量可知，云烟 87 与 K326、X5 在叶绿素含量、类胡萝卜素含量、氮含量、磷含量的光谱特征变量差异较大。叶绿素含量 λr、λg、λg，类胡萝卜素含量 λb、λg、λg，氮含量 λr、Rg/Rr、Rg/Rr，磷含量 λv、SDr、λv，钾含量 Rg、SDr、SDr，烟碱含量（SDr－SDy）/（SDr＋SDy）、SDr、SDr。

同品种不同化学指标位置变量各不相同，其中 K326 和 X5 在叶绿素、类胡萝卜素、氮、烟碱指标基本一致，对于磷指标云烟 87 和 X5 位置变量基本一致。

**表 6-8 云烟 87 化学指标与位置变量相关性**（$n=54$）

| 位置变量 | 叶绿素 | 类胡萝卜素 | 氮含量 | 磷含量 | 钾含量 | 烟碱含量 |
|---|---|---|---|---|---|---|
| Db | 0.188 | 0.188 | −0.008 | −0.036 | −0.483** | 0.417** |
| SDb | 0.112 | 0.096 | −0.090 | 0.040 | −0.560** | 0.491** |
| λb | 0.589** | 0.609** | 0.472** | 0.116 | 0.028 | −0.020 |
| Dy | −0.267 | −0.228 | −0.396** | −0.133 | −0.189 | 0.083 |
| SDy | 0.365** | 0.377** | 0.229 | 0.056 | −0.261 | 0.254 |
| λy | 0.252 | 0.272 | 0.027 | 0.127 | −0.222 | 0.311* |
| Dr | 0.207 | 0.188 | −0.020 | 0.267 | −0.513** | 0.495** |
| SDr | 0.374** | 0.321* | 0.023 | 0.351* | −0.590** | 0.540** |
| λr | 0.615** | 0.546** | 0.492** | 0.220 | 0.017 | −0.091 |
| Rg | 0.041 | 0.019 | −0.156 | 0.107 | −0.633** | 0.526** |
| λg | −0.398** | −0.416** | −0.482** | 0.252 | −0.244 | 0.325* |
| Rr | −0.120 | −0.156 | −0.279* | 0.147 | −0.563** | 0.453** |
| λv | −0.121 | −0.036 | 0.250 | −0.571** | 0.379** | −0.249 |
| Rg/Rr | 0.407** | 0.398** | 0.464** | 0.089 | 0.099 | −0.124 |
| （Rg−Rr）/（Rg＋Rr） | 0.388** | 0.384** | 0.435** | 0.047 | 0.107 | −0.118 |
| SDr/SDb | 0.422** | 0.333* | 0.172 | 0.510** | −0.181 | 0.159 |
| SDr/SDy | −0.145 | −0.234 | −0.357** | 0.488** | −0.593** | 0.524** |
| （SDr−SDb）/（SDr＋SDb） | 0.326* | 0.244 | 0.142 | 0.441** | −0.285* | 0.251 |
| （SDr−SDy）/（SDr＋SDy） | −0.102 | −0.231 | −0.432** | 0.563** | −0.604** | 0.608** |

注：$P<0.05$，$|r|>0.273$；$P<0.01$，$|r|>0.354$。

表 6-9  K326 化学指标与位置变量相关性（$n=54$）

| 位置变量 | 叶绿素 | 类胡萝卜素 | 氮含量 | 磷含量 | 钾含量 | 烟碱含量 |
|---|---|---|---|---|---|---|
| Db | 0.386** | 0.240 | −0.297* | 0.340* | −0.463** | 0.489** |
| SDb | 0.304* | 0.145 | −0.317* | 0.365** | −0.478** | 0.576** |
| λb | 0.440** | 0.451** | 0.390** | 0.414** | −0.154 | 0.298* |
| Dy | −0.386** | −0.405** | −0.482** | −0.206 | 0.027 | −0.117 |
| SDy | 0.538** | 0.489** | 0.190 | 0.235 | −0.473** | 0.331* |
| λy | 0.593** | 0.602** | 0.336* | 0.156 | −0.263 | 0.119 |
| Dr | 0.387** | 0.296* | 0.051 | 0.397** | −0.476** | 0.623** |
| SDr | 0.445** | 0.376** | 0.140 | 0.459** | −0.611** | 0.651** |
| λr | 0.492** | 0.579** | 0.514** | 0.173 | −0.208 | 0.056 |
| Rg | 0.240 | 0.099 | −0.398** | 0.319* | −0.478** | 0.539** |
| λg | −0.661** | −0.740** | −0.532** | −0.061 | −0.046 | 0.190 |
| Rr | −0.142 | −0.241 | −0.533** | 0.133 | −0.259 | 0.278* |
| λv | 0.299* | 0.261 | −0.092 | −0.178 | 0.326* | −0.327* |
| Rg/Rr | 0.442** | 0.527** | 0.621** | 0.159 | −0.023 | 0.013 |
| (Rg−Rr)/(Rg+Rr) | 0.472** | 0.538** | 0.570** | 0.174 | −0.012 | 0.067 |
| SDr/SDb | 0.225 | 0.317* | 0.526** | 0.341* | −0.379** | 0.387** |
| SDr/SDy | −0.197 | −0.258 | −0.239 | 0.350* | −0.182 | 0.498** |
| (SDr−SDb)/(SDr+SDb) | 0.356** | 0.374** | 0.445** | 0.343* | −0.258 | 0.434** |
| (SDr−SDy)/(SDr+SDy) | 0.100 | 0.034 | 0.042 | 0.353* | −0.169 | 0.517** |

注：$P<0.05$，$|r|>0.273$；$P<0.01$，$|r|>0.354$。

表 6-10  X5 化学指标与位置变量相关性（$n=51$）

| 位置变量 | 叶绿素 | 类胡萝卜素 | 氮含量 | 磷含量 | 钾含量 | 烟碱含量 |
|---|---|---|---|---|---|---|
| Db | −0.052 | −0.143 | −0.098 | −0.111 | −0.343* | 0.239 |
| SDb | −0.119 | −0.209 | −0.144 | −0.143 | −0.345* | 0.326* |
| λb | 0.400** | 0.431** | 0.299* | 0.103 | −0.230 | 0.042 |
| Dy | −0.509** | −0.539** | −0.466** | −0.083 | 0.274* | 0.066 |
| SDy | 0.367** | 0.311* | 0.457** | 0.007 | −0.533** | 0.402** |
| λy | 0.505** | 0.592** | 0.496** | 0.147 | −0.493** | −0.051 |
| Dr | 0.080 | 0.026 | 0.175 | −0.076 | −0.508** | 0.581** |
| SDr | 0.225 | 0.178 | 0.386** | 0.024 | −0.670** | 0.594** |
| λr | 0.534** | 0.565** | 0.638** | 0.019 | −0.387** | 0.149 |
| Rg | −0.232 | −0.333* | −0.230 | −0.141 | −0.272 | 0.428** |

（续）

| 位置变量 | 叶绿素 | 类胡萝卜素 | 氮含量 | 磷含量 | 钾含量 | 烟碱含量 |
|---|---|---|---|---|---|---|
| $\lambda g$ | $-0.588^{**}$ | $-0.709^{**}$ | $-0.611^{**}$ | $0.019$ | $0.115$ | $0.217$ |
| Rr | $-0.414^{**}$ | $-0.510^{**}$ | $-0.439^{**}$ | $-0.102$ | $-0.011$ | $0.245$ |
| $\lambda v$ | $-0.154$ | $-0.110$ | $-0.382^{**}$ | $-0.264$ | $0.480^{**}$ | $-0.567^{**}$ |
| Rg/Rr | $0.517^{**}$ | $0.547^{**}$ | $0.656^{**}$ | $0.067$ | $-0.250$ | $0.157$ |
| (Rg$-$Rr)/(Rg$+$Rr) | $0.487^{**}$ | $0.546^{**}$ | $0.606^{**}$ | $0.035$ | $-0.221$ | $0.152$ |
| SDr/SDb | $0.337^{*}$ | $0.379^{**}$ | $0.585^{**}$ | $0.141$ | $-0.511^{**}$ | $0.513^{**}$ |
| SDr/SDy | $-0.359^{**}$ | $-0.352^{*}$ | $-0.218$ | $0.131$ | $-0.235$ | $0.328^{*}$ |
| (SDr$-$SDb)/(SDr$+$SDb) | $0.279^{*}$ | $0.339^{*}$ | $0.531^{**}$ | $0.133$ | $-0.398^{**}$ | $0.519^{**}$ |
| (SDr$-$SDy)/(SDr$+$SDy) | $-0.362^{**}$ | $-0.354^{**}$ | $-0.212$ | $0.153$ | $-0.319^{*}$ | $0.513^{**}$ |

注：$P<0.05$，$|r|>0.273$；$P<0.01$，$|r|>0.354$。

### 2. 不同品种化学指标位置变量监测模型

分别选用位置变量 $\lambda r$、$\lambda b$、$\lambda v$、Rg、(SDr$-$SDy)/(SDr$+$SDy) 与云烟 87 叶绿素、类胡萝卜素、氮、磷、钾、烟碱含量进行线性和非线性拟合建立关系模型（表 6-11）。结果表明，叶绿素含量拟合精度最高模型分别为线性模型 $y=0.047x-31.777$、倒数模型 $y=33.19-22\,557.59/x$、对数模型 $y=-211.841+32.484\lg x$，$R^2=0.378$；类胡萝卜素含量拟合精度最高为一元三次模型 $y=-1.271+1.038e^{-0.08}x^3$，$R^2=0.373$；氮含量拟合精度最高为指数模型 $y=\exp\,(18.145-11\,862.9/x)$，$R^2=0.253$；磷含量拟合精度最高为倒数模型 $y=-6.466+4\,465.758/x$，$R^2=0.320$；钾含量拟合精度最高为一元三次模型 $y=1.933+16.937x-66.769x^2+69.97x^3$，$R^2=0.458$；烟碱含量拟合精度最高为指数模型 $y=\exp\,(2.557-1.297/x)$，$R^2=0.447$。

K326 品种分别选用位置变量 $\lambda g$、Rg/Rr、SDr 与化学指标进行线性和非线性拟合建立关系模型（表 6-12）。结果表明，叶绿素含量拟合精度最高模型分别为一元三次模型 $y=5.917-3.229e^{-8}x^3$，$R^2=0.440$；类胡萝卜素含量拟合精度最高为一元三次模型 $y=1.131-6.013e^{-9}x^3$，$R^2=0.550$；氮含量拟合精度最高为一元三次模型 $y=3.649-2.469x+1.356x^2-0.190x^3$，$R^2=0.418$；磷含量拟合精度最高为一元三次模型 $y=0.12+0.218x+0.042x^2-0.369x^3$，$R^2=0.279$；钾含量拟合精度最高分别为一元三次模型 $y=2.312+5.177x-22.205x^2+21.576x^3$，$R^2=0.484$；烟碱含量拟合精度最高为一元三次模型 $y=0.322+4.902x+22.314x^2-38.657x^3$，$R^2=0.586$。

X5 品种分别选用位置变量 $\lambda g$、Rg/Rr、$\lambda v$、SDr 与化学指标进行线性和非线性拟合建立关系模型（表 6-13）。结果表明，叶绿素含量拟合精度最高模型分别为线性模型 $y=16.026-0.028x$、对数模型 $y=99.074-15.620\lg x$、倒数模型 $y=-15.215+8\,649.054/x$，$R^2=0.345$；类胡萝卜素含量拟合精度最高为倒数模型 $y=-3.489+1\,989.964/x$，$R^2=0.510$；氮含量拟合精度最高分别为复合模型 $y=2.468\times0.996^x$、指数模型 $y=\exp\,(0.903-0.004x)$、指数模型 $y=2.468\exp\,(-0.004x)$、Logistic 模型 $y=1/(0+0.405\times1.004^x)$，$R^2=0.874$；磷含量拟合精度最高为指数模型 $y=36\,528\,522.57\exp$ $(-0.029x)$，$R^2=0.080$；钾含量拟合精度最高分别为一元三次模型 $y=3.138+3.534x-15.305x^2+12.767x^3$，$R^2=0.487$；烟碱含量拟合精度最高为指数模型 $y=\exp\,(1.187-0.119/x)$，$R^2=0.585$。

从上可知，云烟 87 所有指标模型均在 0.01 水平极显著；K326 所有指标模型均在 0.01 水平极显著；X5 除磷含量模型外，其他指标模型均在 0.01 水平极显著，但其监测精度有待进一步验证。

**表 6-11　云烟 87 化学指标监测模型**（$n=54$）

| 指标 | 位置变量 | | 模型方程 | $R^2$ | $P$ |
|---|---|---|---|---|---|
| | | 线性 | $y==0.047x-31.777$ | 0.378 | <0.01 |
| 叶绿素 | λr | 对数 | $y=-211.841+32.484\lg x$ | | |
| | | 倒数 | $y=33.19-22\,557.59/x$ | | |
| 类胡萝卜素 | λb | 一元三次 | $y=-1.271+1.038\mathrm{e}^{-0.08}x^3$ | 0.373 | <0.01 |
| 氮 | λr | 指数 | $y=\exp\,(18.145-11\,862.9/x)$ | 0.253 | <0.01 |
| 磷 | λv | 倒数 | $y=-6.466+4\,465.758/x$ | 0.320 | <0.01 |
| 钾 | Rg | 一元三次 | $y=1.933+16.937x-66.769x^2+69.97x^3$ | 0.458 | <0.01 |
| 烟碱 | (SDr－SDy)/(SDr＋SDy) | 指数 | $y=\exp\,(2.557-1.297/x)$ | 0.447 | <0.01 |

注：$P<0.05$，$R^2>0.075$；$P<0.01$，$R^2>0.125$。

**表 6-12　K326 化学指标监测模型**（$n=54$）

| 指标 | 位置变量 | | 模型方程 | $R^2$ | $P$ |
|---|---|---|---|---|---|
| 叶绿素 | λg | 一元三次 | $y=5.917-3.229\mathrm{e}^{-8}x^3$ | 0.440 | <0.01 |
| 类胡萝卜素 | λg | 一元三次 | $y=1.131-6.013\mathrm{e}^{-9}x^3$ | 0.550 | <0.01 |
| 氮 | Rg/Rr | 一元三次 | $y=3.649-2.469x+1.356x^2-0.190x^3$ | 0.418 | <0.01 |
| 磷 | SDr | 一元三次 | $y=0.12+0.218x+0.042x^2-0.369x^3$ | 0.279 | <0.01 |
| 钾 | SDr | 一元三次 | $y=2.312+5.177x-22.205x^2+21.576x^3$ | 0.484 | <0.01 |
| 烟碱 | SDr | 一元三次 | $y=0.322+4.902x+22.314x^2-38.657x^3$ | 0.586 | <0.01 |

**表 6 - 13　X5 化学指标监测模型**（$n=51$）

| 指标 | 位置变量 | | 模型方程 | $R^2$ | $P$ |
|------|---------|------|---------|-------|-----|
| | | 线性 | $y=16.026-0.028x$ | 0.345 | <0.01 |
| 叶绿素 | λg | 对数 | $y=99.074-15.620\lg x$ | | |
| | | 倒数 | $y=-15.215+8\,649.054/x$ | | |
| 类胡萝卜素 | λg | 倒数 | $y=-3.489+1\,989.964/x$ | 0.510 | <0.01 |
| | | 复合 | $y=2.468\times0.996^x$ | 0.874 | <0.01 |
| 氮 | Rg/Rr | 指数 | $y=\exp(0.903-0.004x)$ | | |
| | | 指数 | $y=2.468\exp(-0.004x)$ | | |
| | | Logistic | $y=1/(0+0.405\times1.004^x)$ | | |
| 磷 | λv | 指数 | $y=36\,528\,522.57\exp(-0.029x)$ | 0.080 | |
| 钾 | SDr | 一元三次 | $y=3.138+3.534x-15.305x^2+12.767x^3$ | 0.487 | <0.01 |
| 烟碱 | SDr | 指数 | $y=\exp(1.187-0.119/x)$ | 0.585 | <0.01 |

## 六、不同品种化学指标植被指数监测模型

### 1. 不同品种化学指标与植被指数相关性

云烟 87 不同成熟度处理烟叶品质与植被指数最大相关性光谱特征变量分别为叶绿素含量 Lic2（$r=0.630$）、类胡萝卜素含量 Lic2（$r=0.631$）、氮含量 NPCI（$r=0.643$）、磷含量 GM1（$r=0.549$）、钾含量 NDNI（$r=-0.662$）和烟碱含量 NDII（$r=0.657$）。

K326 不同成熟度处理烟叶品质与植被指数最大相关性光谱特征变量分别为叶绿素含量 Lic2（$r=0.718$）、类胡萝卜素含量 Lic2（$r=0.764$）、氮含量 CRI1（$r=0.634$）、磷含量 MSAVI2（$r=0.456$）、钾含量 Vog2（$r=0.705$）和烟碱含量 NDII（$r=0.716$）。

X5 不同成熟度处理烟叶品质与植被指数最大相关性光谱特征变量分别为叶绿素含量 PRI、PRI2（$r=\pm0.676$），类胡萝卜素含量 PRI、PRI2（$r=\pm0.709$），氮含量 PRI、PRI2（$r=\pm0.707$），磷含量 NDII（$r=0.306$），钾含量 Vog2（$r=0.740$）和烟碱含量 NDII（$r=0.717$）。

从三个品种最大相关系数和植被指数可知，叶绿素、类胡萝卜素含量云烟 87、K326 相同均为 Lic2，X5 为 PRI、PRI2；氮含量三个品种各不相同，云烟 87 为 NPCI，K326 为 CRI1，X5 为 PRI、PRI2；磷含量三个品种各不相同，云烟 87 为 GM1，K326 为 MSAVI2，X5 为 NDII；钾含量云烟 87 为 NDNI、

K326 和 X5 相同为 Vog2；烟碱含量植被指数相同均为 NDII。综合各品种植被指数和相关系数，可利用氮含量植被指数来区分三个品种，烟碱含量植被指数 NDII 可作为不同成熟度处理三个品种整体评价指标。云烟 87、K326、X5 的化学指标与植被指数相关性见表 6-14 至表 6-16。

**表 6-14 云烟 87 化学指标与植被指数相关性**（$n=54$）

| 植被指数 | 叶绿素 | 类胡萝卜素 | 氮含量 | 磷含量 | 钾含量 | 烟碱含量 |
|---|---|---|---|---|---|---|
| RVI | 0.447** | 0.378** | 0.284* | 0.396** | −0.067 | 0.057 |
| NDVI | 0.377** | 0.331* | 0.303* | 0.251 | −0.071 | 0.076 |
| DVI | 0.340* | 0.286* | −0.008 | 0.363** | −0.592** | 0.564** |
| SAVI | 0.367** | 0.299* | 0.106 | 0.414** | −0.381** | 0.403** |
| TSAVI | −0.098 | −0.133 | −0.267 | 0.151 | −0.581** | 0.463** |
| MSAVI2 | 0.339* | 0.274* | −0.015 | 0.430** | −0.582** | 0.571** |
| RDVI | 0.387** | 0.324* | 0.115 | 0.393** | −0.419** | 0.421** |
| GM1 | 0.396** | 0.293* | 0.120 | 0.549** | −0.203 | 0.189 |
| GM2 | 0.544** | 0.440** | 0.341* | 0.409** | −0.140 | 0.104 |
| CCII | −0.047 | −0.021 | −0.105 | −0.068 | −0.434** | 0.317* |
| TCARI | 0.178 | 0.171 | 0.001 | 0.119 | −0.503** | 0.459** |
| OSAVI | 0.369** | 0.296* | 0.153 | 0.403** | −0.287* | 0.312* |
| PPR | −0.126 | −0.197 | −0.109 | 0.150 | 0.106 | 0.311* |
| NRI | 0.355** | 0.352* | 0.402** | 0.054 | 0.089 | −0.089 |
| NDWI | −0.349* | −0.465** | −0.328* | 0.289* | −0.349* | 0.423** |
| WI | −0.404** | −0.540** | −0.406** | 0.522** | −0.297* | 0.520** |
| Vog1 | 0.467** | 0.348* | 0.181 | 0.462** | −0.255 | 0.248 |
| Vog2 | −0.309* | −0.177 | 0.077 | −0.518** | 0.431** | −0.471** |
| Vog3 | −0.323* | −0.190 | 0.060 | −0.518** | 0.419** | −0.456** |
| SR | 0.469** | 0.388** | 0.273* | 0.413** | −0.105 | 0.085 |
| PRI | −0.525** | −0.520** | −0.534** | 0.009 | −0.181 | 0.339* |
| PRI1 | 0.394** | 0.427** | 0.478** | −0.148 | 0.308* | −0.492** |
| PRI2 | 0.525** | 0.520** | 0.534** | −0.009 | 0.181 | −0.339* |
| SIPI | 0.341* | 0.257 | 0.176 | 0.400** | −0.176 | 0.262 |
| CRI1 | 0.329* | 0.332* | 0.469** | −0.090 | 0.391** | −0.408** |
| CRI2 | 0.266 | 0.264 | 0.339* | 0.013 | 0.365** | −0.361** |

（续）

| 植被指数 | 叶绿素 | 类胡萝卜素 | 氮含量 | 磷含量 | 钾含量 | 烟碱含量 |
|---|---|---|---|---|---|---|
| PSSRa | 0.470** | 0.389** | 0.291* | 0.406** | −0.092 | 0.084 |
| PSSRb | 0.469** | 0.369** | 0.223 | 0.499** | −0.145 | 0.145 |
| NPCI | 0.592** | 0.600** | 0.643** | −0.040 | 0.146 | −0.293* |
| PSRI | −0.299* | −0.291* | −0.356** | −0.057 | −0.004 | 0.069 |
| NDNI | 0.330* | 0.280* | −0.011 | 0.266 | −0.662** | 0.595** |
| SG | −0.003 | −0.025 | −0.188 | 0.103 | −0.627** | 0.516** |
| NDVI705 | 0.522** | 0.418** | 0.292* | 0.407** | −0.216 | 0.181 |
| mSR705 | 0.178 | 0.063 | −0.011 | 0.520** | −0.177 | 0.396** |
| mNDVI705 | 0.542** | 0.443** | 0.318* | 0.374** | −0.233 | 0.164 |
| Lic1 | 0.401** | 0.345* | 0.299* | 0.277 | −0.116 | 0.123 |
| Lic2 | 0.630** | 0.631** | 0.614** | −0.006 | 0.013 | −0.311* |
| VARI _ green | 0.359** | 0.354** | 0.403** | 0.058 | 0.104 | −0.089 |
| VARI _ 700 | 0.364** | 0.352* | 0.347* | 0.191 | 0.025 | −0.070 |
| NDII | −0.199 | −0.336* | −0.426** | 0.540** | −0.622** | 0.657** |
| PSADa | 0.401** | 0.345* | 0.299* | 0.277 | −0.116 | 0.123 |
| PSADb | 0.400** | 0.316* | 0.189 | 0.444** | −0.227 | 0.236 |
| PSADc | 0.310* | 0.201 | 0.056 | 0.486** | −0.281* | 0.404** |

注：$P<0.05$，$|r|>0.273$；$P<0.01$，$|r|>0.354$。

**表 6-15　K326 化学指标与植被指数相关性**（$n=54$）

| 植被指数 | 叶绿素 | 类胡萝卜素 | 氮含量 | 磷含量 | 钾含量 | 烟碱含量 |
|---|---|---|---|---|---|---|
| RVI | 0.232 | 0.350* | 0.603** | 0.281* | −0.291* | 0.208 |
| NDVI | 0.359** | 0.419** | 0.544** | 0.255 | −0.150 | 0.234 |
| DVI | 0.353* | 0.288* | 0.124 | 0.421** | −0.618** | 0.655** |
| SAVI | 0.323* | 0.312* | 0.335* | 0.404** | −0.478** | 0.559** |
| TSAVI | −0.086 | −0.191 | −0.507** | 0.141 | −0.285* | 0.304* |
| MSAVI2 | 0.316* | 0.259 | 0.148 | 0.456** | −0.648** | 0.692** |
| RDVI | 0.357** | 0.341* | 0.322* | 0.400** | −0.484** | 0.555** |
| GM1 | 0.028 | 0.137 | 0.507** | 0.348* | −0.457** | 0.399** |
| GM2 | 0.296* | 0.401** | 0.583** | 0.309* | −0.362** | 0.265 |

（续）

| 植被指数 | 叶绿素 | 类胡萝卜素 | 氮含量 | 磷含量 | 钾含量 | 烟碱含量 |
|---|---|---|---|---|---|---|
| CCII | 0.397** | 0.272 | −0.337* | 0.254 | −0.259 | 0.375** |
| TCARI | 0.443** | 0.346* | 0.027 | 0.365** | −0.449** | 0.571** |
| OSAVI | 0.316* | 0.330* | 0.435** | 0.380** | −0.382** | 0.491** |
| PPR | −0.397** | −0.422** | 0.080 | 0.145 | 0.144 | 0.161 |
| NRI | 0.448** | 0.512** | 0.555** | 0.202 | −0.023 | 0.096 |
| NDWI | −0.189 | −0.194 | −0.128 | 0.180 | −0.360** | 0.461** |
| WI | −0.575** | −0.596** | −0.102 | 0.197 | −0.360** | 0.613** |
| Vog1 | 0.266 | 0.338* | 0.520** | 0.349* | −0.482** | 0.427** |
| Vog2 | −0.111 | −0.115 | −0.284* | −0.409** | 0.705** | −0.707** |
| Vog3 | −0.112 | −0.123 | −0.294* | −0.405** | 0.701** | −0.693** |
| SR | 0.229 | 0.339* | 0.594** | 0.300* | −0.338* | 0.257 |
| PRI | −0.594** | −0.705** | −0.504** | 0.033 | −0.061 | 0.229 |
| PRI1 | 0.564** | 0.671** | 0.384** | −0.204 | 0.191 | −0.381** |
| PRI2 | 0.594** | 0.705** | 0.504** | −0.033 | 0.061 | −0.229 |
| SIPI | 0.130 | 0.178 | 0.509** | 0.308* | −0.197 | 0.364** |
| CRI1 | 0.220 | 0.361** | 0.634** | −0.016 | 0.256 | −0.320* |
| CRI2 | 0.109 | 0.257 | 0.625** | −0.024 | 0.232 | −0.306* |
| PSSRa | 0.235 | 0.345* | 0.599** | 0.291* | −0.321* | 0.244 |
| PSSRb | 0.134 | 0.247 | 0.527** | 0.302* | −0.419** | 0.331* |
| NPCI | 0.680** | 0.759** | 0.540** | 0.130 | −0.064 | −0.075 |
| PSRI | −0.455** | −0.511** | −0.433** | −0.148 | 0.023 | −0.121 |
| NDNI | 0.235 | 0.136 | −0.242 | 0.360** | −0.607** | 0.543** |
| SG | 0.210 | 0.073 | −0.420** | 0.278* | −0.446** | 0.504** |
| NDVI705 | 0.355** | 0.426** | 0.569** | 0.342* | −0.386** | 0.348* |
| mSR705 | −0.315* | −0.293* | 0.301* | 0.275* | −0.065 | 0.357** |
| mNDVI705 | 0.459** | 0.518** | 0.536** | 0.328* | −0.411** | 0.336* |
| Lic1 | 0.364** | 0.417** | 0.544** | 0.281* | −0.184 | 0.277* |
| Lic2 | 0.718** | 0.764** | 0.352* | 0.126 | −0.241 | −0.022 |
| VARI _ green | 0.437** | 0.506** | 0.560** | 0.204 | −0.009 | 0.086 |

（续）

| 植被指数 | 叶绿素 | 类胡萝卜素 | 氮含量 | 磷含量 | 钾含量 | 烟碱含量 |
|---|---|---|---|---|---|---|
| VARI_700 | 0.428** | 0.508** | 0.588** | 0.199 | −0.096 | 0.103 |
| NDII | −0.198 | −0.237 | −0.102 | 0.320* | −0.669** | 0.716** |
| PSADa | 0.364** | 0.417** | 0.544** | 0.281* | −0.184 | 0.277* |
| PSADb | 0.263 | 0.319* | 0.540** | 0.336* | −0.359** | 0.407** |
| PSADc | −0.015 | −0.017 | 0.393** | 0.381** | −0.301* | 0.500** |

注：$P<0.05$，$|r|>0.273$；$P<0.01$，$|r|>0.354$。

### 表 6-16　X5 化学指标与植被指数相关性（$n=51$）

| 植被指数 | 叶绿素 | 类胡萝卜素 | 氮含量 | 磷含量 | 钾含量 | 烟碱含量 |
|---|---|---|---|---|---|---|
| RVI | 0.449** | 0.477** | 0.674** | 0.133 | −0.472** | 0.362** |
| NDVI | 0.406** | 0.467** | 0.613** | 0.101 | −0.341* | 0.330* |
| DVI | 0.194 | 0.153 | 0.378** | 0.031 | −0.665** | 0.614** |
| SAVI | 0.258 | 0.260 | 0.491** | 0.087 | −0.629** | 0.596** |
| TSAVI | −0.399** | −0.494** | −0.421** | −0.103 | −0.029 | 0.265 |
| MSAVI2 | 0.186 | 0.148 | 0.395** | 0.050 | −0.681** | 0.646** |
| RDVI | 0.277* | 0.275* | 0.499** | 0.074 | −0.619** | 0.583** |
| GM1 | 0.332* | 0.360** | 0.597** | 0.178 | −0.568** | 0.518** |
| GM2 | 0.493** | 0.507** | 0.700** | 0.127 | −0.516** | 0.377** |
| CCII | −0.255 | −0.369** | −0.418** | −0.250 | −0.069 | 0.156 |
| TCARI | 0.074 | 0.023 | 0.143 | −0.088 | −0.467** | 0.505** |
| OSAVI | 0.283* | 0.308* | 0.527** | 0.108 | −0.562** | 0.556** |
| PPR | −0.123 | −0.062 | 0.090 | 0.160 | −0.228 | 0.133 |
| NRI | 0.453** | 0.512** | 0.585** | 0.042 | −0.238 | 0.187 |
| NDWI | −0.203 | −0.277* | 0.094 | 0.242 | −0.264 | 0.465** |
| WI | −0.361** | −0.412** | −0.107 | 0.285* | −0.176 | 0.679** |
| Vog1 | 0.391** | 0.421** | 0.659** | 0.173 | −0.603** | 0.471** |
| Vog2 | −0.167 | −0.204 | −0.524** | −0.230 | 0.740** | −0.646** |
| Vog3 | −0.181 | −0.218 | −0.533** | −0.228 | 0.739** | −0.639** |
| SR | 0.429** | 0.456** | 0.656** | 0.142 | −0.517** | 0.396** |
| PRI | −0.676** | −0.709** | −0.707** | −0.015 | 0.226 | 0.083 |

（续）

| 植被指数 | 叶绿素 | 类胡萝卜素 | 氮含量 | 磷含量 | 钾含量 | 烟碱含量 |
|---|---|---|---|---|---|---|
| PRI1 | 0.649** | 0.676** | 0.618** | −0.023 | −0.112 | −0.213 |
| PRI2 | 0.676** | 0.709** | 0.707** | 0.015 | −0.226 | −0.083 |
| SIPI | 0.319* | 0.360** | 0.585** | 0.141 | −0.453** | 0.464** |
| CRI1 | 0.417** | 0.496** | 0.404** | 0.017 | 0.297* | −0.377** |
| CRI2 | 0.365** | 0.457** | 0.380** | 0.053 | 0.274* | −0.340* |
| PSSRa | 0.447** | 0.468** | 0.669** | 0.142 | −0.498** | 0.383** |
| PSSRb | 0.430** | 0.438** | 0.651** | 0.148 | −0.543** | 0.456** |
| NPCI | 0.620** | 0.665** | 0.630** | −0.010 | −0.144 | −0.023 |
| PSRI | −0.353* | −0.425** | −0.501** | −0.024 | 0.178 | −0.272 |
| NDNI | 0.069 | −0.034 | 0.139 | −0.033 | −0.601** | 0.523** |
| SG | −0.286* | −0.384** | −0.291* | −0.146 | −0.218 | 0.404** |
| NDVI705 | 0.454** | 0.477** | 0.691** | 0.143 | −0.537** | 0.410** |
| mSR705 | 0.177 | 0.189 | 0.497** | 0.203 | −0.516** | 0.558** |
| mNDVI705 | 0.471** | 0.498** | 0.699** | 0.131 | −0.517** | 0.389** |
| Lic1 | 0.393** | 0.448** | 0.606** | 0.099 | −0.365** | 0.357** |
| Lic2 | 0.647** | 0.695** | 0.644** | 0.010 | −0.157 | 0.007 |
| VARI _ green | 0.458** | 0.520** | 0.592** | 0.045 | −0.242 | 0.175 |
| VARI _ 700 | 0.456** | 0.497** | 0.603** | 0.069 | −0.266 | 0.243 |
| NDII | −0.195 | −0.189 | 0.146 | 0.306* | −0.576** | 0.717** |
| PSADa | 0.393** | 0.448** | 0.606** | 0.099 | −0.365** | 0.357** |
| PSADb | 0.369** | 0.392** | 0.626** | 0.145 | −0.471** | 0.481** |
| PSADc | 0.253 | 0.287* | 0.534** | 0.171 | −0.532** | 0.489** |

注：$P<0.05$，$|r|>0.273$；$P<0.01$，$|r|>0.354$。

## 2. 不同品种化学指标植被指数监测模型

表 6 - 17 为云烟 87 分别选用植被指数 Lic2、NPCI、GM1、NDNI、NDII 与叶绿素、类胡萝卜素、氮、磷、钾、烟碱含量进行线性和非线性拟合建立关系模型。结果表明，叶绿素含量拟合精度最高模型分别为幂模型 $y=2.099x^{1.421}$、指数模型 $y=\exp(0.691-0.487/x)$，$R^2=0.455$；类胡萝卜素含量拟合精度最高为幂模型 $y=0.378x^{1.192}$，$R^2=0.426$；氮含量拟合精度最高为一元三次模型 $y=3.579+4.357x+5.715x^2+3.637x^3$，$R^2=0.429$；磷含量拟合精度最高为一元三次模型 $y=-0.244+0.54x-0.229x^2+0.033x^3$，$R^2=$

0.335；钾含量拟合精度最高分别为一元三次模型 $y=5.055-14.335x+70.089x^3$，$R^2=0.483$；烟碱含量拟合精度最高为指数模型 $y=\exp(2.168-0.528/x)$，$R^2=0.526$。

表6-18 为 K326 品种分别选用植被指数 Lic2、CRI1、MSAVI2、Vog2、NDII 与化学指标进行线性和非线性拟合建立关系模型。结果表明，叶绿素含量拟合精度最高模型为一元三次模型 $y=-0.654+5.494x-8.343x^2+4.863x^3$，$R^2=0.546$；类胡萝卜素含量拟合精度最高为一元三次模型 $y=-0.149+1.421x-2.362x^2+1.365x^3$，$R^2=0.648$；氮含量拟合精度最高为一元三次模型 $y=2.298-0.05x+0.079x^2-0.007x^3$，$R^2=0.421$；磷含量拟合精度最高为一元三次模型 $y=-0.118+0.861x-0.822x^2+0.264x^3$，$R^2=0.283$；钾含量拟合精度最高分别为一元三次模型 $y=2.641-12.111x-922.879x^2-8\,140.08x^3$，$R^2=0.531$；烟碱含量拟合精度最高为指数模型 $y=\exp(5.067-1.610/x)$，$R^2=0.631$。

表6-19 为 X5 品种分别选用植被指数 PRI、PRI2、NDII、Vog2 与化学指标进行线性和非线性拟合建立关系模型。结果表明，叶绿素含量拟合精度最高模型分别为一元三次模型 $y=0.48-5.254x+32x^2-367.854x^3$、$y=0.48+5.254x+32x^2+367.854x^3$，$R^2=0.459$；类胡萝卜素含量拟合精度最高分别为一元三次模型 $y=0.131-1.152x-6.436x^2+96.796x^3$、$y=0.131+1.152x-6.436x^2-96.796x^3$，$R^2=0.505$；氮含量拟合精度最高分别为一元三次模型 $y=2.68-15.127x+4.697x^2+1\,756.747x^3$、$y=2.68+15.127x+4.697x^2-1\,756.747x^3$，$R^2=0.531$；磷含量拟合精度最高为一元三次模型 $y=0.231-2.202x^2+4.694x^3$，$R^2=0.164$；钾含量拟合精度最高分别为一元三次模型 $y=3.054-59.883x-2\,576.064x^2-23\,338.947x^3$，$R^2=0.622$；烟碱含量拟合精度最高为幂模型 $y=42.281x^{3.034}$，$R^2=0.556$。

从上可知，云烟87、K326、X5 所有指标模型均在 0.01 水平极显著，但其监测精度有待进一步验证。

**表6-17 云烟87化学指标含量植被指数监测模型（$n=54$）**

| 指标 | 植被指数 | | 模型方程 | $R^2$ | $P$ |
|---|---|---|---|---|---|
| 叶绿素 | Lic2 | 幂 | $y=2.099x^{1.421}$ | 0.455 | $<0.01$ |
| | | 指数 | $y=\exp(0.691-0.487/x)$ | | |
| 类胡萝卜素 | Lic2 | 幂 | $y=0.378x^{1.192}$ | 0.426 | $<0.01$ |
| 氮 | NPCI | 一元三次 | $y=3.579+4.357x+5.715x^2+3.637x^3$ | 0.429 | $<0.01$ |

（续）

| 指标 | 植被指数 | 模型方程 | | $R^2$ | $P$ |
|---|---|---|---|---|---|
| 磷 | GM1 | 一元三次 | $y=-0.244+0.54x-0.229x^2+0.033x^3$ | 0.335 | <0.01 |
| 钾 | NDNI | 一元三次 | $y=5.055-14.335x+70.089x^3$ | 0.483 | <0.01 |
| 烟碱 | NDII | 指数 | $y=\exp(2.168-0.528/x)$ | 0.526 | <0.01 |

注：$P<0.05$，$R^2>0.075$；$P<0.01$，$R^2>0.125$。

### 表 6-18　K326 化学指标植被指数监测模型（$n=54$）

| 指标 | 变量 | 模型方程 | | $R^2$ | $P$ |
|---|---|---|---|---|---|
| 叶绿素 | Lic2 | 一元三次 | $y=-0.654+5.494x-8.343x^2+4.863x^3$ | 0.546 | <0.01 |
| 类胡萝卜素 | Lic2 | 一元三次 | $y=-0.149+1.421x-2.362x^2+1.365x^3$ | 0.648 | <0.01 |
| 氮 | CRI1 | 一元三次 | $y=2.298-0.05x+0.079x^2-0.007x^3$ | 0.421 | <0.01 |
| 磷 | MSAVI2 | 一元三次 | $y=-0.118+0.861x-0.822x^2+0.264x^3$ | 0.283 | <0.01 |
| 钾 | Vog2 | 一元三次 | $y=2.641-12.111x-922.879x^2-8140.08x^3$ | 0.531 | <0.01 |
| 烟碱 | NDII | 指数 | $y=\exp(5.067-1.610/x)$ | 0.631 | <0.01 |

注：$P<0.05$，$R^2>0.075$；$P<0.01$，$R^2>0.125$。

### 表 6-19　X5 化学指标植被指数监测模型（$n=51$）

| 指标 | 变量 | 模型方程 | | $R^2$ | $P$ |
|---|---|---|---|---|---|
| 叶绿素 | PRI | 一元三次 | $y=0.48-5.254x+32x^2-367.854x^3$ | 0.459 | <0.01 |
| | PRI2 | 一元三次 | $y=0.48+5.254x+32x^2+367.854x^3$ | | |
| 类胡萝卜素 | PRI | 一元三次 | $y=0.131-1.152x-6.436x^2+96.796x^3$ | 0.505 | <0.01 |
| | PRI2 | 一元三次 | $y=0.131+1.152x-6.436x^2-96.796x^3$ | | |
| 氮 | PRI | 一元三次 | $y=2.68-15.127x+4.697x^2+1756.747x^3$ | 0.531 | <0.01 |
| | PRI2 | 一元三次 | $y=2.68+15.127x+4.697x^2-1756.747x^3$ | | |
| 磷 | NDII | 一元三次 | $y=0.231-2.202x^2+4.694x^3$ | 0.164 | <0.01 |
| 钾 | Vog2 | 一元三次 | $y=3.054-59.883x-2576.064x^2-23338.947x^3$ | 0.622 | <0.01 |
| 烟碱 | NDII | 幂 | $y=42.281x^{3.034}$ | 0.556 | <0.01 |

注：$P<0.05$，$R^2>0.075$；$P<0.01$，$R^2>0.125$。

## 七、不同品种化学指标光谱遥感监测模型评价

利用 2016 年实测数据对以上所建立的模型进行评价，通过筛选出的监测模型生成预测值，并与实测数据进行分析，实测值作为 $x$ 轴，预测值作为 $y$ 轴，构建实测值与预测值的 1∶1 关系图，并以 $R^2$、$RMSE$ 及 $RE$ 为判断依据从中筛选精度最高的光谱遥感监测模型（图 6-6 至图 6-8）。

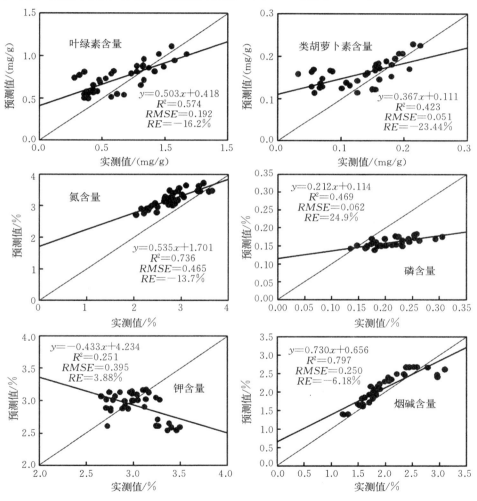

图 6-6　云烟 87 化学指标监测模型评价 （$n=36$）

云烟 87 叶绿素含量拟合精度最高模型为基于 Lic2 叶绿素指数的幂模型 $y=2.099x^{1.421}$，$R^2=0.455$，$RMSE=0.192$，$RE=-16.2\%$；类胡萝卜素含

量拟合精度最高模型为基于 Lic2 叶绿素指数的幂模型 $y=0.378x^{1.192}$，$R^2=0.426$，$RMSE=0.051$，$RE=-23.44\%$；氮含量拟合精度最高模型为基于 NPCI 归一化叶绿素指数的一元三次模型 $y=3.579+4.357x+5.715x^2+3.637x^3$，$R^2=0.429$，$RMSE=0.465$，$RE=-13.7\%$；磷含量拟合精度最高为基于 1 141 nm 一阶微分光谱反射率的一元三次模型 $y=0.131-10.92x+8 637.179x^2+1 424 550.907x^3$，$R^2=0.583$，$RMSE=0.062$，$RE=24.9\%$；钾含量拟合精度最高为基于 760 nm 原始光谱反射率的一元三次模型 $y=3.633-0.038x-5.082x^2+4.238x^3$，$R^2=562$，$RMSE=0.395$，$RE=3.88\%$；烟碱含量拟合精度最高为基于 536 nm 一阶微分光谱反射率的一元三次模型 $y=0.983+290.084x+854 297.557x^2-288 732 567.233x^3$，$R^2=0.645$，$RMSE=0.250$，$RE=-6.18\%$。

K326 品种叶绿素含量拟合精度最高模型为基于 Lic2 叶绿素指数的一元三次模型 $y=-0.654+5.494x-8.343x^2+4.863x^3$，$R^2=0.546$，$RMSE=0.272$，$RE=26\%$；类胡萝卜素含量拟合精度最高模型为基于 Lic2 叶绿素指数的一元三次模型 $y=-0.149+1.421x-2.362x^2+1.365x^3$，$R^2=0.648$，$RMSE=0.035$，$RE=-22.7\%$；氮含量拟合精度最高为基于 488 nm 一阶微分光谱反射率的一元三次模型 $y=3.152-732.32x+182 153.039x^2-12 601 525.947x^3$，$R^2=0.483$，$RMSE=0.623$，$RE=-25.1\%$；磷含量拟合精度最高为基于 535 nm 一阶微分光谱反射率的指数模型 $y=0.121\exp(192.822x)$，$R^2=0.428$，$RMSE=0.057$，$RE=19.2\%$；钾含量拟合精度最高为基于 1 099 nm 原始光谱反射率的一元三次模型 $y=2.688+1.472x-6.179x^2+4.310 9x^3$，$R^2=0.538$，$RMSE=0.210$，$RE=-7.3\%$；烟碱含量拟合精度最高为基于 1 001 nm 原始光谱反射率的一元三次模型 $y=1.231-10.335x+41.861x^2-32.084x^3$，$R^2=0.797$，$RMSE=0.322$，$RE=-7.9\%$。

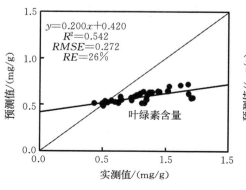

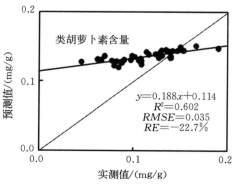

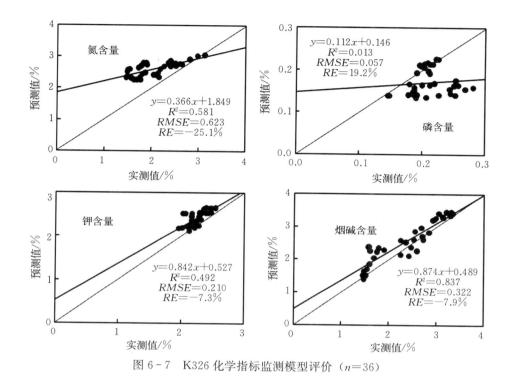

图 6-7　K326 化学指标监测模型评价（$n=36$）

X5 品种叶绿素含量拟合精度最高模型为基于 PRI 光化学反射指数的一元三次模型 $y=0.48-5.254x+32x^2-367.854x^3$，$R^2=0.459$，$RMSE=0.359$，$RE=22\%$；类胡萝卜素含量拟合精度最高模型为基于 PRI 光化学反射指数的一元三次模型 $y=0.131-1.152x-6.436x^2+96.796x^3$，$R^2=0.505$，$RMSE=0.025$，$RE=-10\%$；氮含量拟合精度最高模型为基于 PRI 光化学反射指数的一元三次模型 $y=2.68-15.127x+4.697x^2+1\,756.747x^3$，$R^2=0.531$，$RMSE=0.298$，$RE=-8.8\%$；磷含量拟合精度最高为基于 443 nm 一阶微分光谱反射率的一元三次模型 $y=0.178-13.015x+2\,701.111x^2-587\,243.514x^3$，$R^2=0.193$，$RMSE=0.044$，$RE=14.5\%$；钾含量拟合精度最高为基于 736 nm 一阶微分光谱反射率的一元三次模型 $y=3.388+317.598x-280\,517.751x^2+36\,014\,694.927x^3$，$R^2=0.652$，$RMSE=0.336$，$RE=-6.96\%$；烟碱含量拟合精度最高为基于 1\,001 nm 原始光谱反射率的一元三次模型 $y=1.068-6.072x+31.34x^2-26.774x^3$，$R^2=0.650$，$RMSE=0.393$，$RE=-11.3\%$。

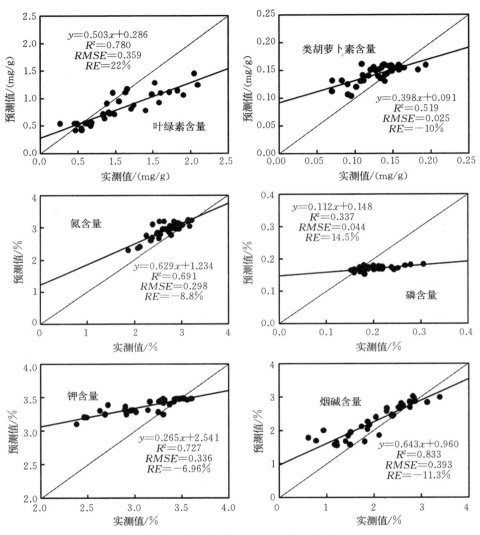

图 6 - 8 X5 化学指标监测模型评价 （n=36）

# 第七章　不同部位成熟度烟草化学指标光谱遥感监测模型

## 第一节　不同部位化学指标原始与一阶微分光谱监测模型

### 一、不同部位化学指标与原始光谱反射率相关性

图 7-1 表明，下部叶不同成熟度处理烟叶品质与原始光谱反射率最大相关性分别为叶绿素含量 675 nm（$r=-0.664$）、类胡萝卜素含量 675 nm（$r=-0.619$）、氮含量 664 nm（$r=-0.544$）、磷含量 400 nm（$r=0.253$）、钾含量 373 nm（$r=0.227$）和烟碱含量 381 nm（$r=0.355$）。

中部叶不同成熟度处理烟叶品质与原始光谱反射率最大相关性最大相关波段分别为叶绿素含量 981 nm（$r=0.836$）、类胡萝卜素含量 981 nm（$r=0.854$）、氮含量 814 nm（$r=0.652$）、磷含量 372 nm（$r=0.301$）、钾含量 757 nm（$r=-0.593$）和烟碱含量 366 nm（$r=0.158$）。

上部叶不同成熟度处理烟叶品质与原始光谱反射率最大相关性最大相关波段分别为叶绿素含量 585 nm（$r=-0.565$）、类胡萝卜素含量 584 nm（$r=-0.691$）、氮含量 696 nm（$r=-0.520$）、磷含量 375 nm（$r=0.570$）、钾含量 376 nm（$r=-0.478$）和烟碱含量 831 nm（$r=0.440$）。

从三个部位最大相关系数和相关波段可知，部位间各化学成分指标波段存在差异，叶绿素含量 675 nm、981 nm、585 nm，类胡萝卜素含量 675 nm、981 nm、584 nm，氮含量 664 nm、814 nm、696 nm，磷含量 400 nm、372 nm、375 nm，钾含量 373 nm、757 nm、376 nm，烟碱含量 381 nm、366 nm、831 nm。其中叶绿素和类胡萝卜素含量三个部位原始波段基本一致，其他指标三个部位指标各不相同。综合相关系数值，可利用类胡萝卜素指标光谱波段区分三个部位。

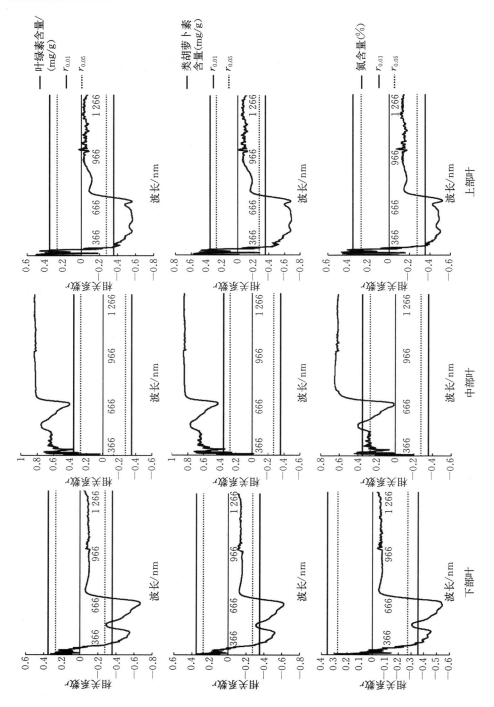

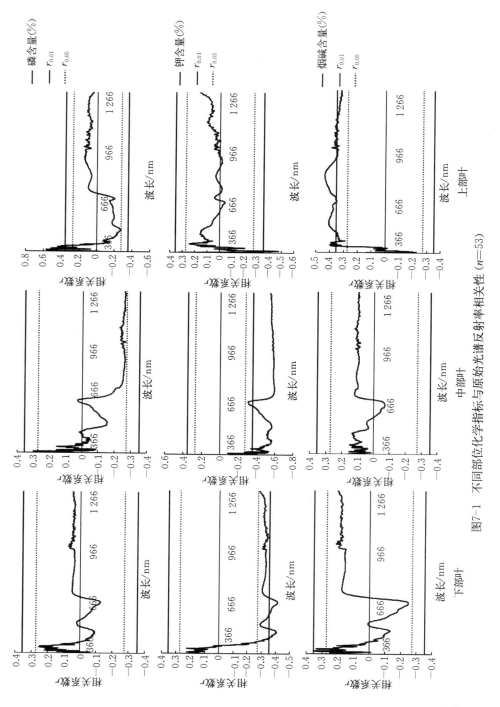

图7-1　不同部位化学指标与原始光谱反射率相关性（n=53）

## 二、不同部位烟草化学指标原始光谱反射率监测模型

按照相关性最大原则选取三个部位各指标的特征波段，再利用光谱反射率建立各指标值回归方程，并以 $R^2$ 最大作为模型筛选的依据。

从表 7-1 可知，下部叶不同成熟度处理叶绿素含量回归拟合精度最大为一元三次模型 $y=0.625+0.901x-19.424x^2+36.485x^3$，$R^2=0.504$；类胡萝卜素含量回归拟合精度最大为一元三次模型 $y=0.146+0.279x-4.804x^2+9.359x^3$，$R^2=0.509$；氮含量回归拟合精度最大为一元三次模型 $y=3.539-8.561x+12.336x^2+2.003x^3$，$R^2=0.361$；磷含量回归拟合精度最大为一元三次模型 $y=0.123+2.42x-78.143x^2+757.84x^3$，$R^2=0.160$；钾含量回归拟合精度最大为一元三次模型 $y=2.599-6.79x+596.204x^2-5\,069.272x^3$，$R^2=0.154$；烟碱含量回归拟合精度最大为线性模型 $y=8.29x+0.714$，$R^2=0.127$。

中部叶不同成熟度处理叶绿素含量回归拟合精度最大为复合模型 $y=0.063\times17.93^x$，$R^2=0.734$；类胡萝卜素含量回归拟合精度最大为一元二次模型 $y=0.055-0.055x+0.211x^2$，$R^2=0.752$；氮含量回归拟合精度最大分别为幂模型 $y=2.816x^{0.297}$，$R^2=0.440$；磷含量回归拟合精度最大为一元三次模型 $y=0.151+0.962x-8.495x^2+20.962x^3$，$R^2=0.124$；钾含量回归拟合精度最大为倒数模型 $y=1.821+0.494/x$，$R^2=0.376$；烟碱含量回归拟合精度最大为一元三次模型 $y=2.502-3.64x+28.377x^2-39.366x^3$，$R^2=0.037$。

上部叶不同成熟度处理叶绿素含量回归拟合精度最大为一元三次模型 $y=1.204-5.297x+6.946x^2-0.03x^3$，$R^2=0.408$；类胡萝卜素含量回归拟合精度最大为一元三次模型 $y=0.219-0.511x-0.763x^2+2.458x^3$，$R^2=0.615$；氮含量回归拟合精度最大分别为一元三次模型 $y=3.449-1.075x-11.431x^2+17.029x^3$，$R^2=0.293$；磷含量回归拟合精度最大为一元三次模型 $y=0.173\,4-1.375x+44.002x^2-253.1x^3$，$R^2=0.343$；钾含量回归拟合精度最大为一元三次模型 $y=2.222+65.391x-1\,713.597x^2+11\,021.451x^3$，$R^2=0.380$；烟碱含量回归拟合精度最大为一元三次模型 $y=-2.07+10.938x-6.765\,x^3$，$R^2=0.228$。

从以上可以看出，不同部位原始光谱 $R^2$ 值较大的模型主要有类胡萝卜素含量回归曲线拟合模型。

**表 7 - 1　不同部位烟草化学指标原始光谱反射率监测模型**（$n=53$）

| 部位 | 指标 | 回归方程 | 特征波段 | $R^2$ | $P$ |
|---|---|---|---|---|---|
| 下部叶 | 叶绿素 | $y=0.625+0.901x-19.424x^2+36.485x^3$ | 675 nm | 0.504 | $<0.01$ |
| | 类胡萝卜素 | $y=0.146+0.279x-4.804x^2+9.359x^3$ | 675 nm | 0.509 | $<0.01$ |
| | 氮 | $y=3.539-8.561x+12.336x^2+2.003x^3$ | 664 nm | 0.361 | $<0.01$ |
| | 磷 | $y=0.123+2.42\ x-78.143x^2+757.84x^3$ | 400 nm | 0.160 | $<0.01$ |
| | 钾 | $y=2.599-6.79x+596.204x^2-5\ 069.272x^3$ | 373 nm | 0.154 | $<0.01$ |
| | 烟碱 | $y=8.29x+0.714$ | 381 nm | 0.127 | $<0.01$ |
| 中部叶 | 叶绿素 | $y=0.063\times17.93^x$ | 981 nm | 0.734 | $<0.01$ |
| | 类胡萝卜素 | $y=0.055-0.055x+0.211x^2$ | 981 nm | 0.752 | $<0.01$ |
| | 氮 | $y=2.816\times x^{0.297}$ | 814 nm | 0.440 | $<0.01$ |
| | 磷 | $y=0.151+0.962x-8.495x^2+20.962x^3$ | 372 nm | 0.124 | $<0.01$ |
| | 钾 | $y=1.821+0.494/x$ | 757 nm | 0.376 | $<0.01$ |
| | 烟碱 | $y=2.502-3.64x+28.377x^2-39.366x^3$ | 366 nm | 0.037 | $<0.01$ |
| 上部叶 | 叶绿素 | $y=1.204-5.297x+6.946x^2-0.03x^3$ | 585 nm | 0.408 | $<0.01$ |
| | 类胡萝卜素 | $y=0.219-0.511x-0.763x^2+2.458x^3$ | 584 nm | 0.615 | $<0.01$ |
| | 氮 | $y=3.449-1.075x-11.431x^2+17.029x^3$ | 696 nm | 0.293 | $<0.01$ |
| | 磷 | $y=0.173\ 4-1.375x+44.002x^2-253.1x^3$ | 375 nm | 0.343 | $<0.01$ |
| | 钾 | $y=2.222+65.391x-1\ 713.597x^2+11\ 021.451x^3$ | 376 nm | 0.380 | $<0.01$ |
| | 烟碱 | $y=-2.07+10.938x-6.765\ x^3$ | 831 nm | 0.228 | $<0.01$ |

## 三、不同部位化学指标与一阶微分光谱反射率相关性

从图 7 - 2 可知，下部叶不同成熟度处理烟叶品质与一阶微分光谱反射率最大相关性分别为叶绿素含量 568 nm（$r=-0.852$）、类胡萝卜素含量 598 nm（$r=-0.771$）、氮含量 604 nm（$r=-0.708$）、磷含量 831 nm（$r=-0.398$）、钾含量 483 nm（$r=-0.562$）和烟碱含量 568 nm（$r=-0.520$）。

中部叶不同成熟度处理烟叶品质与一阶微分光谱反射率最大相关性最大相关波段分别为叶绿素含量 746 nm（$r=0.819$）、类胡萝卜素含量 1 003 nm（$r=0.842$）、氮含量 735 nm（$r=0.724$）、磷含量 1 127 nm（$r=-0.594$）、钾含量 456 nm（$r=0.654$）和烟碱含量 874 nm（$r=-0.448$）。

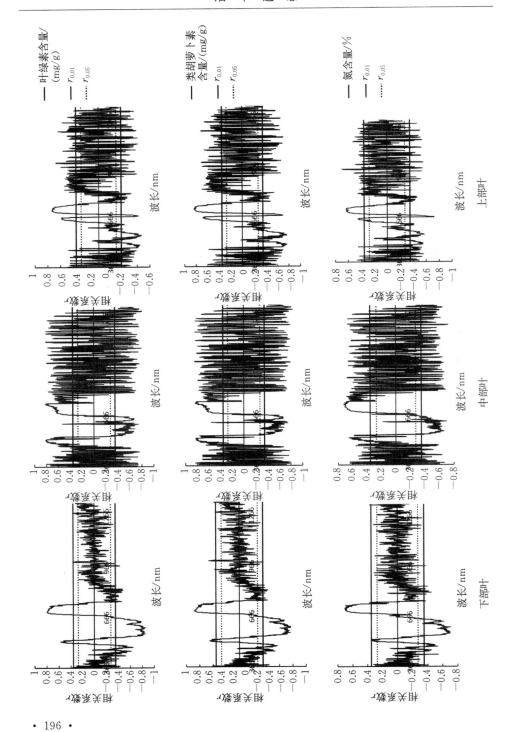

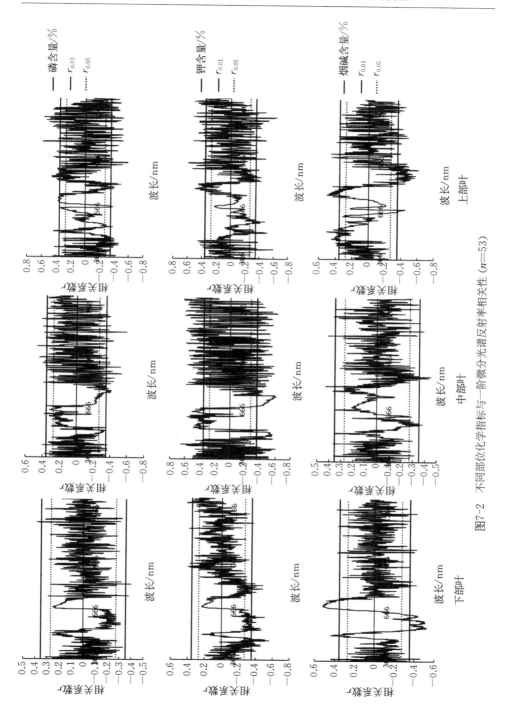

图7-2 不同部位化学指标与一阶微分光谱反射率相关性（n=53）

上部叶不同成熟度处理烟叶品质与原始光谱反射率最大相关性最大相关波段分别为叶绿素含量 720 nm ($r = 0.736$)、类胡萝卜素含量 721 nm ($r = 0.832$)、氮含量 676 nm ($r = -0.729$)、磷含量 1 081 nm ($r = 0.595$)、钾含量 1 233 nm ($r = -0.634$) 和烟碱含量 919 nm ($r = -0.608$)。

从三个部位最大相关系数和相关波段可知，部位间各化学成分指标波段存在差异，叶绿素含量 568 nm、746 nm、720 nm，类胡萝卜素含量 598 nm、1 003 nm、721 nm，氮含量 604 nm、735 nm、676 nm，磷含量 831 nm、1 127 nm、1 081 nm，钾含量 483 nm、456 nm、1 233 nm，烟碱含量 568 nm、874 nm、919 nm。综合以上结果，利用叶绿素、类胡萝卜素一阶微分光谱反射率能够区分三个部位。

## 四、不同部位化学指标一阶微分光谱反射率监测模型

按照相关性最大原则选取三个部位各指标的特征波段，再利用一阶微分光谱反射率建立各指标回归方程，并以 $R^2$ 最大作为模型筛选的依据。

表 7 - 2 表明，下部叶不同成熟度处理叶绿素含量回归拟合精度最大为一元三次模型 $y = 0.358 - 227.77x - 35\ 331.487x^2 - 34\ 584\ 829.397x^3$，$R^2 = 0.732$；类胡萝卜素含量回归拟合精度最大为一元三次模型 $y = 0.155 - 76.648x - 77\ 653.433x^2 + 50\ 073\ 973.086x^3$，$R^2 = 0.601$；氮含量回归拟合精度最大分别为一元三次模型 $y = 2.24 - 423.271x + 911\ 925.397x^2 + 255\ 938\ 838.941x^3$，$R^2 = 0.546$；磷含量回归拟合精度最大为一元三次模型 $y = 0.151 - 77.293x + 206\ 142.997x^2 - 655\ 888\ 701.617x^3$，$R^2 = 0.180$；钾含量回归拟合精度最大为复合模型 $y = 3.139 \times 4.672 \times 10^{-68x}$、指数模型 $y = \exp(1.144 - 155.034x)$、指数模型 $y = 3.139\exp(-155.034x)$，$R^2 = 0.341$；烟碱含量回归拟合精度最大为一元三次模型 $y = 0.763 - 31.466x + 110\ 533.056x^2 - 65\ 044\ 112.193x^3$，$R^2 = 0.363$。

中部叶不同成熟度处理叶绿素含量回归拟合精度最大分别为幂模型 $y = 1\ 376.721x^{1.365}$，$R^2 = 0.759$；类胡萝卜素含量回归拟合精度最大为一元三次模型 $y = 0.078 + 3.57x + 178.538x^2 - 6\ 497.965x^3$，$R^2 = 0.710$；氮含量回归拟合精度最大为一元二次模型 $y = 2.028 + 101.107x + 15\ 574.0x^2$、一元三次模型 $y = 2.108 + 18.655x + 41\ 246.926x^2 - 2\ 466\ 400.779x^3$，$R^2 = 0.528$；磷含量回归拟合精度最大为一元三次模型 $y = 0.18 - 20.989x - 5\ 481.568x^2 + 1\ 697\ 905.919x^3$，$R^2 = 0.383$；钾含量回归拟合精度最大为一元三次模型 $y = 2.768\ 9 + 100.126x - 6\ 805.495x^2 + 5\ 800\ 842.915x^3$，$R^2 = 0.448$；烟碱含量回归拟合精度最大为一元三次模型 $y = 2.428 - 493.231x + 66\ 939.74x^2 - 1\ 890\ 985\ 223.746x^3$，$R^2 = 0.213$。

上部叶不同成熟度处理叶绿素含量回归拟合精度最大为一元三次模型 $y=0.206-49.085x+24\,353.512x^2-1\,170\,660.939x^3$，$R^2=0.552$；类胡萝卜素含量回归拟合精度最大为一元三次模型 $y=0.032+5.914x+2\,855.539x^2-180\,527.038x^3$、一元二次模型 $y=0.016+18.428x+60.061x^2$、线性模型 $y=19.043x+0.015$，$R^2=0.687$；氮含量回归拟合精度最大为一元三次模型 $y=3.425+297.212x-1\,556\,531.108x^2+471\,079\,021.124x^3$，$R^2=0.533$；磷含量回归拟合精度最大为复合模型 $y=0.171\times8.85\times1\,037^x$、指数模型 $y=\exp(-1.765+87.376x)$、指数模型 $y=0.171\exp(87.376x)$，$R^2=0.383$；钾含量回归拟合精度最大为一元三次模型 $y=2.759-444.282x+482\,601.183x^2-314\,674\,225.643x^3$，$R^2=0.437$；烟碱含量回归拟合精度最大为指数模型 $y=2.25\exp(-942.652x)$、指数模型 $y=\exp(0.811-942.652x)$，$R^2=0.402$。

综合以上可知，不同部位一阶微分拟合模型精度高于原始光谱模型，不同指标间拟合模型精度差异较大，整体而言精度较高模型主要有叶绿素和类胡萝卜素含量回归曲线拟合模型。

**表 7-2 不同部位化学指标一阶微分光谱反射率监测模型**（$n=53$）

| 部位 | 指标 | 回归方程 | 特征波段 | $R^2$ | $P$ |
|---|---|---|---|---|---|
| 下部叶 | 叶绿素 | $y=0.358-227.77x-35\,331.487x^2-34\,584\,829.397x^3$ | 568 nm | 0.732 | <0.01 |
| | 类胡萝卜素 | $y=0.155-76.648x-77\,653.433x^2+50\,073\,973.086x^3$ | 598 nm | 0.601 | <0.01 |
| | 氮 | $y=2.24-423.271x+911\,925.397x^2+255\,938\,838.941x^3$ | 604 nm | 0.546 | <0.01 |
| | 磷 | $y=0.151-77.293x+206\,142.997x^2-655\,888\,701.617x^3$ | 831 nm | 0.180 | <0.01 |
| | 钾 | $y=3.139\exp(-155.034x)$ | 483 nm | 0.341 | <0.01 |
| | 烟碱 | $y=0.763-31.466x+110\,533.056x^2-65\,044\,112.193x^3$ | 568 nm | 0.363 | <0.01 |
| 中部叶 | 叶绿素 | $y=1\,376.721x^{1.365}$ | 746 nm | 0.759 | <0.01 |
| | 类胡萝卜素 | $y=0.078+3.57x+178.538x^2-6\,497.965\,x^3$ | 1 003 nm | 0.710 | <0.01 |
| | 氮 | $y=2.028+101.107x+15\,574.0x^2$ | 735 nm | 0.528 | <0.01 |
| | 磷 | $y=0.18-20.989x-5\,481.568x^2+1\,697\,905.919x^3$ | 1 127 nm | 0.383 | <0.01 |
| | 钾 | $y=2.768\,9+100.126x-6\,805.495x^2+5\,800\,842.915x^3$ | 456 nm | 0.448 | <0.01 |
| | 烟碱 | $y=2.428-493.231x+66\,939.74x^2-1\,890\,985\,223.746x^3$ | 874 nm | 0.213 | <0.01 |
| 上部叶 | 叶绿素 | $y=0.206-49.085x+24\,353.512x^2-1\,170\,660.939x^3$ | 720 nm | 0.552 | <0.01 |
| | 类胡萝卜素 | $y=19.043x+0.015$ | 721 nm | 0.687 | <0.01 |
| | 氮 | $y=3.425+297.212x-1\,556\,531.108x^2+471\,079\,021.124x^3$ | 676 nm | 0.533 | <0.01 |
| | 磷 | $y=0.171\exp(87.376x)$ | 1 081 nm | 0.383 | <0.01 |
| | 钾 | $y=2.759-444.282x+482\,601.183x^2-314\,674\,225.643x^3$ | 1 233 nm | 0.437 | <0.01 |
| | 烟碱 | $y=2.25\exp(-942.652x)$ | 919 nm | 0.402 | <0.01 |

## 第二节　不同部位化学指标位置变量监测模型

### 一、不同部位化学指标与位置变量相关性

表7-3至表7-5表明，下部叶不同成熟度处理烟叶品质与位置变量最大相关性变量分别为叶绿素含量 Dy（$r=-0.815$）、类胡萝卜素含量（Rg－Rr）/（Rg＋Rr）（$r=0.731$）、氮含量 Rg/Rr（$r=0.713$）、磷含量 Dy（$r=-0.250$）、钾含量 λb（$r=0.500$）和烟碱含量 SDy（$r=0.516$）。

中部叶不同成熟度处理烟叶品质与位置变量最大相关性变量分别为叶绿素含量 Rg（$r=0.751$）、类胡萝卜素含量 Db（$r=0.772$）、氮含量 SDr（$r=0.660$）、磷含量 SDb（$r=-0.264$）、钾含量 Rg（$r=-0.557$）和烟碱含量 SDr（$r=0.651$）。

上部叶不同成熟度处理烟叶品质与位置变量最大相关变量分别为叶绿素含量 SDr/SDb（$r=0.675$）、类胡萝卜素含量 SDr/SDb（$r=0.812$）、氮含量 λr（$r=0.565$）、磷含量 λb（$r=0.468$）、钾含量 SDr/SDy（$r=-0.261$）和烟碱含量 Db（$r=0.416$）。

从三个部位最大相关系数和相关变量可知，同指标不同部位特征变量各不相同。如叶绿素含量 Dy、Rg、SDr/SDb，类胡萝卜素含量（Rg－Rr）/（Rg＋Rr）、Db、SDr/SDb，氮含量 Rg/Rr、SDr、λr，磷含量 Dy、SDb、λb，钾含量 λb、Rg、SDr/SDy，烟碱含量 SDy、（SDr－SDy）/（SDr＋SDy）、Db。综上，可用叶绿素和类胡萝卜素含量特征变量来区分不同部位。

**表7-3　下部叶化学指标与位置变量相关性**（$n=53$）

| 位置变量 | 叶绿素 | 类胡萝卜素 | 氮含量 | 磷含量 | 钾含量 | 烟碱含量 |
|---|---|---|---|---|---|---|
| Db | 0.012 | −0.057 | −0.116 | 0.134 | −0.106 | 0.102 |
| SDb | 0.053 | −0.024 | −0.103 | 0.144 | −0.094 | 0.117 |
| λb | 0.697** | 0.597** | 0.426** | 0.212 | 0.500** | 0.348* |
| Dy | −0.815** | −0.702** | −0.597** | −0.250 | −0.432** | −0.407** |
| SDy | 0.552** | 0.479** | 0.588** | 0.096 | −0.062 | 0.516** |
| λy | 0.407** | 0.445** | 0.378** | 0.067 | 0.232 | 0.169 |
| Dr | 0.742** | 0.626** | 0.542** | 0.239 | 0.222 | 0.485** |
| SDr | 0.783** | 0.656** | 0.635** | 0.213 | 0.200 | 0.504** |
| λr | 0.745** | 0.581** | 0.554** | 0.091 | 0.288* | 0.373** |
| Rg | −0.308* | −0.325* | −0.314* | 0.013 | −0.309* | 0.000 |

（续）

| 位置变量 | 叶绿素 | 类胡萝卜素 | 氮含量 | 磷含量 | 钾含量 | 烟碱含量 |
|---|---|---|---|---|---|---|
| λg | −0.585** | −0.603** | −0.488** | −0.208 | −0.251 | −0.331* |
| Rr | −0.663** | −0.618** | −0.539** | −0.124 | −0.413** | −0.247 |
| λv | 0.123 | 0.156 | −0.060 | 0.106 | 0.245 | 0.068 |
| Rg/Rr | 0.765** | 0.692** | 0.713** | 0.209 | 0.252 | 0.391** |
| (Rg−Rr)/(Rg+Rr) | 0.793** | 0.731** | 0.688** | 0.242 | 0.309* | 0.396** |
| SDr/SDb | 0.751** | 0.655** | 0.683** | 0.190 | 0.248 | 0.381** |
| SDr/SDy | 0.368** | 0.271 | 0.013 | 0.218 | 0.375** | 0.002 |
| (SDr−SDb)/(SDr+SDb) | 0.784** | 0.708** | 0.661** | 0.212 | 0.330* | 0.392** |
| (SDr−SDy)/(SDr+SDy) | 0.503** | 0.411** | 0.197 | 0.205 | 0.473** | 0.081 |

注：$P<0.05$，$|r|>0.273$；$P<0.01$，$|r|>0.354$。

**表 7−4　中部叶化学指标与位置变量相关性**（$n=53$）

| 位置变量 | 叶绿素 | 类胡萝卜素 | 氮含量 | 磷含量 | 钾含量 | 烟碱含量 |
|---|---|---|---|---|---|---|
| Db | 0.741** | 0.772** | 0.463** | −0.248 | −0.548** | −0.071 |
| SDb | 0.733** | 0.753** | 0.430** | −0.264 | −0.526** | −0.057 |
| λb | 0.301* | 0.310* | 0.325* | −0.162 | −0.101 | 0.205 |
| Dy | 0.085 | 0.145 | −0.194 | −0.001 | 0.028 | −0.112 |
| SDy | 0.565** | 0.568** | 0.604** | −0.209 | −0.409** | 0.214 |
| λy | 0.534** | 0.534** | 0.394** | −0.198 | −0.177 | 0.088 |
| Dr | 0.580** | 0.585** | 0.572** | −0.197 | −0.379** | 0.205 |
| SDr | 0.690** | 0.697** | 0.660** | −0.236 | −0.488** | 0.651 |
| λr | 0.454** | 0.429** | 0.560** | −0.255 | −0.409** | 0.091 |
| Rg | 0.751** | 0.767** | 0.396** | −0.153 | −0.557** | 0.044 |
| λg | −0.463** | −0.450** | −0.548** | 0.233 | 0.319* | −0.038 |
| Rr | 0.405** | 0.426** | 0.013 | 0.024 | −0.310* | −0.066 |
| λv | 0.096 | 0.051 | −0.112 | −0.020 | −0.075 | 0.001 |
| Rg/Rr | 0.167 | 0.157 | 0.424** | −0.128 | −0.118 | 0.190 |
| (Rg−Rr)/(Rg+Rr) | 0.187 | 0.170 | 0.402** | −0.172 | −0.116 | 0.183 |
| SDr/SDb | 0.136 | 0.123 | 0.376** | −0.046 | −0.071 | 0.255 |
| SDr/SDy | −0.322* | −0.294* | −0.383** | 0.207 | 0.115 | −0.261 |
| (SDr−SDb)/(SDr+SDb) | 0.163 | 0.147 | 0.356** | −0.054 | −0.078 | 0.246 |
| (SDr−SDy)/(SDr+SDy) | −0.338* | −0.325* | −0.424** | 0.206 | 0.191 | −0.275* |

注：$P<0.05$，$|r|>0.273$；$P<0.01$，$|r|>0.354$。

表 7 - 5　上部叶化学指标与位置变量相关性（$n=53$）

| 位置变量 | 叶绿素 | 类胡萝卜素 | 氮含量 | 磷含量 | 钾含量 | 烟碱含量 |
|---|---|---|---|---|---|---|
| Db | 0.450** | −0.600** | −0.345* | −0.041 | 0.055 | 0.416** |
| SDb | 0.503** | −0.644** | −0.403** | −0.105 | −0.003 | 0.410** |
| λb | 0.649** | 0.757** | 0.427** | 0.468** | −0.159 | −0.279* |
| Dy | 0.449** | −0.510** | −0.430** | −0.212 | 0.036 | 0.322* |
| SDy | 0.424** | 0.483** | 0.367** | 0.188 | 0.128 | −0.113 |
| λy | 0.541** | 0.635** | 0.426** | 0.317* | −0.149 | −0.372** |
| Dr | 0.042 | 0.063** | −0.063 | −0.033 | 0.195 | 0.021 |
| SDr | 0.522** | 0.605** | 0.407** | 0.264 | 0.028 | −0.077 |
| λr | 0.659** | 0.795** | 0.565** | 0.310* | −0.058 | −0.277* |
| Rg | 0.532** | −0.662** | −0.466** | −0.177 | 0.057 | 0.411** |
| λg | 0.598** | −0.728** | −0.562** | −0.285* | 0.022 | 0.282* |
| Rr | 0.480** | −0.601** | −0.423** | −0.138 | −0.040 | 0.358** |
| λv | 0.575** | −0.648** | −0.242 | −0.313* | 0.098 | 0.395** |
| Rg/Rr | 0.578** | 0.711** | 0.493** | 0.234 | 0.026 | −0.298* |
| (Rg−Rr)/(Rg+Rr) | 0.519** | 0.651** | 0.442** | 0.191 | 0.079 | −0.310* |
| SDr/SDb | 0.675** | 0.812** | 0.519** | 0.254 | −0.001 | −0.307* |
| SDr/SDy | −0.197 | −0.246 | −0.265 | 0.007 | −0.261 | 0.131 |
| (SDr−SDb)/(SDr+SDb) | 0.555** | 0.689** | 0.414** | 0.186 | 0.057 | −0.345* |
| (SDr−SDy)/(SDr+SDy) | −0.157 | −0.198 | −0.218 | −0.035 | −0.183 | 0.107 |

注：$P<0.05$，$|r|>0.273$；$P<0.01$，$|r|>0.354$。

## 二、不同部位化学指标位置变量监测模型

按照相关性最大原则选取三个部位各指标的特征波段，再利用波段位置变量建立各指标回归方程，并以 $R^2$ 最大作为模型筛选的依据。表 7 - 6、表 7 - 7、表 7 - 8 分别为下部叶、中部叶、上部叶不同成熟度处理化学指标位置变量监测模型。

下部叶不同成熟度处理叶绿素含量回归拟合精度最大为一元三次模型 $y=0.734-686.335x+63\,212.139x^2+103\,590\,147.935x^3$，$R^2=0.757$；类胡萝卜素含量回归拟合精度最大为一元三次模型 $y=0.081+0.214x-0.127x^2-0.029x^3$、一元二次模型 $y=0.081+0.217x-0.148x^2$，$R^2=0.547$；氮含量回

归拟合精度最大分别为一元三次模型 $y=4.2-3.682x+2.111x^2-0.328x^3$，$R^2=0.546$；磷含量回归拟合精度最大为一元三次模型 $y=0.153+34.075x-128\,302.229x^2+66\,945\,566.772x^3$，$R^2=0.228$；钾含量回归拟合精度最大为指数模型 $y=\exp\,(6.581-2\,770.831/x)$，$R^2=0.296$；烟碱含量回归拟合精度最大为一元三次模型 $y=0.925-12.473x+295.643x^2-257.96x^3$、一元二次模型 $y=0.91-11.166x+262.032x^2$，$R^2=0.313$。

中部叶不同成熟度处理叶绿素含量回归拟合精度最大分别为幂模型 $y=2.062x^{1.584}$，$R^2=0.603$；类胡萝卜素含量回归拟合精度最大为一元三次模型 $y=0.281-106.117x+15\,893.089x^2-656\,797.202x^3$，$R^2=0.631$；氮含量回归拟合精度最大为一元二次模型 $y=2.075+0.692x+0.722x^2$、一元三次模型 $y=2.023+1.113x-0.306x^2+0.77x^3$，$R^2=0.439$；磷含量回归拟合精度最大为一元三次模型 $y=0.211+0.338x-5.035x^2+11.37x^3$，$R^2=0.154$；钾含量回归拟合精度最大为一元三次模型 $y=5.984-20.294x+39.529x^2-26.044x^3$，$R^2=0.378$；烟碱含量回归拟合精度最大为幂模型 $y=1.9x^{-0.647}$，$R^2=0.077$。

上部叶不同成熟度处理叶绿素含量回归拟合精度最大为一元三次模型 $y=0.724-0.688x+0.255x^2-0.023x^3$，$R^2=0.535$；类胡萝卜素含量回归拟合精度最大为一元三次模型 $y=0.136-0.113x+0.045x^2-0.004x^3$，$R^2=0.732$；氮含量回归拟合精度最大为线性模型 $y=0.072x-47.049$，$R^2=0.231$；磷含量回归拟合精度最大为指数模型 $y=\exp\,(6.928-4\,409.691/x)$，$R^2=0.235$；钾含量回归拟合精度最大为一元三次模型 $y=1.741+0.371x-0.044x^2+0.001x^3$，$R^2=0.093$；烟碱含量回归拟合精度最大为一元三次模型 $y=-0.428+1\,297.416x-162\,171.151x^2+7\,256\,915.668x^3$，$R^2=0.186$。

综合以上可知，不同部位不同指标位置变量拟合模型精度较高的模型主要有叶绿素和类胡萝卜素含量回归曲线拟合模型。

表 7-6　下部叶化学指标位置变量监测模型（$n=53$）

| 指标 | 位置变量 | | 模型方程 | $R^2$ | $P$ |
|------|----------|------|----------|-------|-----|
| 叶绿素 | Dy | 一元三次 | $y=0.734-686.335x+63\,212.139x^2+103\,590\,147.935x^3$ | 0.757 | <0.01 |
| 类胡萝卜素 | (Rg－Rr)/(Rg＋Rr) | 一元三次 | $y=0.081+0.214x-0.127x^2-0.029x^3$ | 0.547 | <0.01 |
| | | 一元二次 | $y=0.081+0.217x-0.148x^2$ | | |

（续）

| 指标 | 位置变量 | | 模型方程 | $R^2$ | $P$ |
|------|---------|---|---------|-------|-----|
| 氮 | Rg/Rr | 一元三次 | $y=4.2-3.682x+2.111x^2-0.328x^3$ | 0.546 | <0.01 |
| 磷 | Dy | 一元三次 | $y=0.153+34.075x-128\,302.229x^2+66\,945\,566.772x^3$ | 0.228 | <0.01 |
| 钾 | λb | 指数 | $y=\exp(6.581-2\,770.831/x)$ | 0.296 | <0.01 |
| 烟碱 | SDy | 一元三次<br>一元二次 | $y=0.925-12.473x+295.643x^2-257.96x^3$<br>$y=0.91-11.166x+262.032x^2$ | 0.313 | <0.01 |

注：$P<0.05$，$R^2>0.075$；$P<0.01$，$R^2>0.125$。

**表 7-7  中部叶化学指标位置变量监测模型**（$n=53$）

| 指标 | 位置变量 | | 模型方程 | $R^2$ | $P$ |
|------|---------|---|---------|-------|-----|
| 叶绿素 | Rg | 幂 | $y=2.062x^{1.584}$ | 0.603 | <0.01 |
| 类胡萝卜素 | Db | 一元三次 | $y=0.281-106.117x+15\,893.089x^2-656\,797.202x^3$ | 0.631 | <0.01 |
| 氮 | SDr | 一元三次<br>一元二次 | $y=2.023+1.113x-0.306x^2+0.77x^3$<br>$y=2.075+0.692x+0.722x^2$ | 0.439 | <0.01 |
| 磷 | SDb | 一元三次 | $y=0.211+0.338x-5.035x^2+11.37x^3$ | 0.154 | <0.01 |
| 钾 | Rg | 一元三次 | $y=5.984-20.294x+39.529x^2-26.044x^3$ | 0.378 | <0.01 |
| 烟碱 | SDr | 幂 | $y=1.9x^{-0.647}$ | 0.077 | <0.05 |

**表 7-8  上部叶化学指标位置变量监测模型**（$n=53$）

| 指标 | 位置变量 | | 模型方程 | $R^2$ | $P$ |
|------|---------|---|---------|-------|-----|
| 叶绿素 | SDr/SDb | 一元三次 | $y=0.724-0.688x+0.255x^2-0.023x^3$ | 0.535 | <0.01 |
| 类胡萝卜素 | SDr/SDb | 一元三次 | $y=0.136-0.113x+0.045x^2-0.004x^3$ | 0.732 | <0.01 |
| 氮 | λr | 线性 | $y=0.072x-47.049$ | 0.231 | <0.01 |
| 磷 | λb | 指数 | $y=\exp(6.928-4\,409.691/x)$ | 0.235 | <0.01 |
| 钾 | SDr/SDy | 一元三次 | $y=1.741+0.371x-0.044x^2+0.001x^3$ | 0.093 | <0.05 |
| 烟碱 | Db | 一元三次 | $y=-0.428+1\,297.416x-162\,171.151x^2+7\,256\,915.668x^3$ | 0.186 | <0.01 |

## 三、不同部位化学指标与植被指数相关性

下部叶不同成熟度处理烟叶品质与植被指数最大相关性分别为叶绿素含量 RDVI（$r = 0.827$）、类胡萝卜素含量 VARI_green（$r = 0.737$）、氮含量 OSAVI（$r = 0.717$）、磷含量 VARI_green（$r = 0.245$）、钾含量 NDII（$r = -0.524$）和烟碱含量 MSAVI2（$r = 0.503$）（表7-9）。

中部叶不同成熟度处理烟叶品质与植被指数最大相关性分别为叶绿素含量 NDNI（$r = 0.815$）、类胡萝卜素含量 NDNI（$r = 0.847$）、氮含量 NDNI（$r = 0.652$）、磷含量 WI（$r = 0.293$）、钾含量 CRI2（$r = 0.610$）和烟碱含量 VARI_700（$r = 0.219$）（表7-10）。

上部叶不同成熟度处理烟叶品质与植被指数最大相关性分别为叶绿素含量 Lic2（$r = 0.726$）、类胡萝卜素含量 Lic2（$r = 0.834$）、氮含量 Vog2（$r = -0.611$）、磷含量 Lic2（$r = 0.329$）、钾含量 NDII（$r = -0.341$）和烟碱含量 WI（$r = 0.432$）（表7-11）。

从三个部位最大相关系数和植被指数可知，同指标不同部位特征变量各不相同。叶绿素含量 RDVI、NDNI、Lic2，类胡萝卜素含量 VARI_green、NDNI、Lic2，氮含量 OSAVI、NDNI、Vog2，磷含量 VARI_green、WI、Lic2，钾含量 NDII、CRI2、NDII，烟碱含量 MSAVI2、VARI_700、WI。综上，可用叶绿素和类胡萝卜素含量植被指数来区分不同部位。

**表7-9　下部叶化学指标与植被指数相关性**（$n = 53$）

| 植被指数 | 叶绿素 | 类胡萝卜素 | 氮含量 | 磷含量 | 钾含量 | 烟碱含量 |
|---|---|---|---|---|---|---|
| CCII | −0.039 | −0.103 | −0.264 | 0.147 | 0.127 | −0.058 |
| CRI1 | 0.510** | 0.522** | 0.494** | 0.190 | 0.309* | 0.136 |
| CRI2 | 0.458** | 0.476** | 0.463** | 0.169 | 0.295* | 0.097 |
| DVI | 0.779** | 0.649** | 0.632** | 0.212 | 0.192 | 0.499** |
| GM1 | 0.570** | 0.467** | 0.627** | 0.102 | 0.071 | 0.289* |
| GM2 | 0.712** | 0.617** | 0.685** | 0.155 | 0.205 | 0.347* |
| Lic1 | 0.779** | 0.709** | 0.702** | 0.225 | 0.267 | 0.397** |
| Lic2 | 0.674** | 0.631** | 0.567** | 0.157 | 0.354** | 0.387** |
| mNDVI705 | 0.717** | 0.634** | 0.674** | 0.162 | 0.237 | 0.343* |
| MSAVI2 | 0.729** | 0.596** | 0.605** | 0.201 | 0.119 | 0.503** |
| mSR705 | 0.664** | 0.566** | 0.634** | 0.173 | 0.062 | 0.320* |
| NDII | −0.274* | −0.242 | −0.032 | 0.002 | −0.524** | −0.240 |

（续）

| 植被指数 | 叶绿素 | 类胡萝卜素 | 氮含量 | 磷含量 | 钾含量 | 烟碱含量 |
|---|---|---|---|---|---|---|
| NDNI | −0.312* | −0.334* | −0.178 | −0.074 | −0.462** | −0.017 |
| NDVI | 0.783** | 0.713** | 0.702** | 0.225 | 0.276* | 0.390** |
| NDVI705 | 0.720** | 0.633** | 0.684** | 0.161 | 0.222 | 0.348* |
| NDWI | −0.142 | −0.212 | −0.099 | 0.048 | −0.109 | −0.327* |
| NPCI | 0.768** | 0.703** | 0.670** | 0.233 | 0.341* | 0.406** |
| NRI | 0.799** | 0.733** | 0.695** | 0.245 | 0.302* | 0.403** |
| OSAVI | 0.816** | 0.717** | 0.717** | 0.211 | 0.236 | 0.462** |
| PPR | 0.538** | 0.518** | 0.460** | 0.215 | 0.086 | 0.117 |
| PRI | −0.671** | −0.625** | −0.581** | −0.179 | −0.363** | −0.267 |
| PRI1 | 0.536** | 0.500** | 0.461** | 0.135 | 0.341* | 0.189 |
| PRI2 | 0.671** | 0.625** | 0.581** | 0.179 | 0.363** | 0.267 |
| PSADa | 0.779** | 0.709** | 0.702** | 0.225 | 0.267 | 0.397** |
| PSADb | 0.730** | 0.640** | 0.699** | 0.190 | 0.202 | 0.377** |
| PSADc | 0.756** | 0.660** | 0.685** | 0.225 | 0.200 | 0.321* |
| PSRI | −0.777** | −0.724** | −0.658** | −0.241 | −0.319* | −0.414** |
| PSSRa | 0.731** | 0.633** | 0.704** | 0.182 | 0.206 | 0.370** |
| PSSRb | 0.687** | 0.576** | 0.666** | 0.163 | 0.182 | 0.342* |
| RDVI | 0.827** | 0.719** | 0.706** | 0.220 | 0.244 | 0.471** |
| RVI | 0.725** | 0.631** | 0.701** | 0.179 | 0.208 | 0.359** |
| SAVI | 0.822** | 0.706** | 0.694** | 0.209 | 0.230 | 0.482** |
| SG | −0.400** | −0.403** | −0.385** | −0.014 | −0.333* | −0.060 |
| SIPI | 0.766** | 0.684** | 0.706** | 0.215 | 0.210 | 0.388** |
| SR | 0.735** | 0.634** | 0.711** | 0.177 | 0.198 | 0.378** |
| TCARI | 0.761** | 0.650** | 0.555** | 0.242 | 0.257 | 0.482** |
| TSAVI | −0.655** | −0.610** | −0.531** | −0.118 | −0.414** | −0.238 |
| VARI_700 | 0.770** | 0.691** | 0.704** | 0.218 | 0.264 | 0.399** |
| VARI_green | 0.798** | 0.737** | 0.693** | 0.245 | 0.308* | 0.397** |
| Vog1 | 0.660** | 0.579** | 0.631** | 0.139 | 0.213 | 0.288* |
| Vog2 | −0.593** | −0.523** | −0.573** | −0.090 | −0.223 | −0.245 |
| Vog3 | −0.593** | −0.522** | −0.573** | −0.091 | −0.219 | −0.245 |
| WI | −0.234 | −0.193 | −0.115 | 0.068 | −0.216 | −0.123 |

注：$P < 0.05$，$|r| > 0.273$；$P < 0.01$，$|r| > 0.354$。

**表 7-10　中部叶化学指标与植被指数相关性**（$n=53$）

| 植被指数 | 叶绿素 | 类胡萝卜素 | 氮含量 | 磷含量 | 钾含量 | 烟碱含量 |
|---|---|---|---|---|---|---|
| CCII | 0.679** | 0.690** | 0.328* | −0.087 | −0.484** | 0.077 |
| CRI1 | −0.528** | −0.550** | −0.247 | 0.046 | 0.509** | 0.005 |
| CRI2 | −0.647** | −0.663** | −0.379** | 0.167 | 0.610** | 0.055 |
| DVI | 0.599** | 0.620** | 0.636** | −0.277* | −0.440** | 0.111 |
| GM1 | −0.012 | −0.010 | 0.341* | −0.036 | 0.050 | 0.167 |
| GM2 | 0.313* | 0.311* | 0.543** | −0.207 | −0.268 | 0.071 |
| Lic1 | 0.134 | 0.124 | 0.399** | −0.188 | −0.096 | 0.143 |
| Lic2 | 0.579** | 0.569** | 0.412** | −0.158 | −0.592** | 0.068 |
| mNDVI705 | 0.458** | 0.451** | 0.554** | −0.245 | −0.419** | 0.062 |
| MSAVI2 | 0.571** | 0.592** | 0.644** | −0.272 | −0.422** | 0.118 |
| mSR705 | −0.427** | −0.425** | −0.067 | 0.025 | 0.452** | 0.018 |
| NDII | −0.356** | −0.291* | −0.079 | 0.099 | −0.024 | 0.037 |
| NDNI | 0.815** | 0.847** | 0.652** | −0.235 | −0.480** | 0.066 |
| NDVI | 0.081 | 0.078 | 0.355** | −0.168 | −0.061 | 0.138 |
| NDVI705 | 0.339* | 0.334* | 0.539** | −0.236 | −0.275* | 0.050 |
| NDWI | −0.423** | −0.353* | −0.070 | 0.194 | 0.050 | 0.045 |
| NPCI | 0.540** | 0.521** | 0.535** | −0.200 | −0.452** | 0.128 |
| NRI | 0.140 | 0.129 | 0.377** | −0.158 | −0.117 | 0.174 |
| OSAVI | 0.236 | 0.234 | 0.483** | −0.216 | −0.171 | 0.154 |
| PPR | −0.491** | −0.497** | −0.268 | 0.042 | 0.517** | −0.105 |
| PRI | −0.430** | −0.427** | −0.532** | 0.219 | 0.426** | −0.003 |
| PRI1 | 0.397** | 0.393** | 0.453** | −0.166 | −0.466** | −0.007 |
| PRI2 | 0.430** | 0.427** | 0.532** | −0.219 | −0.426** | 0.003 |
| PSADa | 0.134 | 0.124 | 0.399** | −0.188 | −0.096 | 0.143 |
| PSADb | 0.145 | 0.143 | 0.440** | −0.169 | −0.089 | 0.166 |
| PSADc | −0.226 | −0.226 | 0.098 | −0.200 | 0.262 | −0.060 |
| PSRI | −0.185 | −0.175 | −0.349* | 0.104 | 0.205 | −0.183 |
| PSSRa | 0.136 | 0.135 | 0.440** | −0.121 | −0.114 | 0.150 |
| PSSRb | 0.149 | 0.152 | 0.464** | −0.122 | −0.112 | 0.155 |
| RDVI | 0.411** | 0.424** | 0.567** | −0.255 | −0.306* | 0.128 |

（续）

| 植被指数 | 叶绿素 | 类胡萝卜素 | 氮含量 | 磷含量 | 钾含量 | 烟碱含量 |
|---|---|---|---|---|---|---|
| RVI | 0.090 | 0.093 | 0.400** | −0.089 | −0.078 | 0.151 |
| SAVI | 0.344* | 0.355** | 0.539** | −0.246 | −0.261 | 0.128 |
| SG | 0.725** | 0.741** | 0.352* | −0.131 | −0.517** | 0.027 |
| SIPI | −0.098 | −0.102 | 0.265 | −0.142 | 0.136 | 0.097 |
| SR | 0.148 | 0.145 | 0.445** | −0.132 | −0.118 | 0.145 |
| TCARI | 0.634** | 0.644** | 0.584** | −0.239 | −0.456** | 0.146 |
| TSAVI | 0.481** | 0.498** | 0.076 | −0.001 | −0.312* | −0.045 |
| VARI_700 | 0.131 | 0.123 | 0.380** | −0.116 | −0.132 | 0.219 |
| VARI_green | 0.125 | 0.114 | 0.369** | −0.152 | −0.091 | 0.167 |
| Vog1 | 0.303* | 0.301* | 0.510** | −0.239 | −0.256 | −0.011 |
| Vog2 | −0.336* | −0.337* | −0.486** | 0.280* | 0.262 | 0.107 |
| Vog3 | −0.335* | −0.337* | −0.490** | 0.279* | 0.265 | 0.101 |
| WI | −0.759** | −0.735** | −0.427** | 0.293* | 0.392** | 0.011 |

注：$P<0.05$，$|r|>0.273$；$P<0.01$，$|r|>0.354$。

### 表 7-11　上部叶化学指标与植被指数相关性（$n=53$）

| 植被指数 | 叶绿素 | 类胡萝卜素 | 氮含量 | 磷含量 | 钾含量 | 烟碱含量 |
|---|---|---|---|---|---|---|
| CCII | −0.537** | −0.656** | −0.522** | −0.237 | 0.112 | 0.305* |
| CRI1 | 0.610** | 0.728** | 0.556** | 0.301* | −0.139 | −0.347* |
| CRI2 | 0.581** | 0.711** | 0.499** | 0.267 | −0.127 | −0.402** |
| DVI | 0.490** | 0.578** | 0.388** | 0.248 | 0.025 | −0.024 |
| GM1 | 0.699** | 0.828** | 0.552** | 0.288* | −0.071 | −0.292* |
| GM2 | 0.704** | 0.812** | 0.608** | 0.305* | −0.072 | −0.207 |
| Lic1 | 0.570** | 0.705** | 0.478** | 0.223 | 0.045 | −0.320* |
| Lic2 | 0.726** | 0.834** | 0.559** | 0.329* | 0.021 | −0.242 |
| mNDVI705 | 0.697** | 0.813** | 0.608** | 0.307* | −0.057 | −0.237 |
| MSAVI2 | 0.548** | 0.649** | 0.447** | 0.280* | 0.009 | −0.045 |
| mSR705 | 0.531** | 0.633** | 0.471** | 0.270 | −0.130 | −0.253 |
| NDII | −0.030 | −0.071 | −0.017 | 0.065 | −0.341* | 0.139 |
| NDNI | 0.108 | 0.016 | −0.001 | 0.214 | −0.096 | 0.378** |

（续）

| 植被指数 | 叶绿素 | 类胡萝卜素 | 氮含量 | 磷含量 | 钾含量 | 烟碱含量 |
|---|---|---|---|---|---|---|
| NDVI | 0.564** | 0.701** | 0.464** | 0.217 | 0.045 | −0.326* |
| NDVI705 | 0.695** | 0.811** | 0.610** | 0.307* | −0.066 | −0.235 |
| NDWI | −0.224 | −0.321* | −0.089 | −0.074 | −0.181 | 0.342* |
| NPCI | 0.647** | 0.776** | 0.525** | 0.292* | 0.044 | −0.275* |
| NRI | 0.485** | 0.619** | 0.418** | 0.177 | 0.084 | −0.310* |
| OSAVI | 0.569** | 0.701** | 0.466** | 0.228 | 0.051 | −0.297* |
| PPR | −0.199 | −0.220 | 0.008 | 0.022 | −0.171 | 0.082 |
| PRI | −0.671** | −0.771** | −0.512** | −0.232 | −0.086 | 0.326* |
| PRI1 | 0.590** | 0.680** | 0.417** | 0.127 | 0.209 | −0.323* |
| PRI2 | 0.671** | 0.771** | 0.512** | 0.232 | 0.086 | −0.326* |
| PSADa | 0.570** | 0.705** | 0.478** | 0.223 | 0.045 | −0.320* |
| PSADb | 0.657** | 0.788** | 0.526** | 0.264 | 0.011 | −0.324* |
| PSADc | 0.594** | 0.710** | 0.525** | 0.327* | −0.154 | −0.290* |
| PSRI | −0.371** | −0.488** | −0.296* | −0.057 | −0.205 | 0.273* |
| PSSRa | 0.679** | 0.808** | 0.573** | 0.284* | −0.042 | −0.258 |
| PSSRb | 0.713** | 0.825** | 0.567** | 0.285* | −0.037 | −0.252 |
| RDVI | 0.561** | 0.683** | 0.460** | 0.242 | 0.037 | −0.205 |
| RVI | 0.666** | 0.805** | 0.565** | 0.274* | −0.050 | −0.263 |
| SAVI | 0.563** | 0.688** | 0.468** | 0.240 | 0.036 | −0.220 |
| SG | −0.552** | −0.680** | −0.482** | −0.199 | 0.065 | 0.402** |
| SIPI | 0.581** | 0.714** | 0.495** | 0.241 | 0.010 | −0.310* |
| SR | 0.678** | 0.812** | 0.565** | 0.283* | −0.041 | −0.275* |
| TCARI | −0.120 | −0.132 | −0.147 | −0.084 | 0.195 | 0.064 |
| TSAVI | −0.474** | −0.594** | −0.422** | −0.132 | −0.039 | 0.358** |
| VARI _ 700 | 0.572** | 0.715** | 0.434** | 0.208 | 0.064 | −0.364** |
| VARI _ green | 0.492** | 0.623** | 0.427** | 0.185 | 0.080 | −0.312* |
| Vog1 | 0.676** | 0.796** | 0.607** | 0.292* | −0.077 | −0.204 |
| Vog2 | −0.633** | −0.752** | −0.611** | −0.274* | 0.078 | 0.162 |
| Vog3 | −0.636** | −0.754** | −0.610** | −0.275* | 0.079 | 0.161 |
| WI | −0.233 | −0.356** | −0.114 | −0.108 | −0.103 | 0.432** |

注：$P<0.05$，$|r|>0.273$；$P<0.01$，$|r|>0.354$。

## 四、不同部位化学指标植被指数监测模型

按照相关性最大原则选取三个部位各指标的特征波段，再利用植被指数建立各指标回归方程，并以 $R^2$ 最大作为模型筛选的依据。

表 7 - 12 表明下部叶不同成熟度处理叶绿素含量回归拟合精度最大为幂模型 $y=1.326x^{0.666}$，$R^2=0.707$；类胡萝卜素含量回归拟合精度最大为一元三次模型 $y=0.082+0.263x-0.258x^2+0.121x^3$、一元二次模型 $y=0.082+0.256x-0.191x^2$，$R^2=0.551$；氮含量回归拟合精度最大分别为一元三次模型 $y=2.718-6.493x+26.016x^2-21.092x^3$，$R^2=0.563$；磷含量回归拟合精度最大为一元三次模型 $y=0.138+0.105x-0.249x^2+0.184x^3$、一元二次模型 $y=0.138+0.094x-0.147x^2$，$R^2=0.099$；钾含量回归拟合精度最大为复合模型 $y=7.438\times0.053^x$、指数模型 $y=\exp(2.007-2.934x)$、指数模型 $y=7.438\exp(-2.934x)$、Logistic 模型 $y=1/(0+0.134\times18.793x)$，$R^2=0.285$；烟碱含量回归拟合精度最大为一元三次模型 $y=1.587-2.669x+4.593x^3$、一元二次模型 $y=2.398-7.087x+7.87x^2$，$R^2=0.288$。

从表 7 - 13 可知中部叶不同成熟度处理叶绿素含量回归拟合精度最大分别为指数模型 $y=\exp(1.581-0.507/x)$，$R^2=0.71$；类胡萝卜素含量回归拟合精度最大为幂模型 $y=1.593x^{1.735}$，$R^2=0.731$；氮含量回归拟合精度最大为幂模型 $y=4.625x^{0.395}$、指数模型 $y=\exp(1.311-0.081/x)$，$R^2=0.437$；磷含量回归拟合精度最大为一元三次模型 $y=14.019-19.745x+5.939x^3$、一元二次模型 $y=21-39.601x+18.814x^2$，$R^2=0.234$；钾含量回归拟合精度最大为一元三次模型 $y=1.78+0.713x-0.218x^2+0.033x^3$，$R^2=0.382$；烟碱含量回归拟合精度最大为一元三次模型 $y=2.267-1.346x+13.405x^2-18.641x^3$，$R^2=0.07$。

表 7 - 14 表明上部叶不同成熟度处理叶绿素含量回归拟合精度最大为一元三次模型 $y=0.762-4.744x+11.583x^2-5.136x^3$，$R^2=0.587$；类胡萝卜素含量回归拟合精度最大为一元三次模型 $y=0.126-0.737x+2.197x^2-1.286x^3$，$R^2=0.722$；氮含量回归拟合精度最大分别为一元三次模型 $y=2.421+44.455x+1\,815.246x^2+13\,983.251x^3$，$R^2=0.384$；磷含量回归拟合精度最大为一元三次模型 $y=0.175+0.099x-0.532x^2+0.836x^3$，$R^2=0.137$；钾含量回归拟合精度最大为一元三次模型 $y=0.868+8.822x-27.714x^3$、一元二次模型 $y=-0.651+20.964x-31.959x^2$，$R^2=0.147$；烟碱含量回归拟合精度最大为一元二次模型 $y=-291.825+537.716x-245.065x^2$、一元三次模型 $y=-199.868+277.636x-76.933x^3$，$R^2=0.238$。

综上可知，不同部位植被指数拟合模型精度较高模型主要有叶绿素和类胡萝卜素含量回归曲线拟合模型。

**表 7 - 12　下部叶化学指标植被指数监测模型**（$n=53$）

| 指标 | 植被指数 | | 模型方程 | $R^2$ | $P$ |
|---|---|---|---|---|---|
| 叶绿素 | RDVI | 幂 | $y=1.32x^{0.666}$ | 0.707 | $<0.01$ |
| 类胡萝卜素 | VARI_green | 一元三次 | $y=0.082+0.263x-0.258x^2+0.121x^3$ | 0.551 | $<0.01$ |
| | | 一元二次 | $y=0.082+0.256x-0.191x^2$ | | |
| 氮 | OSAVI | 一元三次 | $y=2.718-6.493x+26.016x^2-21.092x^3$ | 0.563 | $<0.01$ |
| 磷 | VARI_green | 一元三次 | $y=0.138+0.105x-0.249x^2+0.184x^3$ | 0.099 | $<0.05$ |
| | | 一元二次 | $y=0.138+0.094x-0.147x^2$ | | |
| 钾 | NDII | 复合 | $y=7.438\times0.053^x$ | 0.285 | $<0.01$ |
| | | 指数 | $y=\exp(2.007-2.934x)$ | | |
| | | 指数 | $y=7.438\exp(-2.934x)$ | | |
| | | Logistic | $y=1/(0+0.134\times18.793^x)$ | | |
| 烟碱 | MSAVI2 | 一元三次 | $y=1.587-2.669x+4.593x^3$ | 0.288 | $<0.01$ |
| | | 一元二次 | $y=2.398-7.087x+7.87x^2$ | | |

注：$P<0.05$，$R^2>0.075$；$P<0.01$，$R^2>0.125$。

**表 7 - 13　中部叶化学指标植被指数监测模型**（$n=53$）

| 指标 | 植被指数 | | 模型方程 | $R^2$ | $P$ |
|---|---|---|---|---|---|
| 叶绿素 | NDNI | 指数 | $y=\exp(1.581-0.507/x)$ | 0.71 | $<0.01$ |
| 类胡萝卜素 | NDNI | 幂 | $y=1.593x^{1.735}$ | 0.731 | $<0.01$ |
| 氮 | NDNI | 幂 | $y=4.625x^{0.395}$ | 0.437 | $<0.01$ |
| | | 指数 | $y=\exp(1.311-0.081/x)$ | | |
| 磷 | WI | 一元三次 | $y=14.019-19.745x+5.939x^3$ | 0.234 | $<0.01$ |
| | | 一元二次 | $y=21-39.601x+18.814x^2$ | | |
| 钾 | CRI2 | 一元三次 | $y=1.78+0.713x-0.218x^2+0.033x^3$ | 0.382 | $<0.01$ |
| 烟碱 | VARI_700 | 一元三次 | $y=2.267-1.346x+13.405x^2-18.641x^3$ | 0.07 | $<0.05$ |

表 7-14　上部叶化学指标植被指数监测模型 （$n=53$）

| 指标 | 植被指数 | | 模型方程 | $R^2$ | $P$ |
|---|---|---|---|---|---|
| 叶绿素 | Lic2 | 一元三次 | $y=0.762-4.744x+11.583x^2-5.136x^3$ | 0.587 | <0.01 |
| 类胡萝卜素 | Lic2 | 一元三次 | $y=0.126-0.737x+2.197x^2-1.286x^3$ | 0.722 | <0.01 |
| 氮 | Vog2 | 一元三次 | $y=2.421+44.455x+1\,815.246x^2+13\,983.251x^3$ | 0.384 | <0.01 |
| 磷 | Lic2 | 一元三次 | $y=0.175+0.099x-0.532x^2+0.836x^3$ | 0.137 | <0.01 |
| 钾 | NDII | 一元三次 | $y=0.868+8.822x-27.714x^3$ | 0.147 | <0.01 |
| | | 一元二次 | $y=-0.651+20.964x-31.959x^2$ | | |
| 烟碱 | WI | 一元三次 | $y=-199.868+277.636x-76.933x^3$ | 0.238 | <0.01 |
| | | 一元二次 | $y=-291.825+537.716x-245.065x^2$ | | |

## 五、不同部位化学指标光谱遥感监测模型评价

利用 2016 年实测数据对以上所建立的模型进行评价，通过筛选出的监测模型生成预测值，并与实测数据进行分析，实测值作为 $x$ 轴，预测值作为 $y$ 轴，用 5 种模型评价方法构建实测值与预测值的 1:1 关系图，并通过 $R^2$、$RMSE$ 及 $RE$ 值为判断依据从中挑选出精度最高的光谱遥感监测模型（图 7-3 至图 7-5）。

下部叶不同成熟度处理叶绿素含量回归拟合精度最大为基于 Dy 黄边幅值的一元三次模型 $y=0.734-686.335x+63\,212.139x^2+103\,590\,147.935x^3$，$R^2=0.757$，$RMSE=0.174$，$RE=12.1\%$；类胡萝卜素含量回归拟合精度最大为基于 598 nm 一阶微分光谱反射率的一元三次模型 $y=0.155-76.648x-77\,653.433x^2+50\,073\,973.086x^3$，$R^2=0.601$，$RMSE=0.023$，$RE=11\%$；氮含量回归拟合精度最大为基于 OSAVI 优化土壤调节植被指数的一元三次模型 $y=2.718-6.493x+26.016x^2-21.092x^3$，$R^2=0.563$，$RMSE=1.036$，$RE=-25.5\%$；磷含量回归拟合精度最大为基于优化土壤调节植被指数的一元三次模型 $y=0.153+34.075x-128\,302.229x^2+66\,945\,566.772x^3$，$R^2=0.228$，$RMSE=0.045$，$RE=-25\%$；钾含量回归拟合精度最大为基于 483 nm 一阶微分光谱反射率的指数模型 $y=3.139\exp(-155.034x)$，$R^2=0.341$，$RMSE=0.407$，$RE=5.3\%$；烟碱含量回归拟合精度最大为基于 568 nm 一阶微分光谱反射率的一元三次模型 $y=0.763-31.466x+110\,533.056x^2-65\,044\,112.193x^3$，$R^2=0.363$，$RMSE=0.400$，$RE=12.4\%$。

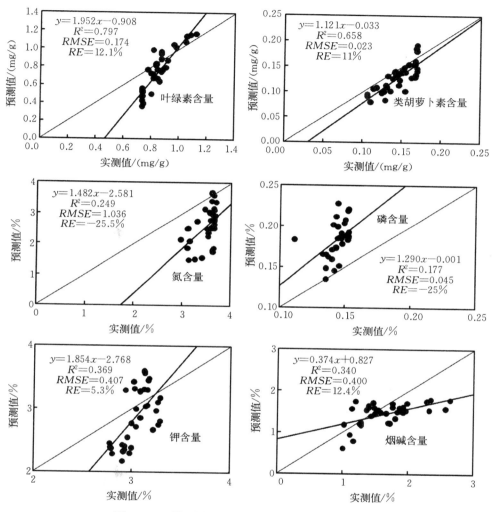

图 7-3　下部叶化学指标监测模型评价（$n=36$）

中部叶不同成熟度处理叶绿素含量回归拟合精度最大为基于 NDNI 归一化氮指数的指数模型 $y=\exp（1.581-0.507/x）$，$R^2=0.71$，$RMSE=0.284$，$RE=-35.5\%$；类胡萝卜素含量回归拟合精度最大为基于 NDNI 归一化氮指数的幂模型 $y=1.593x^{1.735}$，$R^2=0.731$，$RMSE=0.032$，$RE=17.2\%$；氮含量回归拟合精度最大为基于 735 nm 一阶微分光谱反射率的一元三次模型 $y=2.028+101.107x+15\ 574.0x^2$，$R^2=0.528$，$RMSE=0.592$，$RE=-13.3\%$；磷含量回归拟合精度最大为基于 1 127 nm 一阶微分光谱反射率的一

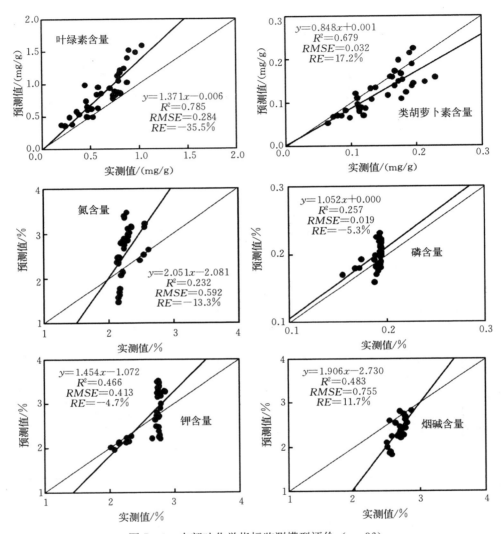

图 7 - 4　中部叶化学指标监测模型评价 （$n=36$）

元三次模型 $y=0.18-20.989x-5\ 481.568x^2+1\ 697\ 905.919x^3$，$R^2=0.383$，$RMSE=0.019$，$RE=-5.3\%$；钾含量回归拟合精度最大为基于 456 nm 一阶微分光谱反射率的一元三次模型 $y=2.768\ 9+100.126x-6\ 805.495x^2+5\ 800\ 842.915x^3$，$R^2=0.448$，$RMSE=0.413$，$RE=-4.7\%$；烟碱含量回归拟合精度最大为基于 874 nm 一阶微分光谱反射率的一元三次模型 $y=2.428-493.231x+66\ 939.74x^2-1\ 890\ 985\ 223.746x^3$，$R^2=0.213$，$RMSE=0.755$，

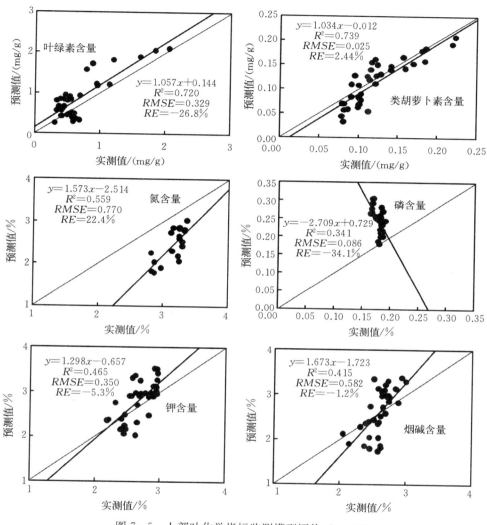

图 7-5　上部叶化学指标监测模型评价（$n=36$）

$RE=11.7\%$。

上部叶不同成熟度处理叶绿素含量回归拟合精度最大为基于 Lic2 叶绿素指数的一元三次模型 $y=0.762-4.744x+11.583x^2-5.136x^3$，$R^2=0.587$，$RMSE=0.329$，$RE=-26.8\%$；类胡萝卜素含量回归拟合精度最大为基于 Lic2 叶绿素指数的一元三次模型 $y=0.126-0.737x+2.197x^2-1.286x^3$，$R^2=0.722$，$RMSE=0.025$，$RE=2.44\%$；氮含量回归拟合精度最大为基于 676 nm 一阶微分光谱反射率的一元三次模型 $y=3.425+297.212x-1\,556\,531.108x^2+471\,079\,021.124x^3$，$R^2=0.533$，$RMSE=0.770$，$RE=22.4\%$；磷含量回归拟合精度最大为基于 $1\,081$ nm 一阶微分光谱反射率的指数模型 $y=0.171\exp(87.376x)$，$R^2=0.383$，$RMSE=0.086$，$RE=-34.1\%$；钾含量回归拟合精度最大为基于 $376$ nm 原始光谱反射率的一元三次模型 $y=2.222+65.391x-1\,713.597x^2+11\,021.451x^3$，$R^2=0.38$，$RMSE=0.350$，$RE=-5.3\%$；烟碱含量回归拟合精度最大为基于水分指数的一元三次模型 $y=-199.868+277.636x-76.933x^3$，$R^2=0.238$，$RMSE=0.582$，$RE=-1.2\%$。

# 第三节　不同成熟度处理颜色特征参数判别模型

近年来，随着光谱遥感技术的发展，研究人员可直接对地物进行微弱光谱差异的定量分析，且一次性采集的光谱数据可用于分析多个生物学指标，如烟叶颜色、组织结构、叶脉等叶片特征有规律的变化，都会在反射光谱上得到反映。在烟叶成熟落黄过程中，叶绿素被大量分解破坏，烟叶颜色由深绿色渐变为浅黄色，导致烟叶在可见光波段内所吸收的光波进一步减少，从而使烟叶光谱反射率增加。因此，从光谱波段中提取 RGB 颜色图像特征参数对田间烟叶成熟度进行判别是可行的。

本文分别提取中部叶、上部叶不同成熟度的 8 个颜色特征参数 NRI、NGI、NBI、GMR、EXG、EXR、NDIg、NDIb，对各指标值按照不同品种、不同成熟度汇总，以成熟度为横坐标，以颜色特征参数为纵坐标建立 4 个成熟度判别线性模型，并以 $R^2$ 值确定不同成熟度判别模型。

## 一、中部叶不同成熟度判别模型

### 1. 云烟 87 中部叶不同成熟度判别模型

表 7-15 是云烟 87 中部叶不同成熟度的 8 个颜色特征参数判别方程，通过分析 $R^2$ 值可知参数 NRI、NDIg、EXG、NGI、NDIb 判别模型的 $R^2$ 值均在 0.8 以上，与成熟度处理之间的相关性较大。其中相关性最大为 NRI 参数，$R^2$ 值为 0.965。故选取 NRI 参数作为云烟 87 中部叶的显著颜色特征参数，$y=-0.019x+0.560$ 作为云烟 87 不同成熟度的判别函数。

由图 7-6 对云烟 87 中部叶不同成熟度进行划分，若 NRI 在 0.51～0.54 范围内将其判别为欠熟；在 0.50～0.51 范围内将其判别为尚熟；在 0.48～0.50 范围内将其判别为成熟；小于 0.48 将其判别为过熟。

表 7-15　云烟 87 中部叶不同成熟度处理颜色特征参数判别模型

| 参数 | 判别方程 | $R^2$ |
| --- | --- | --- |
| NRI | $y=-0.019x+0.560$ | 0.965 |
| NGI | $y=0.017x+0.315$ | 0.892 |
| NBI | $y=0.002x+0.123$ | 0.415 |
| GMR | $y=0.004x-0.093$ | 0.218 |
| EXG | $y=0.033x-0.029$ | 0.901 |
| EXR | $y=0.040x+0.237$ | 0.482 |
| NDIg | $y=-0.041x+0.271$ | 0.935 |
| NDIb | $y=-0.014x+0.615$ | 0.807 |

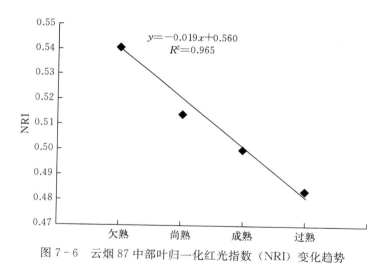

图 7-6　云烟 87 中部叶归一化红光指数（NRI）变化趋势

**2. K326 中部叶不同成熟度判别模型**

由表 7-16 可知，K326 中部叶不同成熟度的 8 个颜色特征参数判别方程中，参数 NRI、NGI、GMR、NDIg 判别模型的 $R^2$ 均在 0.8 以上，与成熟度处理之间的相关性较大。其中相关性最大为 GMR 参数，$R^2$ 值为 0.991。故选取 GMR 参数作为 K326 中部叶的显著特征参数，$y=0.028x-0.174$ 作为 K326 不同成熟度的判别函数。

表 7-16　K326 中部叶不同成熟度处理颜色特征参数判别模型

| 参数 | 判别方程 | $R^2$ |
|---|---|---|
| NRI | $y=-0.021x+0.547$ | 0.968 |
| NGI | $y=0.019x+0.324$ | 0.842 |
| NBI | $y=0.002x+0.128$ | 0.133 |
| GMR | $y=0.028x-0.174$ | 0.991 |
| EXG | $y=0.056x-0.025$ | 0.784 |
| EXR | $y=0.002x+0.491$ | 0.003 |
| NDIg | $y=-0.047x+0.253$ | 0.914 |
| NDIb | $y=-0.019x+0.609$ | 0.719 |

**3. X5 中部叶不同成熟度判别模型**

由表 7-17 可知，X5 中部叶不同成熟度的 8 个颜色特征参数判别方程中，参数 NRI、GMR、NDIg、NDIb 判别模型的 $R^2$ 值均在 0.8 以上，与成熟度处理之间的相关性较大。其中相关性最大为 GMR 参数，$R^2$ 值为 0.986。故选取 GMR 参数作为 X5 中部叶的显著图像特征参数，$y=0.027x-0.172$ 作为 X5 不同成熟度的判别函数。

图 7-7 为对 X5 中部叶不同成熟度进行的划分，若 GMR 在 $-0.14\sim-0.11$ 范围内将其判别为欠熟；在 $-0.11\sim-0.09$ 范围内将其判别为尚熟；在 $-0.09\sim-0.06$ 范围内将其判别为成熟；大于 $-0.06$ 将其判别为过熟。

表 7-17　X5 中部叶不同成熟度处理颜色特征参数判别模型

| 参数 | 判别方程 | $R^2$ |
|---|---|---|
| NRI | $y=-0.017x+0.543$ | 0.897 |
| NGI | $y=0.013x+0.334$ | 0.729 |
| NBI | $y=0.004x+0.121$ | 0.782 |
| GMR | $y=0.027x-0.172$ | 0.986 |
| EXG | $y=0.025x+0.019$ | 0.386 |
| EXR | $y=-0.043x+0.553$ | 0.436 |
| NDIg | $y=-0.034x+0.235$ | 0.824 |
| NDIb | $y=-0.022x+0.625$ | 0.980 |

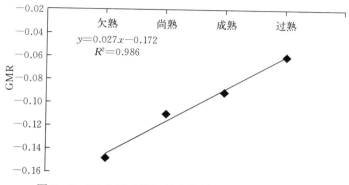

图 7 - 7 X5 中部叶绿红差值指数（GMR）变化趋势

### 4. 中部叶不同成熟度判别模型

表 7 - 18 将 3 个品种的颜色特征参数进行融合，得到中部叶不同熟度颜色特征参数判别模型。由表可知 $R^2$ 值较大的有 NRI（$R^2=0.952$）、GMR（$R^2=0.987$）、NDIg（$R^2=0.901$）参数模型，结合 3 个参数在不同品种的 $R^2$ 值，最终选择 NRI 参数作为中部叶不同成熟度特征参数，判别方程为 $y=-0.019x+0.550$，$R^2=0.952$。

图 7 - 8 为对中部叶不同成熟度进行的划分，若 NRI 0.50～0.54 范围内将其判别为欠熟；在 0.48～0.50 范围内将其判别为尚熟；在 0.47～0.48 范围内将其判别为成熟；小于 0.47 将其判别为过熟。

表 7 - 18 中部叶不同成熟度处理颜色特征参数判别模型

| 参数 | 判别方程 | $R^2$ |
|---|---|---|
| NRI | $y=-0.019x+0.550$ | 0.952 |
| NGI | $y=0.016x+0.324$ | 0.835 |
| NBI | $y=0.002x+0.124$ | 0.435 |
| GMR | $y=0.020x-0.146$ | 0.987 |
| EXG | $y=0.038x-0.011$ | 0.717 |
| EXR | $y=-0.000x+0.427$ | 7E-06 |
| NDIg | $y=-0.040x+0.253$ | 0.901 |
| NDIb | $y=-0.018x+0.616$ | 0.874 |

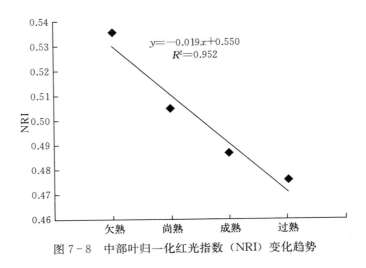

图 7 - 8　中部叶归一化红光指数（NRI）变化趋势

## 二、上部叶不同成熟度判别模型

### 1. 云烟 87 上部叶不同成熟度判别模型

表 7 - 19 是云烟 87 上部叶不同成熟度的 8 个颜色特征参数判别方程，通过分析 $R^2$ 值可知参数 NRI、NGI、EXG、EXR、NDIg 判别模型的 $R^2$ 值均在 0.8 以上，与成熟度处理之间的相关性较大。其中相关性最大为 NRI 参数，$R^2$ 值为 0.981。故选取 NRI 参数作为云烟 87 上部叶的显著颜色特征参数，$y=-0.027x+0.627$ 作为云烟 87 不同成熟度的判别函数。

表 7 - 19　云烟 87 上部叶不同成熟度处理颜色特征参数判别模型

| 参数 | 判别方程 | $R^2$ |
|---|---|---|
| NRI | $y=-0.027x+0.627$ | 0.981 |
| NGI | $y=0.026x+0.257$ | 0.869 |
| NBI | $y=0.001x+0.115$ | 0.026 |
| GMR | $y=-0.017x-0.096$ | 0.566 |
| EXG | $y=0.043x-0.108$ | 0.952 |
| EXR | $y=0.121x+0.119$ | 0.908 |
| NDIg | $y=-0.058x+0.405$ | 0.925 |
| NDIb | $y=-0.012x+0.665$ | 0.371 |

图 7-9 为对云烟 87 上部叶不同成熟度进行的划分，若 NRI 在 0.56～0.6 范围内将其判别为欠熟；在 0.54～0.56 范围内将其判别为尚熟；在 0.52～0.54 范围内将其判别为成熟；小于 0.52 将其判别为过熟。

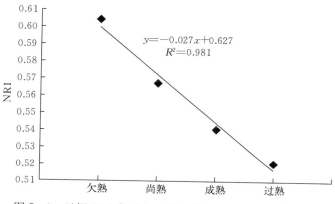

图 7-9　云烟 87 上部叶归一化红光指数（NRI）变化趋势

**2. K326 上部叶不同成熟度判别模型**

由表 7-20 可知，K326 上部叶不同成熟度的 8 个颜色特征参数判别方程中，参数 NRI、NGI、EXG、NDIg 判别模型的 $R^2$ 值均在 0.8 以上，与成熟度处理之间的相关性较大。其中相关性最大为 EXG 参数，$R^2$ 值为 0.918。故选取 EXG 参数作为 K326 上部叶的显著特征参数，$y=0.035x-0.067$ 作为 K326 不同成熟度的判别函数。

表 7-20　K326 上部叶不同成熟度处理颜色特征参数判别模型

| 参数 | 判别方程 | $R^2$ |
|---|---|---|
| NRI | $y=-0.018x+0.597$ | 0.874 |
| NGI | $y=0.017x+0.295$ | 0.894 |
| NBI | $y=0.000x+0.106$ | 0.008 |
| GMR | $y=0.006x-0.167$ | 0.151 |
| EXG | $y=0.035x-0.067$ | 0.918 |
| EXR | $y=0.034x+0.397$ | 0.299 |
| NDIg | $y=-0.038x+0.331$ | 0.900 |
| NDIb | $y=-0.008x+0.681$ | 0.263 |

图 7-10 为对 K326 上部叶不同成熟度进行的划分，若 EXG 在 −0.041～0.021 范围内将其判别为欠熟；在 0.021～0.027 范围内将其判别为尚熟；在 0.027～0.074 范围内将其判别为成熟；大于 0.074 将其判别为过熟。

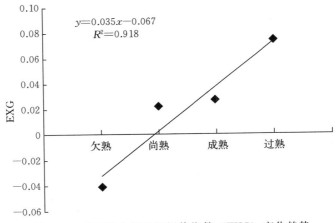

图 7-10　K326 上部叶超绿值指数（EXG）变化趋势

### 3. X5 上部叶不同成熟度判别模型

由表 7-21 可知，X5 上部叶不同成熟度的 8 个颜色特征参数判别方程中，参数 NRI、NGI、EXG、NDIg 判别模型的 $R^2$ 值均在 0.8 以上，与成熟度处理之间的相关性较大。其中相关性最大为 NGI 参数，$R^2$ 值为 0.926。故选取 NGI 参数作为 X5 上部叶的显著特征参数，$y=0.024x+0.272$ 作为 X5 不同成熟度的判别函数。

表 7-21　X5 上部叶不同成熟度处理颜色特征参数判别模型

| 参数 | 判别方程 | $R^2$ |
|------|----------|-------|
| NRI | $y=-0.024x+0.611$ | 0.849 |
| NGI | $y=0.024x+0.272$ | 0.926 |
| NBI | $y=-0.000x+0.116$ | 0.012 |
| GMR | $y=-0.001x-0.130$ | 0.01 |
| EXG | $y=0.046x-0.100$ | 0.879 |
| EXR | $y=0.077x+0.240$ | 0.523 |
| NDIg | $y=-0.053x+0.373$ | 0.898 |
| NDIb | $y=-0.008x+0.657$ | 0.322 |

由图 7-11 对 X5 上部叶不同成熟度进行划分，若 NGI 在 0.30～0.33 范围内将其判别为欠熟；在 0.33～0.34 范围内将其判别为尚熟；在 0.34～0.35 范围内将其判别为成熟；大于 0.35 将其判别为过熟。

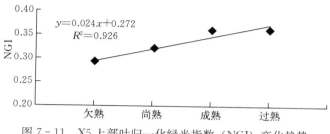

图 7-11　X5 上部叶归一化绿光指数（NGI）变化趋势

### 4. 上部叶不同成熟度判别模型

表 7-22 将 3 个品种的上部叶颜色特征参数进行融合，得到不同成熟度颜色特征参数判别模型。由表可知 $R^2$ 值较大的有 NRI（$R^2=0.975$）、NGI（$R^2=0.931$）、EXG（$R^2=0.967$）、EXR（$R^2=0.926$）、NDIg（$R^2=0.951$）参数模型，结合 5 个参数在不同品种的 $R^2$ 值，最终选择 NDIg 参数作为上部叶不同成熟度特征参数，判别方程为 $y=-0.05x+0.370$，$R^2=0.951$。

表 7-22　上部叶不同成熟度处理颜色特征参数判别模型

| 参数 | 判别方程 | $R^2$ |
|---|---|---|
| NRI | $y=-0.023x+0.612$ | 0.975 |
| NGI | $y=0.022x+0.275$ | 0.931 |
| NBI | $y=0.000x+0.112$ | 0.021 |
| GMR | $y=-0.004x-0.131$ | 0.42 |
| EXG | $y=0.041x-0.092$ | 0.967 |
| EXR | $y=0.077x+0.252$ | 0.926 |
| NDIg | $y=-0.05x+0.370$ | 0.951 |
| NDIb | $y=-0.009x+0.667$ | 0.713 |

由图 7-12 对上部叶不同成熟度进行划分，若 NDIg 在 0.25～0.33 范围内将其判别为欠熟；在 0.20～0.25 范围内将其判别为尚熟；在 0.18～0.20 范围内将其判别为成熟；小于 0.18 将其判别为过熟。

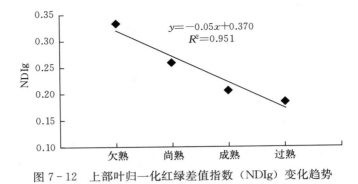

图 7 - 12　上部叶归一化红绿差值指数（NDIg）变化趋势

# 第八章 烟草种植与主要生长指标无人机遥感监测

## 第一节 基于无人机遥感技术的烟草种植面积提取

### 一、数据处理方法

以郴州市宜章县为例，利用高空间分辨率的无人机遥感影像采集烟草种植区域基础数据，建立自动识别烟叶种植面积的数学模型，并配套信息化平台开发软件，实现烟草种植面积的高精度电子勾绘和准确了解域内烟草种植的实际情况，实现域内烟草种植状态"一张图"。郴州市是湖南省下辖的地级市，全市总面积为 19 387 km²，下辖 2 区、1 县级市、8 县，地理坐标为东经 112°13′～114°14′、北纬 24°53′～26°50′之间，常年种植烤烟面积约为 40 万亩。

从 2020 年 2 月开始，对郴州市烟草试点单元开展了无人机低空拍摄，采集高分辨率遥感影像，以精确监测烟草种植面积，飞行时间长达 58 d，其中多旋翼和固定翼无人机分别飞行 443 架次、79 架次，飞行面积分别为 27.9 万亩、157 万亩，共获取了郴州市下辖北湖区、苏仙区、桂阳县、宜章县、永兴县、嘉禾县、临武县、安仁县 8 个区县的烟草翻耕、移栽面积无人机影像。

采用湖南省林科达信息科技有限公司自主研发的 Link Mapper 软件进行正射影像产品生产，生产流程严格按照地理信息行业相关标准进行，精度控制在 1∶1 000，经过处理共生成 512 幅高清正射影像图及其数字地表模型、数字高程模型等地理信息数据，总数据量达922.52GB。其中使用的平面坐标系统为 WGS 84 坐标系，中央子午线为 99°；高程系统采用 1985 国家高程系，其处理流程如图 8-1 所示。

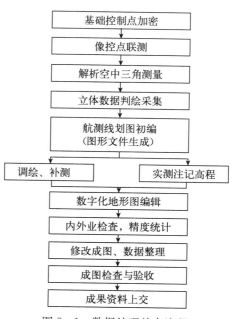

图 8-1 数据处理基本流程

根据烟草种植的实际情况，选用相应的遥感仪器采集地面分辨率为 7 cm 的地理信息数据，其中正射影像的接边限差见表 8-1。

表 8-1　正射影像的接边限差

单位：mm

| 地形类别 | 单模型接边 | 图幅接边 |
|---|---|---|
| 平地、丘陵地 | 1.0 (1.5) | 1.0 (1.5) |
| 山地、高山地 | 1.0 (1.5) | 1.5 (2.0) |

注：表中括号中的限差为个别情况下的接边限差。

## 二、结果与分析

田块勾绘工作是指在正射影像产品上，根据起垄和移栽阶段烟田的特征，对烟田田块逐一进行描边、定位、测量、命名等工作。本项目采用人工勾绘、人工辅助勾绘和自动勾绘的方式，从无人机获得的正射影像图中，以田埂为分界线，精准提取单个烟田地块。然后结合矢量优化算法，快速建立地块对象、计算面积等信息。目前共投入 11 人参与人工勾绘工作，共勾绘烟田面积89 149.58 亩。其中随机抽取 51.2％的田块数据进行自动勾绘辅助训练。

烟草与其他类型地物的显著差别在于：烟草地的色彩呈现亮绿色，成行种植且行距、株矩一般相对固定，这为烟草的提取提供了显著的特征。本次试点起垄烟田的特点为起垄宽度、垄间间隔为 20～30 cm，打孔的陇上孔距为 40～60 cm。

烟田是烟叶种植的基本单元，但长期以来各地均面临对烟田数据掌握不清的问题。随着高分辨率卫星遥感、无人机遥感、卫星定位和地理信息技术的发展，已为烟田数字化识别和调查提供了可行的技术手段。由于烟田在无人机获取的超高空间分辨率影像上存在特殊纹理，利用 EncNet 等建立基于深度纹理的表达模型，能够实现烟田自动识别与分割；针对烟田与田埂之间存在清晰的边缘，发展边缘敏感的深度学习模型，识别烟田边界；通过研发高效的线、面追踪模型，根据地学知识规则变大去除小粘连、边界不规则等特征，实现矢量优化与烟田矢量自动构建。烟田自动识别勾绘技术不仅能够实现大数据的高效管理与访问，具有传统监测方法不可比拟的优势，而且提取结果精确，客观反映了烟草的种植面积和空间分布，实现了全过程的烟草田间管理。

本系统主要使用的是三维可视化技术，是利用开源的 javascript 地图引擎 Cesium，对经过格式处理的正射影像进行 Web 端加载和可视化，并实现烟田高亮显示、绘制、分类、查询，另外，采用 apache＋mysql＋thinkphp 框架搭建系统后台，完成系统数据的管理。

Cesium 是一个开源的 javascript 编写的 WebGL 地图引擎，支持 3D、

2.5D、2D 三种形式的地图展示。支持的地图数据基本符合 OGC 标准，包括对 WMS、WMTS、TMS、GoogleMaps 等地图文件的支持。

海量烟田的单体化是该研究的主要难点，由于正射影像是一个整体，想要选中单个对象无法实现，所以需要对场景中的烟田进行单体化，以实现对象的高亮、查询等要求。本系统采用人工智能识别外加人工修正的方法获取矢量面，将矢量面与正射影像相互叠加，并绑定每一块烟田的属性信息，实现烟田的空间分割、高亮、查询、分类。

基于深度学习的纹理构建方面，本项目拟基于 EncNet 网络框架，发展一种面向纹理丰富的超高空间分辨率影像语义分割方法。首先，在 ResNet 提取影像的局部有序特征（称为原始特征）的基础上，通过 Encoding Layer 提取视觉单词，再统计特征在视觉单词的分布情况，实现基于视觉单词分布的纹理描述；再次通过原始特征与纹理特征的卷积实现有序特征中增加纹理信息；最后通过采样到原始影像尺寸，实现纹理丰富地物的分割；针对分割结果中存在的细小多边形，采用合并方法，实现碎小多边形的合并。

由于耕地存在田埂等附属设施，从而使得耕地与邻近地物呈现出明显的视觉差异，出现了影像上的灰度或颜色不连续，即边缘。同时，耕地一般经过土地处理、平整等工程化处理，具有特定的形状。对此，在 RCF、HED 等边缘敏感模型基础上构建遥感影像视觉边缘模型，针对无人机数据特殊的光谱辐射分辨率建立适合影像的深度神经网络模型，学习地物边缘特征，模拟视觉认知，从遥感影像中提取地物边界，一种在 CNN 基础上提取无人机影像上地物边界的结果如图 8-2 所示。

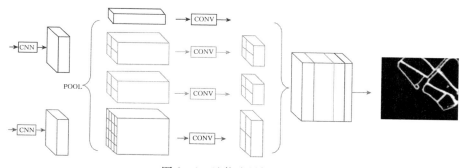

图 8-2　地物边界提取结果

烟田矢量优化方面，针对提取的烟田边界存在的模糊性和不完整性问题，建立对象边界识别分析模型，精准定位图斑边界并构造完整的烟田对象。根据地理实体边界关系，研究地学语义支持的显式规则优化，去除小粘连与不规则边缘，获得平滑准确的烟田对象。

扫码看彩图

目前共计训练量为 23 165 个样本，与人工勾绘比较，现有模型准确度为 98.33%，漏勾率为 20.57%，由图 8 - 3（a）可以看出，自动勾绘能准确区分烟田和烟埂、周边农田、房屋、道路等设施，对烟田实现高亮显示。软件自动勾绘结果如图 8 - 3（b）所示。

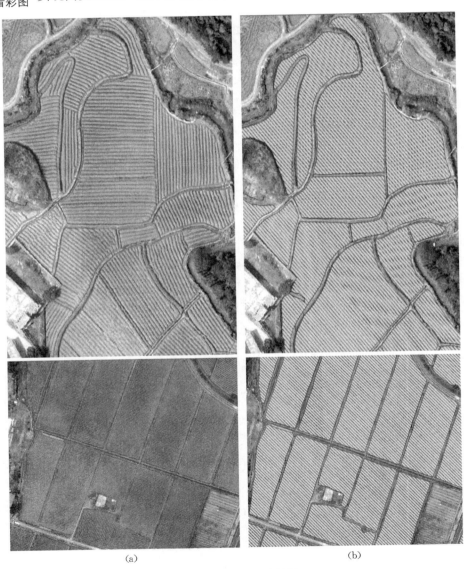

（a）　　　　　　　　　　　　　　（b）

图 8 - 3　软件勾绘结果

（a）影像　（b）自动勾绘结果

郴州烟草 3D - AI 管理系统是为郴州烟草编写的一套基于三维和人工智能的 Web 端信息化管理系统。利用该系统可以建立烟田和烟叶时空数据档案，建立面向行业应用的烟叶生产时空数据云服务平台并提供数据服务，以便于对烟草行业实现地块级烟田、烟农和烟叶的协同精细管理。

功能设计是整个系统设计的核心，关系到整个系统的使用效果。本系统采用 B/S 模式开发，用户通过 PC 端或移动设备访问，共分为以下四个模块，包括人员信息管理、影像管理、烟草地管理，以及面积查询统计，并实现底图部署、正射影像加载、矢量文件导入、手动田块勾绘、烟农查询、田块多选、地图聚焦、本机定位、田块烟农绑定、田块自动命名与逻辑归档、各字段搜索、田块信息编辑、基础测量、面积统计等 14 项功能。具体如图 8 - 4 所示。

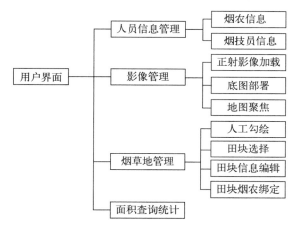

图 8 - 4 系统功能设计

工作流程如下：

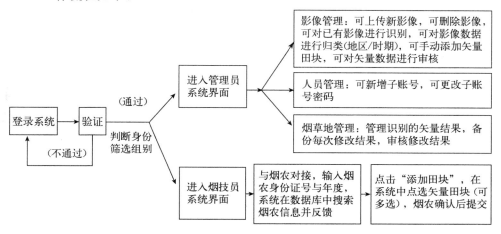

扫码看彩图

系统界面主要包括地图窗口、列表窗口和工具栏。列表位于界面左上部，地图主窗口位于界面中部，负责加载和显示地图信息；工具栏位于右上角，包含定位、编辑、绑定、属性、选择、测量等工具。具体布局如图 8-5 所示。

(a)

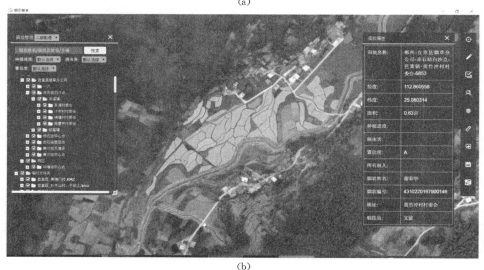

(b)

图 8-5　系统界面

（a）烟田管家登录界面　（b）烟田管家工作界面

（1）属性查看。用户可以在主界面选择烟块，随后点击右侧工具栏的"属性",即可查看该田块的名称、经纬度、面积、烟农姓名、编号、地址和烟草技术员名字。

（2）烟田勾绘。用户点击工具栏"勾绘",可自由进行手动勾绘,左键打点、右键闭合,闭合后自动命名生成未绑定的田块并放入临时文件夹中。

（3）搜索功能。用户可通过烟农姓名、烟草技术员姓名、乡镇等信息进行搜索定位到相应的空间位置。

（4）测量功能。用户点击工具栏"测量",进入基础测量工具栏,可进行坐标、距离、面积的测量。

（5）烟农数据库与田块绑定。该系统可以将烟农数据库与田块绑定,实现地块级烟田、烟农和烟叶的协同精细管理。未绑定的田块储存在临时文件夹中,用户可以双击未绑定的田块,场景会自动跳转,显示出该田块所在的位置,点击工具栏中的"绑定",通过在软件中输入身份证号查找烟农信息,点击"绑定烟农",田块就会变成黄色,则表明两者绑定成功,田块被自动重新按照规则命名与整理自动生成所在县/站点的文件夹。另外,用户能够在该系统中计算、修改田块面积;对于烟田和烟农不对应的问题,可以取消原有绑定进行修改。

## 三、小结

利用无人机遥感技术可以建立区域乃至全国的烟田空间数据库,为制定烟草种植管控措施提供科学数据基础。本项目以郴州烟田为实验点,利用无人机＋信息化,实现了烟田自动识别勾绘,显著提高了烟草统计的效率和准确性,并通过无人机采集的数据开发烟草数据管理软件对烟田、烟农数据进行一体化管理,使烟草种植监管更为直观和灵活。目前,无人机遥感已经在大面积区域农作物种植监测及田间管理中得到广泛研究与应用,但还有许多方面需要进一步研究,结合本项目的研究进展,随后会继续探索无人机搭载多光谱相机在烟草常见病虫害中的应用,实时监控作物生长状态;辅以人工智能、大数据等信息化手段,建立烟草常见病虫害人工智能识别和疫情分析数学模型,从而实现精确感知、准确预判和高效保护,减少病虫害的传播范围和对作物生长的危害。

# 第二节　基于无人机光谱遥感的烟叶 LAI 及 SPAD 估算

## 一、LAI 估算

以李朋彦（2019）的研究为例,利用 Matlab 中 Kennard‐Stone（KS）法,对原始光谱数据进行一阶导数和自由缩放处理,对烟株 LAI 同时进行自由缩放预处理，选择留一法进行交叉验证，以交叉验证均方根误差最小值对应的潜变因子量为模型最佳因子数，如图 8-6 所示，样本最佳潜变因子量为 6，并通过偏最小二乘法 PLSR 建立 LAI 估算模型。

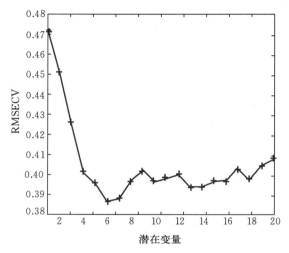

图 8-6 交叉验证分析

模型估算效果如图 8-7 所示，模型的决定系数（$R^2$）为 0.88，均方根误差（$RMSEC$）为 0.33，交叉验证的 $RCV^2 = 0.84$，$RMSECV = 0.30$，模型估算效果较好，一定距离内可以忽略光谱反射率区域性对 LAI 的反演影响，可用于烟叶 LAI 光谱遥感估算。

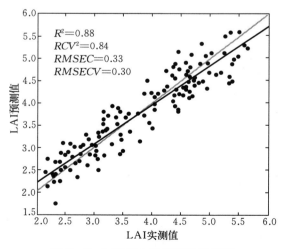

图 8-7 LAI 无人机遥感估算模型

## 二、SPAD 估算

利用 Matlab 中 KS 法，对原始光谱数据进行一阶导数和自由缩放预处理，对叶片 SPAD 值同时进行自由缩放处理，通过留一法对建模过程进行交叉验证分析，根据模型均方根误差选择最佳潜变因子量为 3（图 8-8），通过 PLSR 建立 SPAD 遥感估算模型。模型估算效果如图 8-9 所示，模型的决定系数（$R^2$）为 0.81，均方根误差（RMSEC）为 3.34，交叉验证的决定系数（RCV）为 0.76，其均方根误差（RMSECV）为 3.68，模型及内部验证决定系数较高，均方根误差较小，模型估算效果较好。

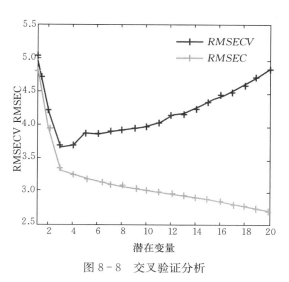

图 8-8　交叉验证分析

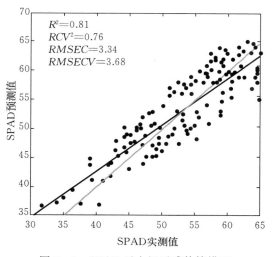

图 8-9　SPAD 无人机遥感估算模型

# 主 要 参 考 文 献

鲍艳松，刘利，孔令寅，等，2010. 基于 ASAR 的冬小麦不同生育期土壤湿度反演 [J]. 农
　业工程学报，26（9）：224-232.

陈兵，王克如，李少昆，等，2010. 蚜虫胁迫下棉叶光谱特征及其遥感估测 [J]. 光谱学与
　光谱分析，30（11）：3093-3097.

陈浩，樊风雷，2017. 基于集合卡尔曼滤波的南雄烟草 LAI 数据同化研究 [J]. 生态学报，
　37（9）：3046-3954.

陈鹏飞，杨飞，杜佳，2013. 基于环境减灾卫星时序归一化植被指数的小麦产量估测 [J].
　农业工程学报，29（11）：124-131.

陈少丹，张利平，汤柔馨，等，2017. 基于 SPEI 和 TVDI 的河南省干旱时空变化分析 [J].
　农业工程学报，33（24）：126-132.

陈思宁，赵艳霞，申双和，等，2013. 基于 PyWOFOST 作物模型的东北玉米估产及精度
　评估 [J]. 中国农业科学，46（14）：2880-2893.

陈仲新，郝鹏宇，刘佳，等，2019. 农业遥感卫星发展现状及我国监测需求分析 [J]. 智慧
　农业，1（1）：32-42.

程红霞，林粤江，2014. 春季农作物风沙灾害的遥感监测方法 [J]. 干旱区资源与环境，
　28（11）：78-82.

董婷，孟令奎，张文，2015. MODIS 短波红外水分胁迫指数及其在农业干旱监测中的适用
　性分析 [J]. 遥感学报，19（2）：319-327.

董秀春，蒋怡，黄平，等，2012. 基于浅层学习方法的石漠化休耕试点区作物分类 [J]. 中
　国农业信息，31（2）：11-17.

杜灵通，田庆久，黄彦，等，2012. 基于 TRMM 数据的山东省干旱监测及其可靠性检验
　[J]. 农业工程学报，28（2）：121-126.

冯海霞，秦其明，蒋洪波，等，2011. 基于 HJ-1A/1B CCD 数据的干旱监测研究 [J]. 农
　业工程学报，27（增刊 1）：358-365.

冯金飞，卞新民，彭长青，等，2005. 基于遗传算法和 GIS 的作物空间布局优化 [J]. 农业
　现代化研究，26（4）：302-305.

冯美臣，王超，杨武德，等，2014. 农作物冷冻害遥感监测研究进展 [J]. 山西农业大学学
　报，34（4）：296-300.

冯伟，朱艳，田永超，等，2008. 基于高光谱遥感的小麦叶片氮积累量 [J]. 生态学报，
　28（1）：23-32.

符勇，周忠发，贾龙浩，等，2014. 基于 SAR 技术的贵州喀斯特山区烟草估产模型 [J].

湖北农业科学，53（9）：2156－2159.

付静，2019. 基于无人机图像的山区烟株数量统计方法与试验［D］. 贵阳：贵州大学．

郭婷，2019. 不同钾水平和成熟度烟草高光谱特征及其品质估测模型研究［D］. 长沙：湖南农业大学．

侯新杰，蒋桂英，白丽，等，2008. 高光谱遥感特征参数与棉花产量及其构成因子的关系研究［J］. 遥感信息，2：10－16.

胡九超，周忠发，2015. 基于 TerraSAR－X 数据在高原山区烟草识别方法的对比研究［J］. 江苏农业科学，43（4）：357－360.

黄文江，2012. 作物病害遥感监测机理与应用［M］. 北京：中国农业科学技术出版社．

黄文江，王纪华，刘良云，等，2003. 冬小麦红边参数变化规律及其营养诊断［J］. 遥感技术与应用，18（4）：206－211.

黄文江，王纪华，刘良云，等，2004. 小麦品质指标与冠层光谱特征的相关性的初步研究［J］. 农业工程学报，20（4）：203－207.

黄友昕，刘修国，沈永林，等，2015. 农业干旱遥感监测指标及其适应性评价方法研究进展［J］. 农业工程学报，31（16）：186－195.

贾方方，2017. 不同种植密度烟草叶面积指数的高光谱遥感监测模型［J］. 中国烟草科学，38（4）：37－43.

贾方方，2013. 不同光照处理对烤烟品质的影响及氮化物的高光谱监测研究［D］. 郑州：河南农业大学．

蒋金豹，李一凡，郭海强，等，2012. 不同病害胁迫下大豆的光谱特征及识别研究［J］. 光谱学与光谱分析，32（10）：2775－2779.

解毅，王鹏新，刘峻明，等，2015. 基于四维变分和集合卡尔曼滤波同化方法的冬小麦单产估测［J］. 农业工程学报，31（1）：187－195.

竞霞，黄文江，琚存勇，等，2010. 基于 PLS 算法的棉花黄萎病高空间分辨率遥感监测［J］. 农业工程学报，26（8）：229－235.

孔令寅，延昊，鲍艳松，等，2012. 基于关键发育期的冬小麦长势遥感监测方法［J］. 中国农业气象，33（3）：424－430.

李娜，刘焕军，黄文江，等，2011. 基于 HJ＿1A＿1B CCD 数据的雹灾监测与评价［J］. 农业工程学报，27（5）：237－243.

李朋彦，2019. 基于无人机高光谱遥感的烤烟生长监测［D］. 郑州：河南农业大学．

李熙全，代飞，阳成刚，等，2019. 基于多尺度遥感和精密定位的烟田数字化识别方法［J］. 农技服务，36（7）：47－50.

李翔翔，居辉，刘勤，等，2017. AZ 基于 SPEI－PM 指数的黄淮海平原干旱特征分析［J］. 生态学报，37（6）：2054－2066.

李颖，韦原原，刘荣花，等，2014. 河南麦区一次高温低湿型干热风灾害的遥感监测［J］. 中国农业气象，35（5）：593－599.

李映雪，朱艳，田永超，等，2005. 小麦冠层反射光谱与籽粒蛋白质含量及相关品质指标

的定量关系 [J]. 中国农业科学，38（7）：1332-1338.

李宗南，陈仲新，王利民，等，2014. 基于小型无人机遥感的玉米倒伏面积提取 [J]. 农业工程学报，30（19）：207-213.

梁雪映，冯珊珊，郭颖，等，2020. 基于无人机的烟草氮元素定量反演与空间差异分析 [J]. 热带地貌，41（2）：18-26.

刘丹，殷世平，于成龙，等，2012. 利用环境减灾卫星遥感监测冰雹灾害初探 [J]. 西北农林科技大学学报，40（9）：128-132.

刘光亮，徐茜，徐辰生，等，2019. 烟叶生产大数据管理信息系统设计及应用 [J]. 中国烟草科学，40（2）：92-98.

刘良云，2014. 植被定量遥感原理与机理 [M]. 北京：科学出版社.

刘良云，黄木易，黄文江，等，2004. 利用多时相的高光谱航空图像监测冬小麦条锈病 [J]. 遥感学报，8（3）：275-281.

刘良云，宋晓宇，李存军，等，2009. 冬小麦病害与产量损失的多时相遥感监测 [J]. 农业工程学报，25（1）：137-143.

刘良云，王纪华，黄文江，等，2003. 冬小麦品质遥感监测 [J]. 遥感学报，12（7）：143-148.

刘良云，王纪华，宋晓宇，等，2005. 小麦倒伏的光谱特征及遥感监测 [J]. 遥感学报（3）：323-327.

刘明芹，李新举，杨永花，等，2016. 基于资源三号卫星遥感影像的山区套种烟草面积估测 [J]. 安徽农业科学，44（3）：291-293，297.

刘勇昌，2021. 基于光谱分析的烟草花叶病毒病和马铃薯 Y 病毒病诊断模型 [D]. 北京：中国农业科学院.

刘芸，李雪，廖瑶，等，2021. 基于面向对象分类法的贵州烤烟种植区域提取——以烤烟成熟期为例 [J]. 贵州科学，39（2）：82-86.

罗菊花，黄文江，韦朝领，等，2009. 冬小麦条锈病害与常规胁迫的定量化识别研究——高光谱应用 [J]. 自然灾害学报，17（6）：115-118.

罗明，陆洲，徐飞飞，等，2019. 基于快速设定决策阈值的大范围作物种植分布的遥感监测研究 [J]. 中国农业资源与区划，40（6）：27-33.

权文婷，周辉，李红梅，等，2015. 基于 S-G 滤波的陕西关中地区冬小麦生育期遥感识别和长势监测 [J]. 中国农业气象，36（1）：93-99.

任建强，陈仲新，唐华俊，2006. 基于 MODIS-NDVI 的区域小麦遥感估产——以山东省济宁市为例 [J]. 应用生态学报，17（12）：2371-2375.

孙滨峰，赵红，王效科，2015. 基于标准化降水蒸发指数的东北干旱时空特征 [J]. 生态环境学报，24（1）：22-28.

孙华生，黄敬峰，彭代亮，2009. 利用 MODIS 数据识别水稻关键生长发育期 [J]. 遥感学报，13（6）：1122-1137.

谭昌伟，2017. 农业遥感技术 [M]. 北京：中国农业出版社.

谭昌伟，2019. 作物遥感监测机理与方法 ［M］. 北京：中国农业出版社.

谭昌伟，罗明，杨昕，等，2015. 运用 PLS 算法由 HJ-1A/1B 遥感影像估测区域小麦实际单产 ［J］. 农业工程学报，31（15）：161-166.

谭昌伟，王纪华，黄文江，等，2005. 不同氮素水平下夏玉米冠层光辐射特征的研究 ［J］. 南京农业大学学报，28（2）：12-16.

谭昌伟，杨昕，罗明，等，2015. 以 HJ-CCD 影像为基础的冬小麦孕穗期关键苗情参数遥感定量反演 ［J］. 中国农业科学，48（13）：2518-2527.

谭昌伟，杨昕，马昌，等，2015. 基于 HJ-CCD 影像的冬小麦开花期主要生长指标遥感定量监测研究 ［J］. 麦类作物学报，35（3）：427-435.

谭海珍，李少昆，王克如，等，2008. 基于成像光谱仪的冬小麦苗期冠层叶绿素密度监测 ［J］. 作物学报，34（10）：1812-1817.

唐翠翠，黄文江，罗菊花，等，2015. 基于相关向量机的冬小麦蚜虫遥感预测 ［J］. 农业工程学报，31（6）：201-207.

唐华俊，辛晓平，杨桂霞，等，2009. 现代数字草业理论与技术研究进展及展望 ［J］. 中国草地学报，31（4）：1-8.

唐磊，2013. 水稻不同水直播栽培方式生产力研究 ［D］. 扬州：扬州大学.

田永超，朱艳，曹卫星，等，2004. 小麦冠层反射光谱与植株水分状况的关系 ［J］. 应用生态学报，15（11）：2072-2076.

汪璇，徐小洪，吕家恪，等，2012. 基于 GIS 和模糊神经网络的西南山地烤烟生态适宜性评价 ［J］. 中国生态农业学报，20（10）：1366-1374.

王纯枝，毛留喜，何延波，等，2009. 温度植被干旱指数法在黄淮海平原土壤湿度反演中的应用研究 ［J］. 土壤通报，40（5）：998-1005.

王纯枝，宇振荣，辛景峰，等，2005. 基于遥感和作物生长模型的作物产量差估测 ［J］. 农业工程学报，21（7）：84-89.

王培娟，谢东辉，张佳华，等，2009. BEPS 模型在华北平原冬小麦估产中的应用 ［J］. 农业工程学报，25（10）：148-153.

王鹏新，WAN Zheng-ming，龚健雅，等，2003. 基于植被指数和土地表面温度的干旱监测模型 ［J］. 地球科学进展，18（4）：527-533.

王人潮，陈铭臻，蒋亨显. 1993. 水稻遥感估产的农学机理研究——Ⅰ. 不同氮素水平的水稻光谱特征及其敏感波段的选择 ［J］. 浙江农业大学学报，19（Sup.）：7-14.

王帅，郭治兴，梁雪映，等，2021. 基于无人机多光谱遥感数据的烟草植被指数估产模型研究 ［J］. 山西农业科学，49（2）：195-203.

王秀珍，黄敬峰，李云梅，等，2002. 高光谱数据与水稻农学参数之间的相关分析 ［J］. 浙江大学学报，28（3）：283-288.

王艳霜，王文辉，2020. 基于遥感技术的云南烟叶种植保险新模式探讨 ［J］. 农村经济与科技，31（8）：5-6.

王圆圆，陈云浩，李京，等，2007. 利用偏最小二乘回归反演冬小麦条锈病严重度 ［J］. 国土资源遥感，1：57-60.

王长耀，林文鹏，2005. 基于 MODIS_EVI 的冬小麦产量遥感估算研究 [J]. 农业工程学报，21（10）：90-94.

王政，王学杰，徐茂华，2014. 广西烤烟规模化种植的分析与思考 [J]. 安徽农业科学，42（26）：9255-9257.

吴炳方，2000. 全国农情监测与估产的运行化遥感方法 [J]. 地理学报，55（1）：25-35.

吴孟泉，崔青春，张丽，等，2008. 复杂山区烟草种植遥感监测及信息提取方法研究 [J]. 遥感技术与应用，23（3）：305-309.

夏炎，黄亮，陈朋弟，2021. 模糊超像素分割算法的无人机影像烟株精细提取 [J]. 国土资源遥感，33（1）：115-122.

夏炎，黄亮，王枭轩，等，2020. 基于无人机影像的烟草精细提取 [J]. 遥感技术与应用，35（5）：1158-1166.

谢佰承，杜东升，陆魁东，等，2015. 基于 MaxEnt 模型湖南双季稻种植气候适宜性分布研究 [J]. 中国农学通报，31（9）：247-251.

徐冬云，李新举，杨永花，等，2016. 基于遥感技术的烟草花叶病监测研究 [J]. 中国烟草学报，22（1）：76-83.

薛利红，曹卫星，李映雪，等，2004. 水稻冠层反射光谱特征与籽粒品质指标的相关性研究 [J]. 中国水稻科学，18（5）：431-436.

杨邦杰，王茂新，裴志远，2002. 冬小麦冻害遥感监测 [J]. 农业工程学报，18（2）：136-140.

杨浩，杨贵军，顾晓鹤，等，2014. 小麦倒伏的雷达极化特征及其遥感监测 [J]. 农业工程学报，30（7）：1-8.

杨可明，郭达志，2006. 植被高光谱特征分析及其病害信息提取研究 [J]. 地理与地理信息科学，22（4）：31-34.

杨武德，宋艳暾，宋晓彦，等，2009. 基于 3S 和实测相结合的冬小麦估产研究 [J]. 农业工程学报，25（2）：131-135.

杨小唤，张香平，江东，等，2004. 基于 MODIS 时序 NDVI 特征值提取多作物播种面积的方法 [J]. 资源科学，26（6）：17-22.

易秋香，黄敬峰，王秀珍，等.2007. 玉米叶绿素高光谱遥感估算模型研究 [J]. 科技通报，23（1）：83-87，105.

张海东，田婷，张青，等，2019. 基于 GF-1 影像的耕地地块破碎区水稻遥感提取 [J]. 遥感技术与应用，34（4）：785-792.

张锦水，赵莲，陈联裙，等，2010. 区域总量控制下的冬小麦种植面积空间分布优化 [J]. 中国农业科学，43（21）：4384-4391.

张竞成，袁琳，王纪华，等，2012. 作物病虫害遥感监测研究进展 [J]. 农业工程学报，28（20）：1-11.

张丽文，王秀珍，姜丽霞，等，2015. 用 MODIS 热量指数动态监测东北地区水稻延迟型冷

害 [J]. 遥感学报，19（4）：690-701.

张仁华，孙晓敏，朱治林，1997. 植物叶绿素含量的遥感模型及用陆地卫星数据所作的二维分布图 [J]. 植物学报，39（9）：821-825.

张雪芬，陈怀亮，郑有飞，等，2006. 冬小麦冻害遥感监测应用研究 [J]. 南京气象学院学报，29（1）：94-100.

张阳，屠乃美，陈舜尧，等，2020. 基于 Sentinel-2A 数据的县域烤烟种植面积提取分析 [J]. 烟草科技，53（11）：15-22.

赵春江，2014. 农业遥感研究与应用进展 [J]. 农业机械学报，45（12）：277-293.

周见，郝成元，吴文祥，2014. 基于 GIS 的黑龙江省水稻低温灾害风险等级区划 [J]. 地域研究与开发，33（1）：109-112.

周清波，2004. 国内外农情遥感现状与发展趋势 [J]. 中国农业资源与区划（5）：12-17.

朱再春，陈联裙，张锦水，等，2011. 基于信息扩散和关键期遥感数据的冬小麦估产模型 [J]. 农业工程学报，27（2）：187-193.

庄少伟，2011. 基于标准化降水蒸发指数的中国区域干旱化特征分析 [D]. 兰州：兰州大学.

邹益民，2011. 卫星遥感技术在内蒙古自治区烟草种植中的应用 [J]. 内蒙古大学学报，42（6）：708-711.

Atoly A，Gitelson Y，Yoram J K，et al.，2002. Novel algorithms for remote estimation of vegetation fraction [J]. Remote Sensing of Environment（80）：76-87.

Bognár P，Kern A，Pásztor S，et al.，2017. Yield estimation and forecasting for winter wheat in Hungary using time series of MODIS data [J]. International Journal of Remote Sensing，38（11-12）：3394-3414.

Carol A Wessman，John D Aber，David L Peterson，et al.，1988. Remote sensing of canopy chemistry and nitrogen cycling in temperate forest ecosystems [J]. Nature，335：154-156.

Casanova，Dickinson，1998. Influence of protein interfacial composition on salt stability of mixed casein emulsions [J]. Journal of Agricultural and Food Chemistry，46（1）：72-76.

Claverie M C，Soler C，Royou A，2012. A genetic screen to identify components involved in correct transmission of broken chromosomes [J]. Molecular Biology of the Cell：23.

Curran P J，Dungan J L，Peterson D L，2001. Estimating the foliar biochemical concentration of leaves with reflectance spectrometry：testing the kokaly and dark methodologies [J]. Remote Sensing of Environment，76（3）：349-359.

Dempewolf J，Adusei B，Becker-Reshef I，et al.，2014. Wheat yield forecasting for Punjab province from vegetation index time series and historic crop statistics [J]. Remote Sensing，6（10）：9653-9675.

Dunn A H，De Beurs K M，2011. Land surface phenology of North American mountain environments using moderate resolution imaging spectroradiometer data [J]. Remote Sensing of Environment，115（5）：1220-1233.

Gnyp Martin L, Bareth Georg, Li Fei, et al. , 2014. Development and implementation of a multiscale biomass model using hyperspectral vegetation indices for winter wheat in the North China Plain [J]. International Journal of Applied Earth Observations and Geoinformation, 33: 232 - 242.

Jones C D, Jones J B, Lee W S, 2010. Diagnosis of bacterial spot of tomato using spectral signatures [J]. Computers and Electronics in Agriculture, 74 (2): 329 - 335.

Keith R, Harmoney, Kenneth J. Moore J, et al. , 1997. Determination of pasture biomass using four indirect methods [J]. Agronomy Journal, 89 (4): 665 - 672.

Kokaly R, Clark R N, 1999. Determination of leaf chemical concentration using band - depth analysis of absorption features and stepwiselinear regression [J]. Remote Sensing of Environment, 67 (3): 267 - 287.

Kouadio L, Newlands N, Davidson A, et al. , 2014. Assessing the performance of MODIS NDVI and EVI for seasonal crop yield forecasting at the ecodistrict scale [J]. Remote Sensing, 6 (10): 10193 - 10214.

Lecerf R, 2018. Assessing the information in crop model and meteorological indicators to forecast crop yield over Europe [J]. Agricultural Systems, 168: 191 - 202.

Lee Tarpley, K Raja Reddy, Gretchen F, et al. , 2000. Reflectance indices with precision and accuracy in predicting cotton leaf nitrogen concentration [J]. Crop Science, 40 (6): 1813 - 1819.

Liangyun Liu, Jihua Wang, Wenjiang Huang, et al. , 2004. Estimating winter wheat plant water content using red edge parameters [J]. International Journal of Remote Sensing, 25 (17): 3331 - 3342.

Liangyun Liu, Jihua Wang, Wenjiang Huang, et al. , 2004. Estimating winter wheat plant water content using red edge parameters [J]. International Journal of Remote Sensing, 25 (17): 3331 - 3342.

Malthus Tim J, Andrieu Bruno, Danson F Mark, et al. , 1993. Candidate high spectral resolution infrared indices for crop cover [J]. Remote Sensing of Environment, 46 (2): 204 - 212.

Marletto V, Ventura F, Fontana G, et al. , 2007. Wheat growth simulation and yield prediction with seasonal forecasts and a numerical model [J]. Agricultural and Forest Meteorology, 147 (1): 71 - 79.

Martin M E, Aber J D, 2008. High spectral resolution remote sensing of forest canopy lignin, nitrogen, and ecosystem processes [J]. Ecological Applications, 7 (2): 431 - 443.

Maxwell S K, Nuckols J R, Ward M H, 2003. An automated approach to mapping corn from Landsat imagery [J]. Computers and Electronics in Agriculture, 43 (1): 43 - 54.

Moriondo M, Maselli F, Bindi M, 2007. A simple model of regional wheat yield based on NDVI data [J]. European Journal of Agronomy, 26 (3): 266 - 274.

Mutanga O, Skidmore A K, 2004. Hyperspectral band depth analysis for a better estimation of grass biomass (Cenchrus ciliaris) measured under controlled laboratory conditions [J]. International Journal of Applied Earth Observations and Geoinformation, 5 (2): 87 – 96.

Osborne S L, Schepers J S, Francis D D, et al., 2002. Use of spectral radiance to estimate in season biomass and grain yield in nitrogen and water stressed corn [J]. Crop Science, 42 (1): 165 – 171.

Piao S L, Cui M D, Chen A P, et al., 2011. Altitude and temperature dependence of change in the spring vegetation green – up date from 1982 to 2006 in the Qinghai – Xizang Plateau [J]. Agricultural and Forest Meteorology, 151 (12): 1599 – 1608.

Radloff Kathleen A, Cheng Zhongqi, Rahman Mohammad W, et al., 2007 Mobilization of arsenic during one – year incubations of grey aquifer sands from Araihazar, Bangladesh [J]. Environmental Science & Technology, 41 (10): 3639 – 3645.

Robert P, Pittman, Robert L, Hazelwood, 1971. Cardiovascular Response of Chickens to Administration of Nonavian Insulin [J]. Proceedings of the Society for Experimental Biology and Medicine, 137 (3): 1060 – 1065.

Salazar L, Kogan F, Roytman L, 2007. Use of remote sensing data for estimation of winter wheat yield in the United States [J]. International Journal of Remote Sensing, 28 (17): 3795 – 3811.

Shibayama Y, 1989. Endotoxaemia and hepatic injury in obstructive jaundice [J]. The Journal of Pathology, 159 (4): 335 – 339.

Tan C, Wang D, Zhou J, et al., 2018. Remotely assessing fraction of photosynthetically active radiation (FPAR) for wheat canopies based on hyperspectral vegetation indexes [J]. Frontiers in Plant Science, 9: 776.

Tian Q, Tong Q, Pu R, et al., 2001. Spectroscopic determination of wheat water status using 1650 – 1850nm spectral absorption features [J]. International Journal of Remote Sensing, 22 (12): 2329 – 2338.

Walker J J, De Beurs K M, Wynne R H, 2014. Dryland vegetation phenology across an elevation gradient in Arizona, USA, investigated with fused MODIS and Landsat data [J]. Remote Sensing of Environment, 144 (1): 85 – 97.

Whitbeck Catherine, Sourial Michael W, Sourial Mariette, et al., 2006. Comparative effects of in vitro ischemia on contractile responses of mouse and rat bladders to various forms of stimulation [J]. Urology, 67 (4): 859 – 863.

Zarco T P J, Miller J R, Morales A, et al., 2004. Hyperspectral indices and model simulation for chlorophyll estimation in open – canopy tree crops [J]. Remote Sensing of Environment, 90 (4): 463 – 476.

Zhang G L, Zhang Y J, Dong J W, et al., 2013. Green – up dates in the Tibetan Plateau have continuously advanced from 1982 to 2011 [J]. Processing of the National Academy of

Science of the United States of America，110 (11)：4309 – 4314.

Zhang M，Qin Z，2004. Spectral analysis of tomato late blight infections for remote sensing of tomato disease stress in California [J]. IEEE International Geoscience and Remote Sensing Symposium，6：4091 – 4094.

Zhao C J，Huang W J，Wang J H，et al. ，2002. The red edge parameters of different wheat varieties under different fertilization and irrigation treatments [J]. Agricultural Sciences in China，1 (7)：745 – 751.

**图书在版编目（CIP）数据**

烟草遥感 / 郭婷主编 . —北京：中国农业出版社，
2023.1

ISBN 978-7-109-30337-9

Ⅰ.①烟⋯　Ⅱ.①郭⋯　Ⅲ.①遥感技术－应用－烟草
－栽培技术－监测　Ⅳ.①S572

中国国家版本馆 CIP 数据核字（2023）第 002431 号

**烟草遥感**
**YANCAO YAOGAN**

---

**中国农业出版社出版**
地址：北京市朝阳区麦子店街 18 号楼
邮编：100125
责任编辑：郭银巧　　文字编辑：刘金华
版式设计：杜　然　　责任校对：吴丽婷
印刷：北京中兴印刷有限公司
版次：2023 年 1 月第 1 版
印次：2023 年 1 月北京第 1 次印刷
发行：新华书店北京发行所
开本：700mm×1000mm　1/16
印张：15.75
字数：300 千字
定价：98.00 元

---